高等院校电气信息类专业"互联网+"创新规划教材

Photoshop CC 2020 案例教程
（第 4 版）

李建芳　主　编

秦　敏　副主编

北京大学出版社

PEKING UNIVERSITY PRESS

内 容 简 介

Adobe Photoshop 是一款专业的图形图像处理软件,功能强大,已成为当今世界图像处理软件的标杆。本书内容成熟,在兼顾理论基础的前提下,突出实际应用,是学习和掌握 Photoshop 的一本实用而有效的基础教程。全书共分 9 章,依次介绍了 Photoshop 入门相关基本操作,基本工具的使用,色彩调整,图层、滤镜、路径、蒙版、通道和动作的基本理论和实际应用。

书中所涉及的案例,能够有效地巩固和加深软件的使用技术,使本来枯燥的软件学习过程变得相对轻松愉快。除此之外,本书还提供了相关操作的素材和操作过程中所使用的原始文件。

本书可作为高等院校相关专业的教材,也可以作为图形图像处理领域的培训教材及广大平面设计人员的参考书籍。

图书在版编目(CIP)数据

Photoshop CC 2020 案例教程 / 李建芳主编. 一4 版. 一北京:北京大学出版社,2023.1
高等院校电气信息类专业"互联网+"创新规划教材
ISBN 978-7-301-33333-4

Ⅰ. ①P… Ⅱ. ①李… Ⅲ. ①图像处理软件 - 高等学校 - 教材 Ⅳ. ①TP391.413

中国版本图书馆 CIP 数据核字(2022)第 166985 号

书 名	Photoshop CC 2020 案例教程(第 4 版)
	Photoshop CC 2020 ANLI JIAOCHENG(DI-SI BAN)
著作责任者	李建芳 主编
策 划 编 辑	郑 双
责 任 编 辑	巨程晖 郑 双
数 字 编 辑	蒙俞材
标 准 书 号	ISBN 978-7-301-33333-4
出 版 发 行	北京大学出版社
地 址	北京市海淀区成府路 205 号 100871
网 址	http://www.pup.cn 新浪微博:@北京大学出版社
电 子 信 箱	pup_6@163.com
电 话	邮购部 010-62752015 发行部 010-62750672 编辑部 010-62750667
印 刷 者	河北文福旺印刷有限公司
经 销 者	新华书店
	787 毫米×1092 毫米 16 开本 19.75 印张 474 千字
	2009 年 1 月第 1 版 2011 年 9 月第 2 版 2016 年 9 月第 3 版
	2023 年 1 月第 4 版 2024 年 4 月第 2 次印刷
定 价	56.00 元

第 4 版前言

Adobe Photoshop 自 1990 年 2 月问世，至今已经走过了 30 多个年头。它作为一款专业的图形图像处理软件，功能强大，广泛应用于平面设计、数码相片处理、网页设计和影像后期处理等领域，对人们的工作和生活产生了重要的影响。"凡自然不能使之完美者，艺术使之完美"，相信读者在使用本书的过程中，能够体会到这一点。

Adobe Photoshop 从 2013 年 6 月最初的 CC 版发行以来，版本升级越来越快。其功能更强、速度更快、使用更便捷，同时对计算机的软硬件配置要求也更高。如今的 Photoshop 已不再是当初的模样，它已经跨越了摄影、图像编辑和平面设计领域，进化出插图、3D 图稿、网站设计、移动应用程序 UI 和视频编辑等臃肿触手。

对于 Photoshop 初学者和普通用户而言，与其花费很大精力阅读一本大部头的 Photoshop 开发指南或大全之类的书，还不如轻松学习一本操作性强、有适当理论指导且实用、有趣、易懂、能够涵盖核心技术的入门教程。本书正是本着这种宗旨编写的。

本书此次改版在兼顾理论基础的前提下，突出实际应用，是学习和掌握 Photoshop 的一本实用而有效的基础教程，具体内容如下。

第 1 章 Photoshop 入门。主要介绍了图像处理的一些基本概念和 Photoshop 入门级的一些基本操作。

第 2 章 基本工具的使用。主要讲述了 Photoshop 工具箱中基本工具的使用方法以及一些典型的应用案例。

第 3 章 色彩调整。主要讲述了色彩的一些最基本的常识、颜色模式的概念、颜色模式的转换、颜色调整的常用方法以及一些典型的应用案例。

第 4 章 图层。主要讲述了图层的概念、图层的基本操作、图层的混合模式、图层样式以及一些典型的应用案例。

第 5 章 滤镜。主要讲述了滤镜的原理、滤镜的使用方法以及一些典型的应用案例。

第 6 章 路径。主要讲述了路径的概念、路径的基本操作以及一些典型的应用案例。

第 7 章 蒙版。主要讲述了蒙版的概念、蒙版的基本操作以及一些典型的应用案例。

第 8 章 通道。主要讲述了通道的概念、通道的基本操作以及一些典型的应用案例。

第 9 章 动作。主要讲述了动作的概念、动作的基本操作以及动作相关的应用案例。

建议上述各章的学时分配如下。

各章	第 1 章	第 2 章	第 3 章	第 4 章	第 5 章	第 6 章	第 7 章	第 8 章	第 9 章
学时	2	6	4	6	4	4	4	4	2

本书中所涉及的案例都是编者精心设计的，能够有效地巩固和提高软件的使用技术，使本来枯燥的软件学习过程变得相对轻松愉快。除此之外，本书还提供了相关操作案例

所需的素材和反映操作过程的文件，保证了操作的可行性。俗话说，"兴趣是最好的老师"，希望本书能够成为读者学习和掌握 Photoshop 的好帮手。

本书与第 3 版相比，除了软件版本的升级、陈旧内容的删减，还增加了一些实用新功能的介绍。

在本书的选材和编写上，编者倾注了大量的心血，同时，书中有些地方也借鉴了前辈和同人们的一些好的创意，在此表示衷心的感谢。

由于编者水平有限，不足之处在所难免，恳请读者批评指正。

编　　者

2022 年 6 月　于上海

资源索引

目　　录

第 **1** 章

Photoshop 入门

教学要求

- 熟练掌握文件的打开、关闭、新建和保存等基本操作。
- 熟练掌握使用 Photoshop 拾色器选色的基本方法。
- 掌握重新布局 Photoshop 界面元素的方法及自定义工作区的存储方法。
- 掌握 Photoshop 撤销与恢复操作的方法及历史记录步数的设置方法。
- 掌握缩放工具、抓手工具的用法。
- 掌握画布大小、图像大小、裁剪、内容识别缩放、内容识别填充、操控变形等菜单命令的用法。
- 了解旋转视图工具的用法。
- 了解位图、矢量图和分辨率的概念。
- 了解图形图像的常用文件格式。
- 了解图像的屏幕显示模式。

教学难点

位图、矢量图和分辨率的基本概念。

1.1 图像处理的基本概念

准确理解和把握有关图像处理的一些基本概念，对正确使用 Photoshop 及相关工具软件至关重要。只有真正理解了这些概念，才能在设计中将自己的创意更好地表现出来。

1.1.1 位图与矢量图

在计算机领域，图分为两种类型：位图与矢量图。在实际应用中，二者为互补关系，各有优势。只有相互配合、取长补短，才能达到最佳表现效果。

1. 位图

位图也叫点阵图、光栅图或栅格图，由一系列像素点阵列组成。像素是构成位图图像的基本单位，每个像素都被分配一个特定的位置和颜色值。位图图像中所包含的像素越多，其分辨率越高，画面内容可以表现得更细腻，但文件占用的存储空间也越大。位图缩放时会造成画面的模糊与变形，如图 1.1 所示。

    （a）原图一   （b）放大后的局部图一

图 1.1　位图

数码相机、数码摄像机、扫描仪等设备和一些图形图像处理软件（Photoshop、Corel PHOTO-PAINT、Windows 的绘图程序等）都可以生成位图。

2. 矢量图

矢量图就是利用矢量描述的图。图中各元素（这些元素称为对象）的形状、大小都是借助数学公式表示的，同时调用调色板表现色彩。矢量图与分辨率无关，无论缩放多少倍都不会造成模糊和变形，如图 1.2 所示。

能够生成矢量图的常用软件有 CorelDraw、Illustrator、Flash、AutoCAD、3ds Max 等。

一般而言，矢量图所占用的存储空间较小，而位图则占用较大存储空间。位图图像擅长表现细腻柔和、过渡自然的色彩，内容更趋真实，如风景照、人物照等。矢量图更方便对画面中的对象进行选择和移动、缩放、旋转等变换操作，更适合各种图形设计（字体设计、图案设计、标志设计、服装设计等）。

（a）原图二　　　　　　　　　　　　（b）放大后的局部图二

图 1.2　矢量图

1.1.2　分辨率

1. 图像分辨率

图像分辨率指图像每单位长度上的像素点数。单位通常采用 Pixels/Inch（像素/英寸，ppi）或 Pixels/cm（像素/厘米）等。图像分辨率的高低反映的是图像中存储信息的多少，分辨率越高，图像质量越好。

2. 显示器分辨率

显示器分辨率指显示器每单位长度上能够显示的像素点数，通常以 Dots/Inch（点/英寸，dpi）为单位。显示器的分辨率取决于显示器的大小及其显示区域的像素设置，通常为 96dpi 或 72dpi。

理解了显示器分辨率和图像分辨率的概念，就可以解释图像在屏幕上的显示尺寸为什么常常不等于其打印尺寸。图像在屏幕上显示时，图像中的像素将转化为显示器像素。因此，当图像分辨率高于显示器分辨率时，图像的屏幕显示尺寸将大于其打印尺寸。

3. 打印分辨率

打印分辨率指打印机每单位长度上能够产生的墨点数，通常以 dpi 为单位。一般激光打印机的分辨率为 600～1200dpi；多数喷墨打印机的分辨率为 300～720 dpi。

4. 扫描分辨率

扫描仪在扫描图像时，将源图像划分为大量的网格，然后在每一网格里取一个样本点，以其颜色值表示该网格内所有点的颜色值。按上述方法在源图像每单位长度上能够取到的样本点数，称为扫描分辨率，通常以 dpi 为单位。可见，扫描分辨率越高，扫描得到的数字图像的质量越好。扫描仪的分辨率有光学分辨率和输出分辨率两种，购买时主要考虑的是光学分辨率。

5. 位分辨率

字节（byte）是计算机存储的基本单位，一个字节由 8 个二进制位（bit）组成。位分辨率指计算机采用多少个二进制位表示像素点的颜色值，也称位深。位分辨率越高，能够表示的颜色种类越多，图像色彩越丰富。

对于 RGB 图像来说，24 位（红、绿、蓝三种原色各 8 位，能够表示 $2^{3\times8}=2^{24}$ 种颜色）及以上称为真彩色，自然界里肉眼能够分辨出的各种色光的颜色都可以表示出来。

1.1.3　图像文件格式

一般来说，不同的图像压缩编码方式决定数字图像的不同文件格式。了解不同的图像文件格式，对于选择有效的方式保存图像，提高图像质量，具有重要意义。

PSD 格式： 是 Photoshop 的专用文件格式，能够存储图层、通道、蒙版、路径和颜色模式等各种图像信息，是一种非压缩的原始文件格式。PSD 文件容量较大，但由于可以保留所有的原始信息，对于尚未编辑完成的图像，用 PSD 格式保存是最佳的选择。

JPEG（JPG）格式： 是目前广泛使用的位图图像格式之一，属有损压缩，压缩率较高，文件容量小，但图像质量较高。该格式支持 24 位真彩色，适合保存色彩丰富、内容细腻的图像，如人物照、风景照等。

提示

JPEG2000（文件扩展名JPF）是JPEG的升级版，其压缩率比JPEG高约30%，同时支持有损和无损压缩，能够实现数据的渐进式传输。可以使用Apple QuickTime Player、Adobe Acrobat 9 Pro、Adobe Photoshop CS5、Adobe Illustrator CS5、XnView等软件或这些软件的更高版本来打开JPF文件。JPEG 立体（文件扩展名JPS）是一种3D图像格式，其实就是JPEG文件格式，只是同时存储了左眼看到的图（图的右边）及右眼看到的图（图的左边）。为形成立体视觉，左右差异不会很大。用普通的图像软件或者图像浏览器就能打开JPS文件。

GIF 格式： 是无损压缩格式，分静态和动态两种，是当前广泛使用的位图图像格式之一，最多支持 8 位即 256 种彩色，适合保存色彩和线条比较简单的图像如卡通画、漫画等（该类图像保存成 GIF 格式将使数据量得到有效压缩，且图像质量无明显损失）。GIF 图像支持透明色，支持交错技术，是目前网上主流图像格式之一。

PNG 格式： 可移植网络图形图像（Portable Network Graphic，PNG）的缩写，是专门针对网络使用而开发的一种无损压缩图形图像格式。PNG 格式支持透明色，但与 GIF 格式不同的是，PNG 格式支持矢量元素，支持的颜色多达 32 位，支持消除锯齿边缘的功能，因此可以在不失真的情况下压缩保存图形图像；PNG 格式还支持 1～16 位的图像 Alpha 通道。PNG 格式的发展前景非常广阔，被认为是未来 Web 图形图像的主流格式。

常见的图形图像文件格式还有 BMP、TIFF、WMF、PCX、PDF、DWG、AI、CDR、MAX 等。

1.2　初识 Photoshop

Photoshop 是美国 Adobe 公司推出的专业的图形图像处理软件，广泛应用于影像后期处理、平面设计、数字相片修饰、Web 图形制作、多媒体产品设计等领域，是同类软件中当之无愧的图像处理大师。

Photoshop CC 2020 是 Adobe 公司 2019 年推出的 Photoshop 新版本。新增云文档存储、自动抠图、智能对象转图层等功能，同时预设分组、变形、属性面板等技术变得更强大。当然，伴随着 Photoshop 功能的提升，其对计算机软硬件的要求明显提高。

1.2.1 熟悉工作界面

启动 Photoshop CC 2020 简体中文版，打开一个图像文件，如图 1.3 所示。

图 1.3 Photoshop CC 2020 简体中文版界面

根据不同用户的需要，Photoshop CC 2020 提供了基本功能、3D、图形和 Web、动感、绘画和摄影等多种窗口界面模式。用户可以通过【窗口】|【工作区】命令组或选项栏右侧的"选择工作区"下拉菜单，实现不同界面模式的切换。

1. 选项栏

选项栏主要用于设置当前工具的基本参数，因此其显示内容随所选工具的不同而变化。

2. 工具箱

工具箱汇集了 Photoshop 的基本工具及选色、图像编辑模式等按钮。光标移到工具按钮上停顿片刻，会弹出工具的基本用法动画预览和说明文字。工具按钮右下角的黑色三角标志，表示此处还隐藏着其他工具，在该工具按钮上右击或按住鼠标左键停顿片刻，会展开隐藏的工具供用户选取。

3. 浮动面板

浮动面板是 Photoshop 的重要组成部分。各浮动面板允许随意组合，形成多个面板组。通过【窗口】菜单可以控制各浮动面板、工具箱和选项栏的显示与隐藏。

- 【导航器】面板：用于精确调整图像的显示比例，并在预览窗的帮助下迅速而准确地查看图像的不同区域。
- 【历史记录】面板：用于撤销与恢复用户对图像的操作和创建快照。
- 【图层】面板：用于对图层进行有效的组织和管理（详见第 4 章）。
- 【路径】面板：用于对路径和矢量蒙版进行有效的组织和管理（详见第 6 章）。

- 【通道】面板：用于对通道进行有效的组织和管理（详见第8章）。
- 【动作】面板：用于对动作进行有效的组织和管理（详见第9章）。
- 【字符】面板与【段落】面板：用于详细设置字符或段落的格式。

此外，还有【信息】【直方图】【颜色】【色板】【样式】【属性】【调整】【时间轴】等面板。

1.2.2　自定义工作区

用户可以根据自己的需要，通过面板的显示与隐藏、展开与折叠等操作自定义工作区（以下操作仅供参考，读者可根据自己的情况进行工作区布局）。

（1）启动Photoshop CC 2020，打开一个图像文件。如果不是基本功能界面模式，可从"选择工作区"下拉菜单中选择【基本功能】命令，切换到基本功能界面模式。

（2）从"选择工作区"下拉菜单中选择【复位基本功能】命令，将窗口界面恢复到默认的基本功能界面模式。

（3）单击工具箱顶部的 ⏩ 按钮，将工具箱由单列布局转换为双列布局。再次单击工具箱顶部的 ⏪ 按钮，使工具箱重新返回单列布局。

（4）单击【学习】面板右上角的 ≡ 按钮，从打开的面板菜单中选择【关闭选项卡组】或【关闭】命令，以关闭学习面板。同样关闭【库】面板。

（5）选择【窗口】|【导航器】命令，显示【导航器】面板。

（6）单击【直方图】面板标签切换到【直方图】面板，单击面板右上角的 ≡ 按钮，从打开的面板菜单中选择【关闭】命令，关闭【直方图】面板。

（7）单击【导航器】面板右上角的 ⏩ 按钮，将展开的面板折叠成缩略图形式 ✳（附着在【历史记录】面板缩略图 🔁 的下方）。

（8）将【历史记录】面板缩略图拖动到【导航器】面板缩略图的下边缘，松开鼠标左键。结果两缩略图的上下排序发生了变化。

（9）拖动【图层】面板标签至【历史记录】面板缩略图 🔁 的下边缘，松开鼠标左键。结果【图层】面板也转换为缩略图形式 🥞，邻接在【历史记录】面板缩略图的下方。

（10）通过类似的操作将【路径】面板缩略图 🔧、【通道】面板缩略图 ⚫ 和其他所有展开的面板的缩略图依次邻接在【历史记录】面板缩略图的下方。此时整列面板缩略图自动吸附到Photoshop窗口的右边缘，这样可获得更大的工作空间。

（11）选择【窗口】|【动作】命令，显示【动作】面板。通过拖动面板标签将【动作】面板缩略图邻接在整列面板缩略图的最下方。此时若有面板展开，可单击该面板右上角的 ⏩ 按钮将其折叠起来。

（12）选择【窗口】|【工作区】|【新建工作区】命令，打开【新建工作区】对话框。输入名称"myWorkspace"，单击【存储】按钮。此时自定义工作区的名称myWorkspace已经出现在"选择工作区"下拉菜单中，如图1.4所示。

上述自定义工作区右侧显示的大多数面板缩略图是本书后面各章节陆续要用到且使用频率较高的面板。当用到其中某个面板时，单击缩略图展开面板，用完之后再折叠起来。对于自定义工作区中缩略图未显示的面板，可选择【窗口】菜单中的相应命令打开，用完之后再将其关闭。当工作区布局比较凌乱时，可通过选择【窗口】|【工作区】|【复位myWorkspace】命令，复位自定义工作区。

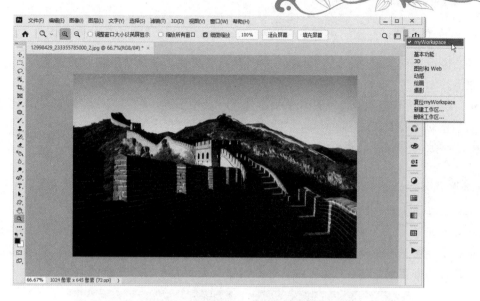

图 1.4　自定义工作区的最终布局

1.3　Photoshop 的基本操作

1.3.1　图像浏览

图像浏览操作包括图像缩放、图像拖移、设置屏幕显示模式等，涉及的工具有缩放工具、抓手工具、旋转视图工具和屏幕显示模式按钮等。

1. 缩放工具 🔍

用于缩放图像，改变图像视图的显示比例。其选项栏参数如下。

- 🔍按钮：放大按钮。选中选项，在图像窗口中每单击一次，图像以一定比例放大。该选项为默认选项。
- 🔍按钮：缩小按钮。选中选项，在图像窗口中每单击一次，图像以一定比例缩小。
- 【调整窗口大小以满屏显示】：在图像以窗口形式显示的情况下，选中该项，缩放图像时，图像窗口将适应图像的大小一起缩放。
- 【缩放所有窗口】：打开多幅图像时，选中该项，可同时缩放所有打开的图像。
- 【细微缩放】：选中该项，在图像窗口中向左拖动光标，可动态缩小图像；向右拖动光标，可动态放大图像。
- 【100%】：单击该按钮，当前图像以实际像素大小（100%的比例）显示。
- 【适合屏幕】：单击该按钮，当前图像在工作区中以最大比例显示全部内容。
- 【填充屏幕】：单击该按钮，当前图像充满整个工作区。

提示

选择🔍按钮时，按住Alt键不放，可切换到🔍按钮；选择🔍按钮时，按住Alt键不放，可切换到🔍按钮。

2. 抓手工具🖐️

当图像窗口出现滚动条时，可用抓手工具拖移图像，以查看被隐藏的图像。其选项栏参数如下。

- 【滚动所有窗口】：当打开多幅图像时，选中该项，可同时拖移所有存在滚动条的窗口中的图像。

其他参数与缩放工具的相同。

重要提示

①在工具箱上双击缩放工具，图像以100%的比例显示。双击抓手工具，图像以"适合屏幕"方式显示。②在使用其他工具时，按住空格键不放，可切换到抓手工具；松开空格键，重新切换回原来工具。③选择放大工具🔍（不选择【细微缩放】选项），在图像上拖移光标，框选局部图像（图1.5），可使该部分图像放大到整个窗口显示。

图 1.5 框选局部图像使其放大

另外，使用【导航器】面板也可以有效地改变图像的显示比例，查看图像的隐藏区域。

3. 旋转视图工具

旋转视图工具位于抓手工具组，用于在浏览或编辑图像时改变画布的视角，以方便查看或处理。

在工具箱上选择旋转视图工具，在图像窗口中沿顺时针或逆时针方向拖动光标，可随意改变画布的视角。在操作过程中，图像窗口中央会显示一个罗盘标志，以指示旋转的方向，如图1.6所示。

图 1.6 旋转视图工具用法示意图

- 【旋转角度】：用于显示画布旋转的角度（顺时针为正值，逆时针为负值）。也可在该数值框中直接输入数值，按 Enter 键精确改变画布的视角。
- 【复位视图】：在使用旋转视图工具旋转画布后，单击该按钮可撤销画布的旋转。
- 【旋转所有窗口】：用于同时改变所有已打开图像的视角。

提示

①选择【编辑】|【首选项】|【性能】命令，在打开的对话框的右侧有一个【使用图形处理器】复选框。要想使旋转视图工具有效，必须在打开图像前选择该选项（默认是选中的）。②若图像的显示画面较小，使用旋转视图工具旋转画布时，不会显示罗盘标志。

4. 屏幕显示模式

Photoshop 的屏幕显示模式包括标准屏幕模式、带有菜单栏的全屏模式和全屏模式 3 种，分别如图 1.7（a）、图 1.7（b）和图 1.7（c）所示。默认显示模式为标准屏幕模式。

在工具箱底部右击更改屏幕模式按钮，在弹出的菜单中可以选择不同的屏幕模式。当选择【全屏模式】时，弹出信息提示框，如图 1.7（d）所示。单击【全屏】按钮，切换到全屏模式。

在全屏模式下，按 Esc 键，可返回标准屏幕模式。

（a）标准屏幕模式

（b）带有菜单栏的全屏模式

（c）全屏模式

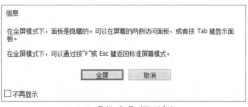
（d）【信息】提示框

图 1.7　图像的屏幕显示模式

1.3.2　选取颜色

Photoshop 的选色工具包括工具箱底部的选色按钮（图 1.8）、【颜色】面板和【色板】面板。下面重点介绍 Photoshop 选色按钮的使用。`

默认前景色和背景色 —— 切换前景色和背景色
设置前景色 —— 设置背景色

图 1.8　Photoshop 的选色按钮

- 设置前景色按钮：用于设置前景色的颜色。
- 设置背景色按钮：用于设置背景色的颜色。
- 默认前景色和背景色按钮：单击该按钮，将前景色和背景色设置为系统默认的黑色与白色。
- 切换前景色与背景色按钮：单击该按钮，前景色与背景色交换。快捷键 X。

使用 Photoshop 的选色按钮设置前景色或背景色的一般方法如下。

（1）单击设置前景色或设置背景色按钮，打开拾色器。【拾色器（前景色）】对话框，如图 1.9 所示。

（2）在色相条（又称光谱条）上单击，或上下拖移白色三角滑块，选择色相。

（3）在选色区某位置单击（进一步确定颜色的亮度和饱和度），确定最终要选取的颜色。

（4）单击【确定】按钮，颜色选择完毕，设置前景色或设置背景色按钮上指示出上述选取的颜色。

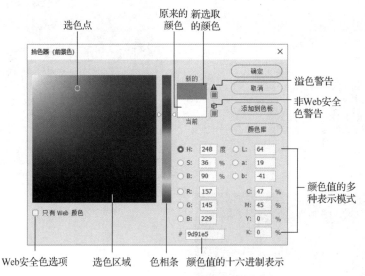

图 1.9　【拾色器（前景色）】对话框

下面以设置前景色为例，介绍颜色设置的具体方法。每种颜色都有一定的颜色值。借助【拾色器（前景色）】对话框可使用下列方法之一精确选取颜色。此时不要选择【只有Web 颜色】复选框，否则多数颜色取不到。

（1）在【拾色器（前景色）】对话框右下角，RGB、CMYK、HSB 与 Lab 表示不同的颜色模式（详见第 3 章）。直接将数值输入上述颜色模式的各分量数值框中，单击【确定】按钮。

（2）在"颜色值的十六进制表示"框中，输入颜色的 16 进制数值，单击【确定】按钮。

当【拾色器（前景色）】对话框中出现"溢色警告"图标时，表示当前选取的颜色无法正确打印。单击该图标，Photoshop 用一种相近的、能够正常打印的颜色来取代当前选色。

在【拾色器（前景色）】对话框中，若选中【只有 Web 颜色】复选框（图 1.10），选色区域被分割成很多区块，每个区块中任意一点的颜色都是相同的。这时通过【拾色器（前景色）】对话框仅能选取 256 种颜色，这些颜色都能在浏览器上正常显示，称为网络安全色。

另外，利用【颜色】面板也可以方便地选取各种颜色。单击【颜色】面板右上角的 ≡ 按钮，打开面板菜单，可以在色相立方体、亮度立方体、色轮、灰度滑块、RGB 滑块等多种选色模式之间切换，如图 1.11 所示。

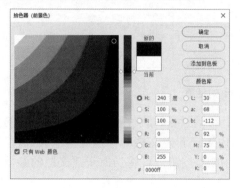

图 1.10　选择 Web 安全色

图 1.11　【颜色】面板

1.3.3　文件的基本操作

1. 打开文件

选择【文件】|【打开】命令（组合键 Ctrl+O），或者在 Photoshop 的开始界面上单击 打开 按钮，通过弹出的【打开】对话框打开文件。

也可以将 Photoshop 支持的图片文件从 Photoshop 窗口外，直接拖动到 Photoshop 窗口内已打开文件的标签的右侧空白处，松开鼠标左键后即可打开该文件（图 1.12）。如果拖动到已打开的图像上，则是在当前文件中生成智能对象层（见第 4 章）。当然，如果 Photoshop 中没有打开任何文件，直接将文件拖动到 Photoshop 窗口内即可打开。

图 1.12　鼠标拖动方式打开文件

2. 新建文件

选择【文件】|【新建】命令（组合键 Ctrl+N），或者在 Photoshop 的开始界面上单击 新建 按钮，默认设置下会打开如图 1.13 所示的【新建文档】对话框。

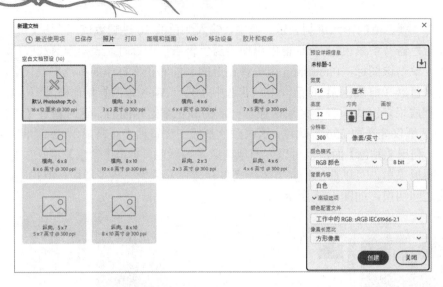

图 1.13 【新建文档】对话框

对话框提供了照片、打印、图稿和插图、Web、移动设备、胶片和视频等多种类型的预设文档模板。"最近使用项"提供了最近一段时间内用户新建文档的一些规格；"已保存"提供了用户的自定义文档模板。单击对话框右上角的![]按钮，可将当前新建文档的参数设置存储为自定义模板。

选择一种文档模板后，对话框右侧显示出该模板参数的详细信息。用户可以根据实际需要，在这些参数值的基础上进行修改。

（1）宽度与高度：设置新建图像的宽度值与高度值。如果宽度值大于高度值，右侧会自动选中横向按钮![]。此时若单击选择竖向按钮![]，宽度与高度的数值就会互换。选择右侧的【画板】复选框，则可以创建画板类型的新文档。

提示

画板是 Photoshop 自 CC 2015 版后的新增功能，该功能为设计人员带来了很大方便。熟悉 Illustrator 的用户深有体会。

![]重要提示

设置图像的宽度值和高度值时，一定要注意单位的选择。除非实际需要，一般不要出现 400 厘米之类的超大尺寸（如果没有足够高的配置，Photoshop 处理这么大的图像时速度会很慢）。

（2）分辨率：设置新建图像的图像分辨率。
（3）颜色模式：选择新建图像的颜色模式和单个通道的位分辨率（位深、颜色深度）。

![]提示

如果所创建的图像用于网页显示，一般应选择 RGB 模式，分辨率选用 72 像素/英寸或 96 像素/英寸。若用于实际印刷，颜色模式可采用 CMYK，分辨率则应视情况而定。书籍封面、招贴画要使用 300 像素/英寸左右的分辨率，而更高质量的纸张印刷可采用 350 像素/英寸以上的分辨率。若用于喷绘和写真，一般低于 100 像素/英寸，画面越大，分辨率越低。

（4）背景内容：选择新建图像的背景色。包括【白色】【黑色】【背景色】【透明】和【自定义】多种选择。在默认设置下，Photoshop 采用灰白相间的方格图案代表透明色。背景色指工具箱上设置背景色按钮当前的颜色。

单击展开【高级选项】参数，可设置【颜色配置文件】和【像素长宽比】两项参数。

（5）颜色配置文件：选择新建图像的色彩配置方式。

（6）像素长宽比：选择新建图像的像素长宽比例。

 提示

像素（picture element，pixel）是构成位图图像的最小单位。像素具有位置和位深（位分辨率、颜色深度）两个基本属性。除了一些特殊标准，像素一般都是正方形的。由于图像由方形像素组成，所以图像必须是方形的。

设置好上述参数，单击【创建】按钮，新文档创建完成。

3. 保存文件

选择【文件】|【存储为】命令（对新建文件，也可以选择【文件】|【存储】命令），默认设置下会打开如图 1.14 所示的对话框。

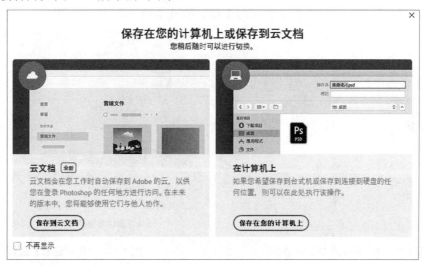

图 1.14 Photoshop 提示对话框

如果保存到云文档，则 Windows、Mac、iPad、智能手机等各种平台都可以调用，成为跨设备在线无缝文档类型。

如果选择保存到计算机上，则打开【另存为】对话框。选择存储位置，并在【文件名】文本框中输入文件主名，在【保存类型】列表中选择文件格式，单击【保存】按钮。

如果选择的是 JPEG 格式，还会弹出如图 1.15 所示的【JPEG 选项】对话框。

（1）【图像选项】栏

为了确定不同用途的图像的存储质量，可从【品质】下拉列表中选择优化选项（低、中、高、最佳）；或左右拖动【品质】滑块；或在【品质】文本框中输入数值（1～4 为低，5～7 为中，8～9 为高，10～12 为最佳）。品质越高，文件占用的存储空间越大。

提示

在设计制作Web图像时，可使用菜单命令【文件】|【导出】|【存储为Web所用格式（旧版）】存储图像，以便根据情况对图像进行必要的优化和压缩处理。

（2）【格式选项】栏

● 【基线（"标准"）】：使用大多数 Web 浏览器都识别的格式。

● 【基线已优化】：获得优化的颜色和稍小的文件存储空间。

● 【连续】：在图像下载过程中显示一系列越来越详细的扫描效果（可以指定扫描次数）。

并不是所有 Web 浏览器都支持"基线已优化"和"连续"的 JPEG 图像。

单击【确定】按钮，将 JPEG 图像保存在指定位置。

1.3.4 操作的撤销与恢复

撤销与恢复操作的方法有两种。

（1）选择【编辑】菜单中的【还原】（组合键 Ctrl+Z）和【重做】（组合键 Shift+Ctrl+Z）命令。

（2）使用【历史记录】面板。

下面重点介绍【历史记录】面板（图 1.16）的基本用法。

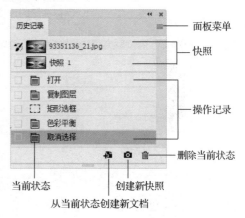

图 1.15 【JPEG 选项】对话框　　　　图 1.16 【历史记录】面板

1. 撤销与恢复操作

在"操作记录"区，向上单击选择某一条记录，可撤销该项记录后面的所有操作；向下单击选择某一条记录，可恢复该项记录及其前面所有已撤销的操作。

选择某一条操作记录，单击删除当前状态按钮🗑，在弹出的警告框中单击【是】按钮，默认设置下将撤销并删除该项记录及其后面的所有操作记录。

提示

单击【历史记录】面板右上角的"面板菜单"按钮，在弹出的面板菜单中选择【历史记录选项】命令，打开【历史记录选项】对话框，选择其中的【允许非线性历史记录】复选框，可单独删除【历史记录】面板中某一条记录，而不影响后面的操作记录。

2. 设置历史记录步数

选择【编辑】|【首选项】|【性能】命令，打开【首选项】对话框，通过其中的【历史记录状态】选项，可以修改【历史记录】面板上能够记录的操作步数，取值范围为 1～1000 的整数。也就是说，Photoshop 在处理图像时，最多可撤销或恢复 1000 步操作。

3. 创建快照

"快照"可将某个特定历史记录状态下的图像内容暂时存放在内存中。即使相关操作由于被撤销、删除或其他原因已经不存在了，"快照"依旧存在。因此，使用"快照"能够有效地恢复图像。

单击【历史记录】面板右下角的创建新快照按钮，可为当前历史记录状态下的图像内容创建快照。删除当前状态按钮也可用于删除快照。

1.4　本章案例——神奇的 Photoshop

掌握 Photoshop 软件并不是一件容易的事；但是"万丈高楼平地起"，只要从基础操作开始学习，由简到繁，循序渐进，过不了多久，就能够熟练运用。本章通过几个简单案例让大家初步体验一下 Photoshop 的强大功能。

1.4.1　美丽的新娘

1. 案例说明

案例"美丽的新娘"通过颜色选取和径向渐变工具，制作一幅具有朦胧美的图像。

2. 操作步骤

（1）打开素材图像"第 1 章素材\婚纱.jpg"。单击【图层】面板右下角的创建新图层按钮，新建图层 1，如图 1.17 所示。

图 1.17　创建新图层

（2）将前景色设置为纯红色（#ff0000）。

（3）在工具箱上单击选择径向渐变工具。选项栏设置如图 1.18 所示。

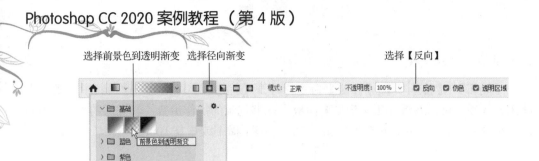

图 1.18　设置渐变工具的选项栏参数

（4）由图像中的 A 点向 B 点拖动光标，创建渐变（图 1.19），结果如图 1.20 所示。

图 1.19　创建渐变

图 1.20　渐变效果与图层面板

（5）将操作结果分别以 PSD 格式和 JPEG 格式（选择"最佳"品质）存储起来，文件命名为"美丽的新娘"。

提示

请 Photoshop 新手读者提前预习第 4 章图层基本概念和图层基础操作的相关内容（选择图层、新建图层、删除图层、复制图层等），对案例操作的理解会有不少帮助。

1.4.2　强大的照片修复功能

案例 1.4.2
操作演示

1.　案例说明

由于拍摄角度的问题，亭亭玉立的女子的长腿可能会被拍成短腿。Photoshop 能够修复吗？让我们来见证奇迹。本例中的"内容识别缩放"和"内容识别填充"是 Photoshop CC 版（2013 年）的功能，后来随着版本的升级逐步完善。

2.　操作步骤

（1）打开素材图像"第 1 章素材\街拍素材 01.jpg"，使用套索工具（羽化值 10 左右）圈选地上的瓶子，如图 1.21 所示。

（2）选择【编辑】|【内容识别填充】命令，如果弹出 Photoshop 信息提示框，单击【确定】按钮。Photoshop 随后切换到内容识别填充的操作界面。

（3）选择窗口左上角的取样画笔工具，在选区周围拖动光标以添加取样区域。窗口右侧的预览区可以看到图像修复效果（图 1.22）。单击窗口右下角的【确定】按钮，确认上述操作。

图 1.21 圈选待修复区域　　　　　　　　　　图 1.22 "内容识别填充"操作界面

（4）选择【选择】|【取消选择】命令，或按组合键 Ctrl+D 取消选区。选择【图层】|【向下合并】命令，或按组合键 Ctrl+E 将新生成的图层合并到背景层。

（5）使用矩形选框工具创建图 1.23 所示的选区。选择【选择】|【存储选区】命令，打开【存储选区】对话框，输入选区名称 01，单击【确定】按钮。按组合键 Ctrl+D 取消选区。

（6）选择【图层】|【新建】|【背景图层】命令，打开【新建图层】对话框，保持默认设置，单击【确定】按钮。该操作是将背景层转换为普通层。

（7）选择【图像】|【画布大小】命令，打开【画布大小】对话框，参数设置如图 1.24 所示（高度增加到 1200 像素，定位顶部），单击【确定】按钮。

图 1.23 选择要保护的区域　　　　　　　　　图 1.24 向下扩充画布

（8）选择【编辑】|【内容识别缩放】命令，Photoshop 切换到图 1.25 所示的内容识别缩放操作界面。在选项栏上选择【保护】下拉列表中 "01" 选项。按下 Shift 键同时向下拖动图像底边中间的控制块，单方向放大图像直到填满图像窗口底部的空白区域。按 Enter 键确认变换。图像最终处理效果如图 1.26 所示。被保护区域基本没有变化，其他区域被拉长，整张图片对接完美。

图 1.25　内容识别缩放操作界面　　　　　图 1.26　图像最终处理效果

（9）选择【图层】|【新建】|【图层背景】命令，将当前图层转换为背景层。

（10）选择【文件】|【存储为】命令，将最终图像保存，文件名为"修复结果.jpg"。

1.4.3　神奇的操控变形让舞者飞起来

1. 案例说明

难以置信，对于照片中的人物造型，Photoshop 竟然能够随心所欲地调整和重塑。本例中的"操控变形"是 Photoshop 自 CS5 版本（2010 年）后的新增功能，能够轻易改变人物、动物的姿势或物体的形状。而对象选择工具则是 Photoshop CC 2020 新增的智能抠图工具。

2. 操作步骤

（1）打开素材图像"第 1 章素材"文件夹下的"起舞.jpg"。在工具箱上选择对象选择工具（位于魔棒工具组），选项栏采用默认参数，拖动光标框选图像中的人物，如图 1.27 所示。松开鼠标按键即可选中人物，如图 1.28 所示。

图 1.27　使用对象选择工具选择图像　　　　图 1.28　选择结果

　　放大图像检查选区边界，如果有选择不准确之处，可在对象选择工具的选项栏上将【模式】设置为套索，选择合适的选区运算方式（▣或▣），对选区进行修补。

　　（2）选择【图层】|【新建】|【通过拷贝的图层】命令（组合键 Ctrl+J），将人物分离到图层 1。在图层面板上单击选择背景层，使用【编辑】|【填充】命令填充白色。

　　（3）在图层面板上重新选择图层 1。选择【编辑】|【操控变形】命令，选项栏采用默认参数。分别在人物的腹部和脚跟两处单击添加 2 个图钉，如图 1.29 所示。

　　（4）单击选择脚跟处的图钉，沿逆时针方向拖动该图钉旋转人物，如图 1.30 所示。按Enter 键确认此次的操控变形。

图 1.29　添加 2 个图钉　　　　　　　　　　　图 1.30　旋转人物

　　（5）再次选择【编辑】|【操控变形】命令，重新进入操控变形界面。添加图 1.31 所示的多个图钉。通过拖动膝盖以下的各个图钉，将左下角小腿向上弯曲，此时膝盖以上其他部位的姿势保持不变。

　　（6）按 Enter 键确认操控变形，得到图 1.32 所示的效果。还可以使用 Photoshop 的其他工具修复膝盖处变形不自然之处。

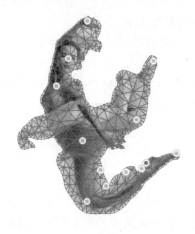

图 1.31　将几乎伸直的腿弯上去　　　　　　　图 1.32　人物最终塑形

提示

在进行操控变形时，以下几点非常有用。

① 按住Alt键，将光标移动到图钉上，光标变成"剪刀"时，单击可删除该图钉。若要删除所有图钉，可在鼠标右键菜单中选择【移去对象上的所有图钉】命令。

② 选中图钉，按住Alt键，光标离开图钉一定距离，当出现"圆圈"时，光标变成弯曲的双向箭头，此时沿顺时针或逆时针方向拖动光标，对象会围绕该图钉旋转。

③ 可根据实际需要，随时在对象的某个部位单击增加图钉，也可以随时删除不合适的图钉。

1.5 小   结

本章主要讲述了有关图形图像处理的一些基本概念，Photoshop 窗口组成和一些基本操作。通过几个简单案例，一方面使得本章的理论部分学有所用，让读者初步适应 Photoshop 的图像处理环境；另一方面激发读者对该软件的兴趣，为后面各章节的学习做准备。

本章（包括后面习题中的操作题部分）提前用到的超出本章理论范围的知识点如下：

（1）图层概念与基本操作（参照第 4 章的 4.1 和 4.2 节，希望尽快熟悉这部分内容）；

（2）背景层转普通层（非常重要的操作，重点掌握，会经常用到）；

（3）图层的全选、复制、粘贴、移动（非常重要的操作，重点掌握，会经常用到）；

（4）图层混合模式（参照第 4 章相关内容，暂做了解，无须掌握）；

（5）渐变工具的使用（参照第 2 章相关内容，暂做了解，无须掌握）；

（6）画布大小、图像大小和裁剪命令（非常重要的操作，重点掌握，会经常用到）；

（7）内容识别缩放、内容识别填充和操控变形命令（掌握，比较实用的新功能）；

（8）油漆桶工具填充单色（参照第 2 章相关内容，可提前掌握）；

（9）半调图案滤镜的使用（参照第 5 章相关内容，暂做了解，无须掌握）。

如果计算机配置比较低的话，Photoshop CC 2020 运行起来会很卡很慢，可采用以下方法优化设置。

（1）选择【编辑】|【首选项】|【常规】命令，在打开的对话框中，取消选择【自动显示主屏幕】复选框，选择【使用旧版"新建文档"界面】复选框。

（2）选择【编辑】|【首选项】|【暂存盘】命令，在打开的对话框中选择【空闲空间】比较大的磁盘（可以选择多个），最好不要选择系统盘。

（3）选择【编辑】|【首选项】|【性能】命令，在打开的对话框中，将"让 Photoshop 使用□□MB"的数值尽量设置得大一些，一般设置为计算机内存的 80%～90%。

1.6 习   题

一、选择题

1. Photoshop 是由美国的_____公司出品的一款功能强大的图形图像处理软件。

　　A．Corel　　B．Macromedia　　　　C．Microsoft　　　　D．Adobe

2．Photoshop 的功能非常强大，使用它处理的图形图像主要是_____。

    A．位图　　　　　　B．剪贴画　　　　　C．矢量图　　　　D．卡通画

3．下列描述不属于位图特点的是_____。

    A．由数学公式来描述图中各元素的形状和大小

    B．适合表现含有大量细节的画面，比如风景照、人物照等

    C．图像内容会因为放大而出现马赛克现象

    D．与分辨率有关

4．位图与矢量图比较，其优越之处在于_____。

    A．对图像放大或缩小，图像内容不会出现模糊现象

    B．容易对画面上的对象进行移动、缩放、旋转和扭曲等变换

    C．适合表现含有大量细节的画面

    D．一般来说，位图文件比矢量图文件要小

5．"目前广泛使用的位图图像格式之一；属有损压缩，压缩率较高，文件容量小，但图像质量较高；支持真彩色，适合保存色彩丰富、内容细腻的图像；是目前网上主流图像格式之一。"是_____格式图像文件的特点。

    A．JPEG（JPG）　　　B．GIF　　　　　　C．BMP　　　　　D．PSD

6．图像分辨率的单位是_____。

    A．ppi　　　　　　　B．dpi　　　　　　C．pixel　　　　　D．lpi

7．在【历史记录】面板上，如果选择了一个前面的历史记录，所有位于其后的历史记录都变成灰色显示，以下描述正确的是_____。

    A．这些变成灰色的历史记录已经被删除，但可以按组合键 Ctrl+Z 将其恢复

    B．如果删除选中的历史记录，其后的历史记录都会被删除

    C．应当清除这些灰色的历史记录

    D．如果从当前选中的历史记录开始，继续修改图像，所有其后的灰色历史记录都会被删除

8．能反映位图图像颜色丰富程度的主要指标是位图图像的_____。

    A．位分辨率　　　　B．图像分辨率　　　C．屏幕分辨率　　D．输出分辨率

9．下列多媒体信息处理软件中，_____是专门用来处理图像的。

    A．Photoshop　　　　B．Flash　　　　　C．Authorware　　D．Dreamweaver

二、填空题

1．图像每单位长度上的像素点数称为_____。单位通常采用"像素/英寸"。

2．_____指计算机采用多少个二进制位表示像素点的颜色值，也称位深或颜色深度。

3．_____格式是 Photoshop 的基本文件格式（或称专用文件格式），能够存储图层、通道、蒙版、路径和颜色模式等各种图像信息，是一种非压缩的原始文件格式。

4．在【拾色器】对话框中，若选择【只有 Web 颜色】复选框，通过【拾色器】对话框仅能选取 216 种颜色，都能在浏览器上正常显示。这些颜色称为_____。

5．在计算机领域，图分为两种类型：_____与_____。在实际应用中，二者为互补关系，各有优势。只有相互配合，取长补短，才能取得最佳表现效果。

6. 位图也叫点阵图、光栅图或栅格图，由一系列像素点阵列组成。_____ 是构成位图图像的基本单位。

7. 矢量图就是利用矢量描述的图。图中各元素的形状、大小都是借助数学公式表示的，同时调用调色板表现色彩。矢量图形与_____ 无关，缩放多少倍都不会影响画质。

8. 对于_____ 图，无论将其放大和缩小多少倍，图像都有一样平滑的边缘和清晰的视觉效果。

9. 在 Photoshop 中，如果要保存图像的多个图层，须采用_____ 格式存储。

三、简答题

1. 什么是位图？什么是矢量图？二者的关系如何？

2. 简述图像分辨率的含义，它与显示器分辨率和打印分辨率有何区别？

3. Photoshop 的主要用途有哪些？

四、操作题

1. 使用缩放工具、抓手工具、【导航器】面板和【更改屏幕模式】按钮查看素材图像"练习\第 1 章\雨后的月季.jpg"。

 操作提示

（1）使用 Photoshop 打开素材图像。

（2）使用缩放工具放大图像，直到图像窗口出现滚动条。

（3）使用抓手工具或【导航器】面板查看被隐藏的图像。

（4）使用【导航器】面板将图像缩小到 60%。

（5）双击缩放工具，将图像显示比例恢复到 100%。

（6）在不同的屏幕显示模式下查看图像。

（7）选择【文件】|【关闭】命令，或单击文件标签上的 ✕ 按钮，关闭素材图像。如果浏览过程中不经意改动了图像，关闭时会弹出询问是否存储改动的信息提示框，单击【否】按钮，不保存改动。

2. 利用素材图像"练习\第 1 章\艺术照.jpg"，如图 1.33 所示，编辑制作如图 1.34 所示的白色网点效果图。

图 1.33　素材图像　　　　　　　　　图 1.34　白色网点效果

操作提示

（1）将前景色设置为白色，背景色设置为黑色。

（2）打开素材图像，新建图层1，使用油漆桶工具填充白色。

（3）选择【滤镜】|【滤镜库】命令，打开【滤镜库】对话框。选择【素描】滤镜组中的【半调图案】滤镜，并在对话框右上角设置滤镜参数：大小为1，对比度为5，图案类型为网点，单击【确定】按钮。

（4）在【图层】面板上，将图层1的混合模式由"正常"改为"滤色"。

3. 利用"练习\第1章"文件夹下的素材图像"天鹅.jpg""阳光.jpg""白云.jpg""长城.psd"合成图像。

操作提示

（1）打开"天鹅"素材图像。按组合键Ctrl+A全选图像。

（2）选择【编辑】|【内容识别缩放】命令，按住Shift键向右拖动图像左边中间的控制块，单方向压缩图像（图1.35）。按Enter键确认变换。结果发现天鹅周围的天空背景压缩而天鹅大小基本无变化。

操作题 3
操作演示

（3）选择【图像】|【裁剪】命令，剪掉选区左边的空白。按组合键Ctrl+D取消选区。

（4）打开"阳光"素材图像。选择【图像】|【图像大小】命令，将图像缩小到864像素×712像素，其他参数不变。

（5）按组合键Ctrl+A全选图像，按组合键Ctrl+C复制图像。切换到"天鹅"窗口，按组合键Ctrl+V粘贴图像，生成图层1。将图层1的混合模式设置为"滤色"，并使用移动工具调整光亮的位置，如图1.36所示。

（6）打开"白云"素材图像。与步骤（5）类似，将"白云"图像复制过来，图层混合模式设置为"变亮"，使用移动工具调整白云的位置。

（7）选择【图像】|【画布大小】命令向下扩充画布（定位顶部，宽度不变，高度1500像素）。

（8）打开"长城"素材图像。在图层面板上选择"长城"图层。按组合键Ctrl+A全选图像，按组合键Ctrl+C复制图像。切换到"天鹅"图像，按组合键Ctrl+V粘贴图像。使用移动工具调整长城的位置，最终的合成效果如图1.37所示。

图 1.35　内容识别压缩　　　　图 1.36　添加阳光　　　　图 1.37　最终的合成效果

4．打开素材图像"练习\第 1 章\瑜伽 01.jpg"，利用操控变形技术将图中人物的不规范造型（图 1.38）纠正过来（图 1.39）。

图 1.38　素材图像　　　　　　　　　　　　　　　图 1.39　矫正后的图像

5．打开素材图像"练习\第 1 章\觅食.png"，利用内容识别填充技术将图中最下面的那只小鸭子去掉（图 1.40）。

图 1.40　修补参数设置

操作提示

（1）取样区域选项采用【自定】，其他选项默认。

（2）尽量涂抹选区外面有浮萍的区域，逐步添加取样区域。如发现某次涂抹后修复效果不自然，可按组合键Ctrl+Z撤销一步操作，重新涂抹添加取样区域。

第2章

基本工具的使用

- 熟练掌握矩形选框工具、椭圆选框工具的基本用法。
- 掌握套索工具、多边形套索工具、磁性套索工具的基本用法。
- 熟练掌握对象选择工具、快速选择工具、魔棒工具的基本用法。
- 掌握【选择并遮住】命令的使用方法。
- 熟练掌握铅笔工具、画笔工具、历史记录画笔工具的基本用法。
- 熟练掌握橡皮擦工具的基本用法。
- 熟练掌握油漆桶工具、渐变工具的基本用法。
- 熟练掌握文字工具的基本用法。
- 掌握形状工具的基本用法。

- 掌握吸管工具的基本用法。
- 掌握仿制图章工具、图案图章工具的用法。
- 掌握污点修复画笔工具、修复画笔工具、修补工具、红眼工具的用法。
- 掌握模糊工具组、减淡工具组中各工具的基本用法。
- 熟练掌握移动工具、裁切工具的用法。
- 熟练掌握【编辑】菜单下的【填充】【描边】【自由变换】等命令和【变换】命令组的基本用法。
- 熟练掌握【选择】菜单下的【全部】【取消选择】【反选】【变换选区】和【羽化】等命令的基本用法。
- 了解本章提及的其他工具和菜单命令的用法。

- 选择工具的协同使用。
- 【选择并遮住】命令的使用。
- 修图工具的协同使用。
- 自定义渐变。

2.1　选择工具的使用

在 Photoshop 中，选择工具的作用是创建选区，限制图像的编辑范围。选区创建得准确与否，直接关系到图像处理的质量。因此，选择工具在 Photoshop 中有着特别重要的地位。Photoshop 的基础选择工具包括选框工具组、套索工具组和快速选择工具组等。

2.1.1　选框工具组

选框工具组包括矩形选框、椭圆选框等工具，用于创建矩形、椭圆形等规则形状的几何选区。

1. 矩形选框工具 ⬚

按住鼠标左键拖动光标，通过确定对角线的长度和方向创建矩形选区。其选项栏参数如图 2.1 所示。

图 2.1　矩形选框工具的选项栏

1）选区运算

（1）新选区 ▣：默认选项，作用是创建新的选区。若图像中已经存在选区，新创建的选区会取代原有选区。

（2）添加到选区 ▣：将新创建的选区与原有选区进行加法（并集）运算。

（3）从选区减去 ▣：将新创建的选区与原有选区进行减法（差集）运算。其结果是从原有选区中减去新选区与原有选区的公共部分。

（4）与选区交叉 ▣：将新创建的选区与原有选区进行交集运算。其结果是保留新选区与原有选区的公共部分。

2）羽化

羽化的实质是以选区边界为中心，以羽化值为半径，在选区边界内外形成一个选择强度由 100%逐步减弱到 0%的渐变区域（试一试对羽化的选区进行填色）。该参数必须在选区创建之前设置才有效。

🖌️ 重要提示

当羽化值较大而创建的选区较小时，由于选区边界无法显示（选区还是存在的），会弹出图2.2所示的警告框。除非特殊需要，一般应在单击【确定】按钮后取消选区（按组合键 Ctrl+D），并设置合适的羽化值，重新创建选区。

图 2.2　任何像素选择强度低于 50%警告框

3）消除锯齿

用于平滑选区的边缘，仅对椭圆选框工具、套索工具组和魔棒工具有效。

4）样式

● 【正常】：默认选项，通过拖动光标随意指定选区的大小。

● 【固定比例】：首先指定选区的长宽比例，通过拖动光标按比例创建选区。

● 【固定大小】：首先指定选区长度和宽度的具体数值（默认单位是像素），通过
单击鼠标创建选区。右击【长度】或【宽度】数值框可改变单位。

5）选择并遮住

【选择并遮住】是曾经的"调整边缘"功能的升级版，作用是创建和调整选区，主要用
于细化选区的边缘，特别适合对毛发等细微对象的选区进行精确调整。

打开素材图像"第 2 章素材\证件照.jpg"。选择【选择】|【选择并遮住】命令，或者在
选择工具的选项栏上单击 选择并遮住… 按钮，进入如图 2.3 所示的界面。

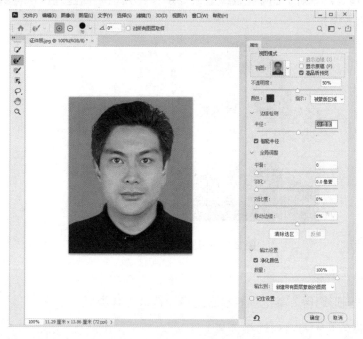

图 2.3　【选择并遮住】界面

缩放工具 🔍 与抓手工具 ✋：用于缩放图像和平移图像视图。

快速选择工具 ✒、对象选择工具 ▣、套索工具 ◯、画笔工具 ✒ 等用于创建选区。

调整边缘画笔工具 ✒：在选项栏上选择 ⊕ 按钮时，以涂抹的方式扩展检测区域；选择 ⊖
按钮时，则以涂抹的方式恢复选区的原始边缘。

【视图】：选择预览选区边缘调整结果的不同模式。如果选择其中的"叠加"模式，还
可以设置叠加颜色及不透明度。"被蒙版区域"是将颜色叠加在选区外部。

【显示半径】：选择该复选框，可查看边缘检测半径的范围。

【显示原稿】：选择该复选框，可查看原始选区。

【半径】：设置选区边缘调整范围的大小。

【智能半径】：智能校正选区边缘的半径值，使其更适合对象边缘（复杂的边缘增大半

径，简单的边缘减小半径，半径越大虚化越明显）。操作时建议选择该项。

【平滑】：控制选区边缘的平滑程度。

【羽化】：控制选区边缘的羽化程度。

【对比度】：控制选区边缘的对比度。

【移动边缘】：调整选区的大小。负值收缩选区，正值扩展选区。

【净化颜色】：选择该复选框，通过拖移【数量】滑块去除选区边缘的背景色。数值越大，净化效果越明显。

【输出到】：选择调整后选区的输出方式。

本例中，可先使用对象选择工具框选整个图像将人物粗略选中，属性面板参数设置如图 2.3 所示。如果此时头发边缘还带有白色背景，可使用调整边缘画笔工具涂抹覆盖。最后单击【确定】按钮，输出选区图像。结果如图 2.4 所示。

当然，也可以像旧版的【调整边缘】命令那样，先粗略创建选区，再进入【选择并遮住】界面进行选区调整。

图 2.4　将选区输出到新图层

2. 椭圆选框工具

用于创建椭圆形选区。其选项栏参数与矩形选框工具类似。

3. 单行选框工具与单列选框工具

通过在图像中单击，单行选框工具可创建高度为 1 个像素、宽度与当前图像的宽度相等的选区，单列选框工具可创建宽度为 1 个像素、高度与当前图像的高度相等的选区。

重要提示

利用矩形选框工具或椭圆选框工具创建选区时，若按住Shift键，可创建正方形或圆形选区；若按住Alt键，则以首次单击点为中心创建选区；若同时按住Shift键与Alt键，则以首次单击点为中心创建正方形或圆形选区。特别要注意的是，在实际操作中，应先按下鼠标左键，再按键盘功能键（Shift、Alt或Shift+Alt），然后拖动光标创建选区；最后在结束操作时，应先松开鼠标左键，再松开键盘功能键。因为在事先存在选区的情况下，若先按键盘功能键，再按鼠标左键，则结果大不一样：Shift键表示添加到选区，Alt键表示从选区减去，Shift+Alt键表示与选区交叉。

2.1.2　套索工具组

套索工具组包括套索工具、多边形套索工具和磁性套索工具，用于创建形状不规则的选区。

1. 套索工具 🔘

套索工具用于创建手绘的不规则选区，用法如下。

（1）选择套索工具，设置选项栏参数。

（2）将光标定位于待选对象的边缘，按住鼠标左键拖动光标圈选对象，当光标回到起始点时，松开鼠标左键可闭合选区；若光标未回到起始点便松开鼠标左键，起点与终点会以直线段相连，形成闭合选区。

在选择边缘弯曲复杂且不太清晰的图像时，使用其他选择工具难以得到满意的选区，此时套索工具就派上用场了。

2. 多边形套索工具 📐

多边形套索工具用于创建多边形选区，用法如下。

（1）选择多边形套索工具，设置选项栏参数。

（2）在待选对象的边缘某个拐点上单击，确定选区的第一个紧固点；将光标移动到相邻拐点上再次单击，确定选区的第二个紧固点；依次操作下去。当光标回到起始点时（此时光标旁边会出现一个小圆圈），单击可闭合选区；当光标未回到起始点时，双击可闭合选区。

多边形套索工具适合选择折线边界的对象。

🖐️ 重要提示

在使用多边形套索工具创建选区时，按住Shift键，可以确定水平、竖直或方向为45°角的倍数的直线段选区边界。

3. 磁性套索工具 🧲

磁性套索工具适合选择边缘弯曲且清晰的图像，选项栏部分参数如下。

- 【宽度】：指定检测宽度。磁性套索工具只检测从指针开始指定距离内的边缘。
- 【对比度】：指定磁性套索工具跟踪对象边缘的灵敏度，取值范围为1%～100%。较高的数值只检测指定距离内对比强烈的边缘，较低的数值可检测到低对比度的边缘。
- 【频率】：指定磁性套索工具产生紧固点的频度，取值范围为0～100。较高的频率会在选区边界上产生更多的紧固点。
- 使用绘图板压力以更改钢笔宽度工具 ✏️：该参数针对使用光笔绘图板的用户。选择该按钮，增大光笔压力会导致边缘宽度减小。

磁性套索工具的用法如下。

（1）选择磁性套索工具，设置好选项栏参数。在对象的边缘单击，确定第一个紧固点。

（2）沿着对象边缘移动光标，磁性套索工具会定期在光标经过的边界上添加紧固点。

（3）若选区边界偏离了对象的边缘，此时可移动光标返回定位准确的紧固点，每按一次 Delete 键，可撤销一个不准确的紧固点。然后重新创建偏离处的选区边界。多边形套索工具有类似的用法。

（4）若选区边界无法与对象边缘对齐，可在对象边缘手动单击添加紧固点。

（5）当光标回到起始点时（此时光标旁边会出现一个小圆圈），单击可闭合选区；当光标未回到起始点时，双击可将起点与终点连接形成闭合选区。

 **重要提示**

使用磁性套索工具选择对象时，若待选对象的边缘比较清晰，可设置较大的【宽度】和更高的【对比度】，然后大致地跟踪待选对象的边缘即可快速创建选区。若待选对象的边缘比较模糊，则最好使用较小的【宽度】和较低的【对比度】，并尽量准确地跟踪待选对象的边缘以创建选区。

2.1.3　快速选择工具组

快速选择工具组包括对象选择工具、魔棒工具和快速选择工具，用于快速地创建选区。

1. 对象选择工具

对象选择工具是基于人工智能的快选工具，通过矩形框选或套索圈选对象，智能识别对象边缘形成选区。当然，对象边缘越清晰，选择效果越好。

对象选择工具的选项栏如图 2.5 所示。

图 2.5　对象选择工具的选项栏

- 【模式】：设置对象选择工具的选择模式，包括"矩形"和"套索"两种。
- 【对所有图层取样】：选择该复选框，将基于所有可见图层创建选区；否则，仅参照当前图层创建选区。
- 【自动增强】：自动增强选区的边缘。
- 【减去对象】：在定义的区域内自动查找对象边缘，并减去对象外的区域。
- 【选择主体】：单击该按钮，或选择【选择】|【主体】命令，自动选择图像中较为突出的主体对象。

有人称对象选择工具是抠图神器，其实没那么神奇。由于其功能是基于人工智能算法实现的，并不能完全代替人的智力，对于边缘比较复杂的对象，处理结果不一定完美，此时可使用选择并遮住、快速蒙版或其他工具对选区细节做进一步处理。

提示

如果在工具箱上找不到对象选择工具，可以右击工具箱底部的省略号图标⋯⋯，从右键菜单中选择【编辑工具栏】命令，打开【自定义工具栏】对话框。从对话框右侧的【附加工具】栏中找到【对象选择工具】，将其拖动到左侧一栏的【快速选择工具】组，单击【完成】即可。

2. 魔棒工具

使用魔棒工具单击图像，可快速选择与单击点颜色相近的区域。其特有的参数如下。

【取样大小】：用于设置取样点的颜色值。取样点指单击点像素的颜色值；其他选项表示以鼠标单击点为中心，指定区域内的像素点的平均颜色值。

【容差】：用于设置颜色值的差别程度，取值范围为 0～255，系统默认值为 32。使用魔棒工具选择图像时，其他像素点的颜色值与单击点的颜色值进行比较，只有差别在容差范围内的像素才会被选中。一般来说，容差越大，所产生的选区的范围越大。容差为 255 时，会选中整个图像。

【连续】：选择符合容差条件并与取样点相邻的像素；否则，会选中图像上符合容差条件的所有像素。如图 2.6 所示，使用魔棒工具在图像的白色背景上单击，若事先没有选择【连续】复选框，则创建图 2.6（a）所示的选区（飞机上的浅色区域也被选中）；否则，创建图 2.6（b）所示的选区（此时反转选区，即可选中图中的飞机）。

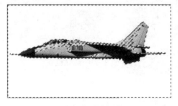 

（a）不连续的选区　　　　　　　　　　　　（b）连续的选区

图 2.6　【连续】参数的应用

3. 快速选择工具

快速选择工具以涂抹的方式"画"出不规则的选区，能够快速选择多个颜色相近的区域，比魔棒工具的功能更强，使用也更方便快捷。其选项栏如图 2.7 所示。

图 2.7　快速选择工具的选项栏

● 【画笔大小】：设置快速选择工具的笔触大小、硬度、间距、角度和圆度等属性。
● 【画笔角度】：设置快速选择工具的笔触的角度。

选择的区域较大时，应设置较大笔触涂抹；选择的区域较小时，应改用较小的笔触涂抹。

2.1.4　案例

案例一：月夜

1. 案例说明

"月挂柳梢头，人约黄昏后"的美妙意境想必很多人有着深刻的印象。本案例通过椭圆选框、矩形选框、魔棒、快速选择等工具及选区的扩展、羽化、移动和删除等操作，再现新月如钩的美景（耳畔隐约响起刘天华先生的二胡名曲《月夜》）。

案例一
操作演示

2. 操作步骤

（1）打开素材图像"第 2 章素材\夜空.jpg"，选择椭圆选框工具（选项栏采用默认设置，特别是羽化值为 0），按住 Shift 键拖动光标创建如图 2.8 所示的圆形选区。

（2）在【图层】面板上单击创建新图层按钮，新建图层 1。

（3）将前景色设置为白色。使用油漆桶工具在选区内单击填色，如图 2.9 所示。

图 2.8　创建未羽化的圆形选区　　　　　图 2.9　在新建图层的选区内填色

（4）选择【选择】|【修改】|【羽化】命令，将选区羽化 5 个像素左右。

重要提示

前面已经说过，选择工具选项栏上的羽化参数，必须在选区创建之前设置才有效。对已经创建好的选区，如需羽化，可以使用【选择】|【修改】|【羽化】命令实现。

（5）选择【选择】|【修改】|【扩展】命令，将羽化后的选区扩展 7 个像素左右，如图 2.10 所示。

（6）使用方向键将选区向左向上移动到图 2.11 所示的位置（移动选区时，千万不要选择移动工具）。

（7）按 Delete 键两次删除图层 1 选区内的像素。选择【选择】|【取消选择】命令（或按组合键 Ctrl+D），月牙儿效果制作完成，如图 2.12 所示。

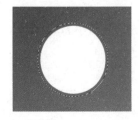

图 2.10　扩展选区　　　　图 2.11　移动选区　　　　图 2.12　月牙儿效果

（8）打开素材图像"第 2 章素材\树枝.jpg"。使用魔棒工具（选项栏上不选"连续"参数，其他采用默认设置）在粗的树干上单击选中整个树枝。按组合键 Ctrl＋C 复制图像，切换到"夜空"图像，按组合键 Ctrl＋V 粘贴图像。使用移动工具调整树枝的位置。

**重要提示**

选区的移动一般采用下列两种方法之一。

① 键盘操作。按一下方向键移动1个像素的距离，可用于微调选区。按住Shift键按一下方向键移动10个像素的距离。使用此方法移动选区时，千万不要选择移动工具✛。

② 鼠标操作方法：首先选择一种选择工具（选框工具、套索工具、快速选择工具等）；然后在选项栏上选中新选区按钮▣；最后将光标定位在选区内，按住鼠标左键拖移选区。

（9）在图层面板上单击选择"月牙儿"所在的图层 1。使用移动工具✛调整月牙儿的位置。选择【编辑】|【自由变换】命令（或按组合键 Ctrl+T），"月牙儿"的周围出现自由变换控制框。将光标放置在变换控制框的外面，当光标变成类似↰的弯曲双向箭头时，按住鼠标左键沿顺时针或逆时针方向拖移控制框，将"月牙儿"旋转到适当的角度。按 Enter 键确认变换，如图 2.13 所示。

（10）打开素材图像"第 2 章素材\亭子.jpg"。使用快速选择工具🖌（选项栏上选中添加到选区按钮🖌，其他采用默认设置）在亭子的外围拖动光标，从蓝色天空拖动到灯柱，再拖动到底部黑色地面，直到把亭子的外围区域全部选中，如图 2.14 所示。

图 2.13　将树枝素材合成进来

图 2.14　创建亭子外围选区

（11）使用矩形选框工具（选项栏上选中添加到选区按钮🖿，其他采用默认设置），将亭子中间的空当区域添加到选区（左右两处，分两次添加。为了使操作更准确方便，可放大图像操作），如图 2.15 所示。

（12）选择【选择】|【反选】命令使选区反转。按组合键 Ctrl + C 复制，切换到"夜空"图像，按组合键 Ctrl + V 粘贴。选择【编辑】|【自由变换】命令（或按组合键 Ctrl+T），将光标定位在任一控制块上，向框内拖动光标，适当成比例缩小"亭子"，如图 2.16 所示。调整好后按 Enter 键确认。

（13）使用移动工具✛调整亭子的位置。选择【图像】|【调整】|【亮度/对比度】命令将亮度降到最低。月夜最终效果及【图层】面板如图 2.17 所示。以"月夜"为文件名存储图像。

图 2.15　添加选区

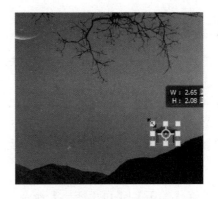

图 2.16　缩小亭子

图 2.17　月夜最终效果及【图层】面板

案例二：放飞心情

1．案例说明

宠辱不惊，闲看庭前花开花落；去留无意，漫随天外云卷云舒。只要心中有桃源，人生无处不春天。本例使用对象选择工具、套索工具、多边形套索工具和【选择并遮住】命令创建并细化选区，将发丝凌乱的人物准确地抠选出来。最终合成一幅意境优美的图像。

2．操作步骤

（1）打开素材图像"第 2 章素材\人物 2-07.jpg"。使用对象选择工具（选项栏采用默认设置）框选图中人物，得到类似如图 2.18 所示的选区（每次框选或圈选得到的选区不一定相同）。

（2）如果左侧手臂内的空当区域没有被排除，可在对象选择工具的选项栏上，选择从选区减去按钮，模式选择套索（其他参数保持默认，特别要选中"减去对象"复选框）。从如图 2.19 所示的 A 点沿顺时针方向圈选到 B 点，松开鼠标左键，得到如图 2.20 所示的效果（衣服上多减掉一部分选区）。

图 2.18　初步建立选区

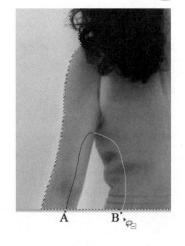

图 2.19　套索模式减去空当

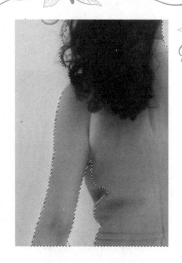

图 2.20　减选结果

（3）在对象选择工具的选项栏上，选择添加到选区按钮 ⬚，用 ⊘ 套索 模式按图 2.21 所示进行圈选，即可将漏选的衣服加选到选区。

（4）人物右下角的衣服因为太亮而造成边缘不清楚，此时可选择工具箱上的套索工具 ⊘，选项栏上选择添加到选区按钮 ⬚，按如图 2.22 所示，从 A 点向下沿着衣服的边缘顺时针进行圈选，即可将这部分漏选的衣服添加到选区。

（5）人物右手和眼镜之间有一小块夹缝多选了，单击选项栏上的从选区减去按钮 ⬚，如图 2.23 所示，从 A 点向左沿着手、头发和眼镜的边缘进行圈选，可将这部分多选的空白从选区减去。

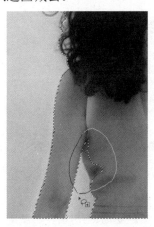

图 2.21　套索模式添加漏选区域

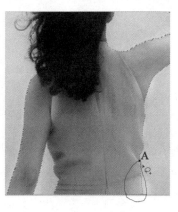

图 2.22　用套索工具添加选区

图 2.23　用套索工具减去选区

（6）选择【选择】|【选择并遮住】命令，在属性栏将模式设置为【叠加】（颜色为红色，不透明度为 50%），半径为 0，输出到"新建图层"，其他参数如图 2.24 所示。选择画笔工具 ✏，在选项栏上适当设置画笔大小，硬度为 100%，选择 ⊕ 按钮，在人物（先不考虑头发边缘）漏选的区域涂抹以便添加到选区；选择 ⊖ 按钮，在人物边缘多选的区域涂抹以便从选区减去。也可以通过这种选区细化，将手臂边缘修整平滑。单击【确定】按钮，如图 2.25 所示。此时的【图层】面板如图 2.26 所示。

图 2.24　【选择并遮住】参数设置

图 2.25　细化身体选区

（7）在【图层】面板上选择"背景 拷贝"层，使用橡皮擦工具擦除头发边缘（图 2.27）。

（8）在【图层】面板上显示并选择背景层，同时隐藏"背景 拷贝"层。使用套索工具（羽化值 0）圈选如图 2.28 所示的头发。

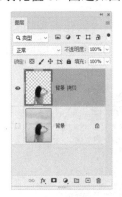

图 2.26　【图层】面板

图 2.27　擦除头发边缘

图 2.28　用套索工具圈选头发

（9）选择魔棒工具，选项栏上选择从选区减去按钮，在上述选区的空白背景区域单击进行减选，如图 2.29 所示。

（10）在选项栏上单击【选择并遮住】按钮。选择【智能半径】复选框，将半径设置为 80 左右，选择【净化颜色】复选框（数量为 100%），【输出到】选择"新建图层"。再使用调整边缘画笔工具（选项栏上选择＋按钮）擦除头发间的空白背景。最后使用画笔工具（选择＋按钮）涂抹头发上的红色（如图 2.30 所示圈出部分），把漏选的头发（因前面增大半径检测产生）添加到选区；再选择○按钮，把多余的选区擦掉，如图 2.31 所示。

（11）单击【确定】按钮，产生"背景 拷贝 2"层。重新显示"背景 拷贝"层。按住 Shift 键在【图层】面板上单击加选"背景 拷贝"层，如图 2.32 所示。按组合键 Ctrl+E 将两个拷贝层合并。

图 2.29　魔棒减选结果

图 2.30　漏选区域

图 2.31　编辑头发选区

（12）选中合并后的拷贝层。按组合键 Ctrl + A 全选，按组合键 Ctrl + C 复制。打开素材图像"第 2 章素材\蓝天白云.jpg"，按组合键 Ctrl + V 粘贴。使用移动工具调整人物的位置，如图 2.33 所示。

（13）打开素材图像"第 2 章素材\纸飞机.jpg"，使用多边形套索工具（羽化值 0）创建如图 2.34 所示的选区。按组合键 Ctrl + C 复制。切换到"蓝天白云"图像，按组合键 Ctrl + V 粘贴。

（14）选择【编辑】|【变换】|【水平翻转】命令使飞机左右镜像，使用【编辑】|【自由变换】命令缩小并旋转飞机，使用移动工具调整飞机的位置。将飞机图层的【不透明度】降低到 70%左右，如图 2.35 所示。最后存储图像。

图 2.32　同时选中两个拷贝层

图 2.33　更换人物背景

图 2.34　选择飞机

图 2.35　图像最终合成效果

2.2　绘画与填充工具的使用

绘画与填充工具包括笔类工具组、橡皮擦工具组、填充工具组、形状工具组、文字工具组和吸管工具组等。使用这些工具能够快捷地修改或创建图像。

2.2.1　笔类工具组

笔类工具组包括画笔、铅笔、颜色替换、混合器画笔和历史记录画笔、历史记录艺术画笔等工具，一般用于模仿现实生活中笔类工具的使用方法和技巧，产生各种绘画效果，而历史记录画笔工具则能够以涂抹的方式撤销图像的局部修改。

1. 画笔工具 ✒

1）设置画笔参数

选择画笔工具，其选项栏默认设置如图 2.36 所示。

图 2.36　画笔工具的选项栏默认设置

- ：单击该按钮可打开画笔预设选取器（图 2.37），从中选择预设的画笔，并可更改预设画笔笔尖的大小和硬度。
- ：单击该按钮可打开【画笔设置】面板（图 2.38），从中选择预设画笔，或在预设画笔的基础上自定义画笔。也可以通过选择菜单命令【窗口】|【画笔设置】，打开【画笔设置】面板。【画笔设置】面板的主要参数举例如下。
- 【画笔】：单击该按钮可切换到【画笔】面板（图 2.39）。

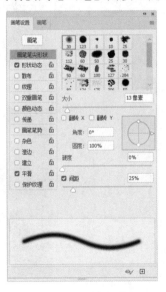

图 2.37　画笔预设选取器　　　图 2.38　【画笔设置】面板　　　图 2.39　【画笔】面板

- ➤ 【画笔笔尖形状】：用于设置画笔笔尖的详细参数（形状、大小、翻转、角度、圆度、硬度和间距等），并预览当前画笔的应用效果，如图 2.38 所示。
- ➤ 【形状动态】：通过画笔笔尖的大小抖动、最小直径、角度抖动、圆度抖动、最小圆度和翻转抖动等选项，指定绘画过程中笔尖形状的动态变化情况。
- ➤ 【散布】：用于设置笔画中笔迹的数量和位置等特性，形成笔迹沿笔画散布的效果。
- ➤ 【颜色动态】：用于设置绘画过程中画笔颜色的动态变化。

- ● 【模式】：设置画笔模式，使当前画笔颜色以指定的混合模式应用到图像上。默认选项为"正常"。
- ● 【不透明度】：设置画笔的不透明度，取值范围为 0%～100%。
- ● ✎：在使用数位板绘画时，选择该按钮，光笔的压力可取代画笔的【不透明度】参数的作用。
- ● 【流量】：设置画笔的下水速度，取值范围为 0%～100%。低于 100%的取值会产生笔画间断且透明的效果。
- ● ✍：选择该按钮，启用画笔的喷枪模式。对于硬度低于 100%的画笔，通过缓慢地拖动光标或按住鼠标左键不放，可以积聚、扩散画笔的颜色。
- ● 平滑: 10% ✔：设置画笔的平滑度，取值范围为 0%～100%。取值越小，笔迹抖动越明显，同时绘制速度越快；反之，数值越大，笔迹越平滑（抖动越弱），同时绘制速度越慢（画笔延迟越明显）。
- ● ✿：设置画笔的平滑选项，如图 2.40 所示，包括拉绳模式、描边补齐、补齐描边末端等选项。

提示

"拉绳模式"指只有在绳线拉紧时才能绘画；"描边补齐"指光标停止拖动后（左键不要松开），绘画继续补齐到光标位置。不选该模式可在光标移动停止时马上停止绘画；"补齐描边末端"指松开鼠标按键时补齐从上一绘画位置到光标所在点的描边。选择【编辑】|【首选项】|【光标】命令，打开【首选项】对话框，选择"进行平滑处理时显示画笔带"复选框，单击【确定】按钮。将画笔大小设置为80，硬度100%，平滑100%，体验在不同选项下画笔绘制线条的区别。

- ● △ 0°：设置画笔的角度。也可以在【画笔设置】面板中设置。按下键盘左右方向键可动态改变画笔的角度。
- ● ✐：在使用数位板绘画时，选择该按钮，光笔的压力可取代画笔的【大小】参数的作用。
- ● ❀：用于绘制对称的图案，包括垂直、水平、双轴、对角、波纹、圆形、螺旋线、平行线、径向、曼陀罗等多种对称选项，如图2.41所示。

以下是画笔上述参数应用的一个简单例子。

（1）新建 800 像素×600 像素、72 像素/英寸、RGB 颜色模式、白色背景的新文档。

（2）选择画笔工具，设置画笔大小 5 像素、硬度 100% 、平滑 50%（其他选项默认）。将前景色设为黑色。

（3）在选项栏上单击❀按钮，从弹出的菜单中选择"曼陀罗"，打开【曼陀罗对称】对话框。将"段计数"的值设置为 5，单击【确定】按钮。生成如图 2.42 所示的对称轴。拖动周围的控制块可以改变对称轴的显示大小。将光标定位在控制框的外面，呈现类似↰的弯曲双向箭头时，拖动光标可旋转对称轴。最后按 Enter 键或单击选项栏上的✔按钮确认。

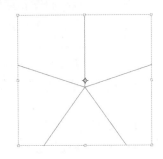

图 2.40　画笔的平滑选项　　　　图 2.41　对称选项　　　　图 2.42　编辑对称轴

（4）使用画笔工具绘制如图 2.43 所示的图形，得到如图 2.44 所示的对称图案。操作过程中可根据需要随时修改前景色和画笔选项，不满意的地方可以撤销操作，也可以用橡皮擦工具擦除，再返回画笔工具继续绘图。只要没有关闭文件，随时可以使用画笔工具对图 2.43 所示的图形进行修改和补充（对称轴一直有效）。

图 2.43　手动绘制的图形　　　　　　　　　图 2.44　生成的对称图案

2）自定义画笔

"自定义画笔"功能可以将选定的图像定义为画笔。如果不存在选区，则将整个图像定义为画笔。举例如下。

（1）打开素材图像"第 2 章素材\星光素材.psd"。按住 Ctrl 键，在【图层】面板上单击"星光"层的缩览图以载入"星光"的选区，如图 2.45 所示。

（2）选择【编辑】|【定义画笔预设】命令，弹出【画笔名称】对话框，单击【确定】按钮。

（3）选择画笔工具，画笔预设选取器中已经自动选中了自定义的画笔（最后面一个），如图 2.46 所示。

（4）打开【画笔设置】面板，设置【散布】参数如图 2.47 所示，设置【形状动态】参数如图 2.48 所示（【渐隐】参数可控制笔画的长度，单位为像素。取值越大，笔画越长，此处设置为 600。在实际操作中，若产生的笔画长度不合适，可适当增减此参数的值）。

（5）打开素材图像"第 2 章素材\人物 2-06.jpg"。在【图层】面板上单击创建新图层按钮⊞，新建图层 1。

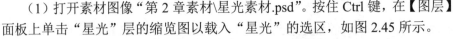

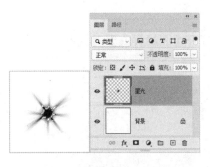

图 2.45　选择要定义画笔的图像

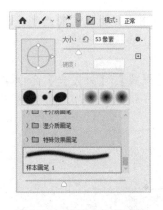

图 2.46　选择自定义画笔

图 2.47　设置【散布】参数

（6）将前景色设置为白色。使用画笔工具按图 2.49 所示的路径绘制，结果如图 2.50 所示。

图 2.48　设置【形状动态参数】

图 2.49　画笔绘画的路径

图 2.49
彩图

图 2.50
彩图

图 2.50　自定义画笔绘画效果

提示

对于步骤（6）的操作，使用上述自定义的画笔进行路径描边更容易实现。可结合本书第6章的6.2.12小节来考虑。

（7）选择【图层】|【图层样式】|【外发光】命令，打开【图层样式】对话框，参数设置如图2.51所示。

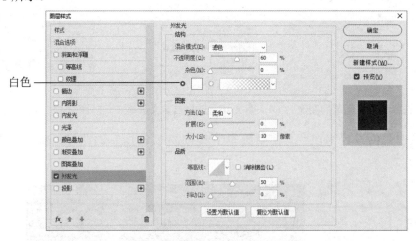

白色

图2.51　设置【外发光】参数

（8）单击【确定】按钮，结果如图2.52所示。

图2.52
彩图

图2.52　添加外发光样式后的图像效果

提示

关于图层样式的定义与基本用法，请参照第4章相关内容。

3）载入特殊形状的画笔

使用画笔预设选取器不仅可以选择标准的圆形画笔（有软笔和硬笔之分），还可以选择多种特殊形状的画笔。

在默认设置下，画笔预设选取器中并未显示出 Photoshop 自带的所有特殊形状的画笔。载入其他特殊形状画笔的方法如下。

（1）单击画笔预设选取器右上角的 ✿.按钮，从展开的选取器菜单中选择【导入画笔】命令，可以将一些*.abr 类型的画笔文件载入画笔预设选取器（*.abr 文件可以从 Photoshop 安装文件夹的…Presets\Brushes 中选择，也可以从网上下载）。

（2）如果从画笔预设选取器菜单中选择【旧版画笔】命令，可载入旧版本的画笔。

2. 铅笔工具 ✏

铅笔工具的主要作用是使用前景色绘制随意的硬边线条，其参数设置及用法与画笔工具类似。不同的是，即使硬度设置低于 100%，铅笔工具也画不出软边效果的笔迹。

提示

在铅笔工具的选项栏上选择【自动抹掉】选项，使用铅笔工具绘画时，若起始处图像的颜色与当前前景色相同，则使用当前背景色绘画。否则，仍使用当前前景色绘画。

3. 颜色替换工具 ✎

颜色替换工具可以使用前景色快速替换图像中的特定颜色，其选项栏如图 2.53 所示。

图 2.53　颜色替换工具的选项栏

- ⏣：设置画笔笔尖的大小、硬度、间距、角度、圆度等参数。
- 【模式】：设置画笔模式，使当前画笔颜色以指定的混合模式应用到图像上。默认选项为"颜色"，仅影响图像的色调与饱和度，不改变亮度。
- 连续按钮✎、一次按钮✎和背景色板按钮✎：设置颜色取样方式。选择✎按钮，可在光标拖动过程中不断对颜色进行取样。选择✎按钮，可将首次单击点的颜色作为取样颜色。选择✎按钮，则只替换包含当前背景色的区域。所谓"取样颜色"，即图像中能够被前景色替换的区域的颜色。
- 【限制】：有"不连续""连续"和"查找边缘"3 个选项。"不连续"选项替换图像中与取样颜色匹配的任何位置的颜色。"连续"选项仅替换与取样颜色位置邻近的连续区域内的颜色。"查找边缘"选项类似"连续"选项，只是能够更好地保留被替换区域的轮廓。
- 【容差】：设置图像的颜色与取样颜色接近到什么程度时才能被替换。取值较低时，只有与取样颜色比较接近的颜色才能被替换；较高的取值能够替换更大范围内的颜色。
- 【消除锯齿】：使图像中颜色被替换的区域获得更平滑的边缘。

以下举例说明颜色替换工具的用法。

（1）打开素材图像"第 2 章素材\人物 2-02.jpg"，如图 2.54（a）所示。

（2）将前景色设置为纯蓝色（#0000ff）。

（3）选择颜色替换工具，设置画笔大小为 20 像素，硬度为 100%，模式为"颜色"，取样为"一次"，限制为"查找边缘"，容差为 30%。

（4）在图像中人物的外套部分拖动光标，将外套的颜色替换为蓝色，如图 2.54（b）所示。

图 2.54
彩图

（a）素材图像

（b）替换颜色后的效果图

图 2.54　颜色替换前后的图像对比

4. 混合器画笔工具

混合器画笔工具是 Photoshop 从 CS5 版本开始新增的工具，作用是将画笔颜色与光标拖移处的图像颜色进行混合，产生传统画笔绘画时不同颜料之间的相互混合效果，是比较专业的绘画工具。其选项栏如图 2.55 所示。

图 2.55　混合器画笔工具的选项栏

- 当前画笔载入 ▢：设置混合器画笔的颜色。可载入上一次的画笔，可清空当前画笔，也可以只允许载入纯色。

- 每次描边后载入画笔按钮 与每次描边后清理画笔按钮 ：定义每一笔绘画完成后是否更新和清理画笔。就好像画家作画时一笔画完后是否用水清洗画笔。

- 有用的混合画笔组合 ▢：在下拉列表中为用户提供了多种预设的混合器画笔。包括干燥、湿润、潮湿和非常潮湿等多种类型。画笔湿度越大，绘画时越能将画布上的颜色化开。

- 设置从画布拾取的油彩量 潮湿：80% ▢：可以理解为在画笔颜料中加水，取值越大，在画布上画出来的颜色越淡。

- 设置画笔上的油彩量 载入：75% ▢：控制画笔上的油彩量。

- 设置描边的颜色混合比 混合：90% ▢：控制画笔油彩与画布颜色的混合程度。取值越大，画笔颜色混入越少，而画布颜色混入越多。

- 【对所有图层取样】：选择该复选框，将所有可见图层的合并图像作为画布；否则，仅以当前图层图像作为画布。

- 其他选项的作用与画笔工具 类似。下面是混合器画笔工具的一个应用案例。

（1）打开素材图像"第 2 章素材\人物 2-08.jpg"。选择混合器画笔工具，设置画笔大小为 800 像素（刚好覆盖图中的人物），硬度为 0%，间距为 8%左右，在当前画笔载入 ▢ 列表中不要选择"只载入纯色"选项，与 按钮同时选中，在有用的混合画笔组合 ▢ 下拉列表中选择"湿润"。

（2）将光标覆盖在图中人物上（图2.56），按住 Alt 键单击载入画笔。

（3）将光标覆盖在人物上，向左下方拖动涂抹，可得到图2.57所示的重影效果。

（4）打开素材图像"第 2 章素材\发光小球.png"。设置混合器画笔工具选项：画笔大小为 150 像素，硬度为 100%，间距为 1%，在当前画笔载入 列表中不选择"只载入纯色"选项， 与 按钮同时选中，在有用的混合画笔组合 下拉列表中选择"干燥，深描"，流量 100%。将光标覆盖在图中小球上，按住 Alt 键单击载入画笔。

（5）切换到人物图像，新建图层。将混合器画笔工具的画笔大小设为 20 像素左右（其他选项不变）。在新图层上拖动光标书写立体数字 2020，如图2.58所示。

图 2.56　载入画笔

图 2.57　重影效果

图 2.58　创建立体数字效果

提示

在使用混合器画笔工具时按住Shift键拖动光标，可得到水平或垂直笔迹。绘制连续笔画时，Shift键一直不用松开，只需在数字笔画的每个拐点松开鼠标左键，然后重新按住鼠标左键拖动光标绘制下一个笔画。书写完成后，可用色阶或曲线命令提高对比度，使亮光更明显。

5. 历史记录画笔工具

历史记录画笔工具用于将图像局部恢复到修改前的状态。其选项栏参数设置与画笔工具相同。以下举例说明历史记录画笔工具的用法。

（1）打开素材图像"第 2 章素材\电影画面 2-01.jpg"，如图2.59所示。

（2）选择【滤镜】|【滤镜库】命令，通过【滤镜库】对话框为图像添加【艺术效果】滤镜组中的【海报边缘】滤镜（参数采用默认值），结果如图2.60所示。

（3）选择【图像】|【调整】|【反相】命令，获得负片效果。

（4）使用对象选择工具的套索模式圈选图中的人物，如图2.61所示。

图 2.59　素材图像

图 2.60　添加滤镜效果

图 2.61　反相后创建人物选区

（5）选择历史记录画笔工具，设置画笔大小为 44 像素，其他选项默认。

（6）在【历史记录】面板上单击滤镜库记录左侧的 □ 按钮，按钮中显示图标 ，如图 2.62 所示。

（7）使用历史记录画笔工具在选区内涂抹，将该部分图像恢复到添加"海报边缘"滤镜后的效果（涂抹选区之前，通过在选项栏上修改历史记录画笔工具的不透明度，还可以控制图像恢复的程度）。按组合键 Ctrl+D 取消选择，如图 2.63 所示。

图 2.62　历史记录面板

图 2.63　恢复背景层部分图像的历史状态

6. 历史记录艺术画笔工具

历史记录艺术画笔工具可使用指定的历史记录状态或快照状态，利用色彩上不断变化的笔画簇，以风格化描边的方式进行绘画，同时颜色迅速向四周沉积扩散，达到印象派绘画的效果。其选项栏如图 2.64 所示。

图 2.64　历史记录艺术画笔工具的选项栏

- 【模式】：类似画笔工具的对应选项。不同的模式会影响笔画样式和笔画沉积速度。
- 【样式】：用于确定笔画簇中各个笔画的大小和形状，包括"蹦紧短""蹦紧中""蹦紧长"等多种不同类型。
- 【区域】：指定绘画描边覆盖的区域大小。值越大，覆盖的区域越大，描边的数量也越多。取值范围为 0～500 像素。分辨率高的图像需要设置更大的值。
- 【容差】：限定允许绘画的区域。较低的容差允许用户在所有图像上绘画，较高的容差将绘画限制在与选定历史状态或快照状态的颜色有明显差异的区域上。

其他选项的设置与画笔工具相同。下面举例说明历史记录艺术画笔工具的基本用法。

（1）打开素材图像"第 2 章素材\人物 2-03.jpg"，如图 2.65（a）所示。

（2）新建图层 1，用油漆桶工具填充白色。

（3）选择历史记录艺术画笔工具，设置画笔大小为 5 像素，模式为"正常"，样式为"蹦紧短"，区域为 50 像素，容差为 0%。

（4）在图层 1 中涂抹绘画，得到类似如图 2.65（b）所示的效果。

（a）素材图像　　　　　　　　　　　（b）效果图

图 2.65　使用历史记录艺术画笔工具绘画

2.2.2　橡皮擦工具组

橡皮擦工具组包括橡皮擦工具、背景橡皮擦工具和魔术橡皮擦工具，主要用于擦除图像的颜色。

1. 橡皮擦工具

橡皮擦工具在不同类型的图层上擦除图像时，结果是不同的。

（1）在背景图层上擦除时，被擦除区域的颜色以当前背景色取代。

（2）在普通像素图层上可将图像擦除为透明。

（3）在透明区域被锁定的图层（参照第 4 章相关内容）上擦除时，将像素的颜色擦除为当前背景色（颜色深浅与每个像素的不透明度一致）。

（4）文字层、形状层等含有矢量元素的图层及智能图层等特殊图层是禁止擦除的。

橡皮擦工具的选项栏如图 2.66 所示，其中多数选项的设置与画笔工具相同。

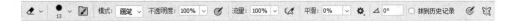

图 2.66　橡皮擦工具的选项栏

- 【模式】：设置擦除模式，有"画笔""铅笔"和"块"3 种。
- 【抹到历史记录】：将图像擦除到指定的历史记录状态或某个快照状态。与历史记录画笔工具的用法类似。

2. 背景橡皮擦工具

无论在普通像素图层还是在背景图层上，使用背景橡皮擦工具都可将图像擦除到透明。同时，在背景图层上擦除时，背景图层自动转化为普通图层。

背景橡皮擦工具的选项栏如图 2.67 所示，其中参数大多与颜色替换工具类似。

图 2.67　背景橡皮擦工具的选项栏

- 【保护前景色】：禁止擦除与当前前景色匹配的区域。

3. 魔术橡皮擦工具

使用魔术橡皮擦工具可擦除指定容差范围内的像素，其选项栏如图 2.68 所示，其中参数大多与魔棒工具类似。

图 2.68　魔术橡皮擦工具的选项栏

● 【消除锯齿】：使擦除区域的边缘更平滑。

与橡皮擦工具、背景橡皮擦工具的某些功能类似，魔术橡皮擦工具也有以下特点。

（1）在背景图层上擦除的同时，背景图层转化为普通像素图层。

（2）在透明区域被锁定的图层上擦除时，将包含像素的区域擦除为当前背景色。

2.2.3　填充工具组

填充工具组包括油漆桶工具、渐变工具和 3D 材质拖放工具，用于填充单色、图案或过渡色。

1. 油漆桶工具

油漆桶工具用于填充单色（当前前景色）或图案，其选项栏如图 2.69 所示。

图 2.69　油漆桶工具的选项栏

● 填充类型：包括"前景"和"图案"两种。选择"前景"（默认选项），使用前景色填充图像。选择"图案"，可从右侧的图案选取器（图 2.70）中选择预设图案或自定义图案进行填充。

● 【模式】：指定填充内容以何种混合模式应用到要填充的区域。

● 【不透明度】：设置填充颜色或图案的不透明度。

● 【容差】：控制填充范围（与魔棒工具的【容差】参数类似）。容差越大，填充范围越广。取值范围为 0～255，系统默认值为 32。

● 【消除锯齿】：使填充区域的边缘更平滑。

● 【连续的】：将填充区域限定在与单击点颜色匹配的连续区域内。

● 【所有图层】：选择该项，基于所有可见图层的合并效果进行填充。否则，仅基于当前图层填充。

图 2.70　打开图案选取器

以下举例说明利用油漆桶工具进行自定义图案填充的方法。

（1）打开素材图像"第 2 章素材\动物 2-01.jpg"，用矩形选框工具创建如图 2.71（a）所示的选区。

（2）选择【编辑】|【定义图案】命令，在弹出的【图案名称】对话框中输入图案名称，单击【确定】按钮。

（3）新建 400 像素×300 像素、分辨率为 72 像素/英寸、RGB 颜色模式的图像。

（4）选择油漆桶工具，将填充类型设为"图案"，从右侧图案选取器的底部选择上述自定义的图案。在新图像上单击，填充效果如图 2.71（b）所示。

（a）创建选区　　　　　　　　　　（b）填充自定义图案

图 2.71　用油漆桶工具填充自定义图案

**重要提示**

用于定义图案的选区必须为矩形选区，不能羽化，也不能圆角化，否则，无法定义图案。

2. 渐变工具

渐变工具用于填充各种过渡色，其选项栏如图 2.72 所示。

图 2.72　渐变工具的选项栏

- ![ ]：单击按钮右侧的 ，可打开"渐变"拾色器（图 2.73），从中选择所需渐变色。单击图标左侧的 ，则打开渐变编辑器（图 2.74），可对当前选择的渐变色进行编辑修改或定义新的渐变色。操作要点如下。

（1）单击选择渐变色控制条上的不透明度色标 （此时图标尖部变黑 ），从【色标】栏可修改该点的不透明度和位置（也可水平拖动不透明度色标改变其位置）。

（2）单击选择渐变色控制条下的色标 （此时图标尖部变黑 ），从【色标】栏可修改该点的颜色和位置（也可水平拖动色标改变其位置）。

（3）在渐变色控制条的上方或下方单击，可添加不透明度色标或色标。选择不透明度色标或色标后，单击【删除】按钮可将其删除（控制条上仅剩下 1 个不透明度色标或色标时，是禁止删除的）。

- ![ ]：用于设置渐变种类。从左向右依次是线性渐变、径向渐变、角度渐变、对称渐变和菱形渐变。各按钮的图案反映了这些渐变类型的基本效果。
- 【模式】：指定当前渐变色以何种混合模式应用到图像上。

- 【不透明度】：用于设置渐变填充的不透明度。
- 【反向】：反转渐变填充中的颜色顺序。
- 【仿色】：用递色法增加中间色调，形成更加细腻的过渡效果。
- 【透明区域】：使渐变中的不透明度设置生效。

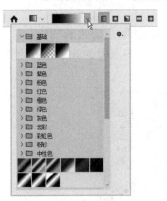

图 2.73　"渐变"拾色器

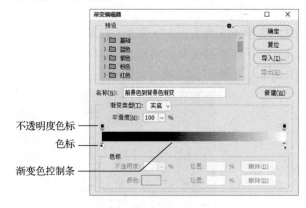

图 2.74　渐变编辑器

以下举例说明渐变工具的基本用法。

（1）打开素材图像"第 2 章素材\蛋壳.jpg"（图 2.75）。将前景色设置为白色。

（2）在工具箱上选择渐变工具，在选项栏上选择菱形渐变（其他选项保持默认：模式"正常"，不透明度 100%，不选【反向】复选框，选择【仿色】和【透明区域】复选框）。

（3）打开"渐变"拾色器，在"基础"预设分组中选择"前景色到透明渐变"（光标移到渐变色上停顿片刻会有提示）。在图像上拖动光标，形成菱形渐变效果。

（4）改变光标拖动的方向和距离，在图像的不同位置创建多个渐变效果，如图 2.76 所示。

图 2.75　素材图像

图 2.76　菱形渐变效果

（5）新建一个 400 像素×300 像素、分辨率为 72 像素/英寸、RGB 颜色模式的图像。

（6）使用椭圆选框工具创建一个圆形选区（羽化值为 0）。

（7）将前景色和背景色分别设置为白色和黑色。

（8）选择渐变工具。在选项栏上选择径向渐变，从"渐变"拾色器的"基础"预设分组中选择前景色到背景色渐变（其他参数保持默认）。

（9）从选区的左上角向右下角方向拖动光标（适当控制起点位置和拖动距离），创建径向渐变，如图 2.77 所示。取消选区。

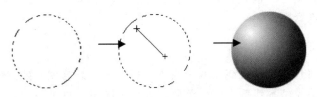

图 2.77 创建径向渐变

重要提示

读者可回顾第 1 章的案例"1.4.1 美丽的新娘"。

3. 3D 材质拖放工具

3D 材质拖放工具用于 3D 模型的材质填充。其基本用法举例如下。

（1）新建 500 像素×400 像素、分辨率为 72 像素/英寸、RGB 颜色模式的图像。使用横排文字工具创建文本 Ps，如图 2.78 所示。

（2）选择【3D】|【从所选图层新建 3D 模型】命令，若弹出 Photoshop 信息提示框，单击【是】按钮，进入 3D 工作区界面。

（3）选择 3D 材质拖放工具。从选项栏上打开"材质"拾色器，选择"石砖"材质，如图 2.79 所示。在立体文字的前膨胀面（文字笔画面）上单击填充石砖材质。同样将"材质"拾色器中的"有机物-橘皮"材质填充到文字的凸出面上。最终效果如图 2.80 所示。在【3D】面板上选择指定的材质，可以通过【属性】面板对材质进行修改。

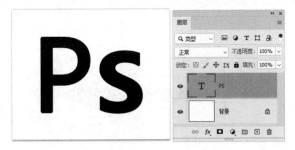

图 2.78 创建文字图层

图 2.79 "材质"拾色器

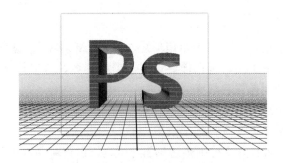

图 2.80 填充材质后的 3D 模型效果

2.2.4 形状工具组

形状工具组包括矩形、圆角矩形、椭圆、多边形、直线和自定形状等工具，用于创建形状图层、路径和像素图。

1. 直线工具／

直线工具使用前景色绘制直线段或带箭头的直线段，其选项栏如图 2.81 所示。其中形状的填充类型和描边类型都包括无色、单色、渐变和图案 4 种。

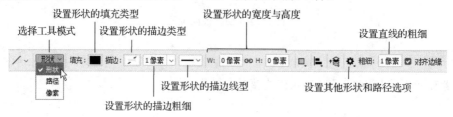

图 2.81　直线工具的选项栏

1）绘制任意长短和粗细的直线段

选择直线工具，在选项栏上选择工具模式，设置粗细等参数。在图像中通过拖动光标绘制直线段。按住 Shift 键，可绘制水平、垂直或方向为 45°角的倍数的直线段。

2）绘制任意长短和粗细的带箭头的直线段

选择直线工具，在选项栏上选择工具模式，设置粗细等参数。单击选项栏上的 ✿ 按钮，打开选项面板（图 2.82），选择【起点】或【终点】复选框，可绘制始端或末端带箭头的直线段，并可以设置箭头的宽度、长度和凹度等属性（各参数指示如图 2.83 所示）。在图像中通过拖动光标绘制带箭头的直线段。

图 2.82　选项面板

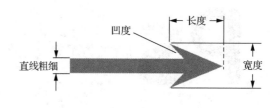

图 2.83　绘制带箭头的直线段

2. 规则多边形/圆形工具

规则多边形工具包括矩形▭、圆角矩形▢、椭圆⬭和多边形⬡等工具，用法如下。

（1）选择规则多边形工具，根据需要设置选项栏参数。若工具模式为"像素"，需设置前景色（像素多边形使用前景色填充）。

（2）若绘制圆角矩形，可在选项栏上设置圆角的"半径"值。

（3）若绘制多边形，可在选项栏上设置边数。

（4）在图像中单击可打开【绘制多边形】对话框，设置对话框中的图形参数，单击【确定】按钮，则在单击点生成图形。

（5）也可以在图像中拖动光标绘图。按住 Shift 键，可绘制正的图形（正方形、圆形等）。按住 Alt 键，则以首次单击点为中心绘制图形。

3. 自定形状工具

Photoshop 的自定形状工具为用户提供了丰富多彩的图形资源，用法如下。

（1）选择自定形状工具，设置选项栏参数。若工具模式为"像素"，需设置前景色。

（2）在选项栏上单击形状按钮，打开"自定形状"拾色器（如图 2.84 所示），从中可选择多种形状。

（3）单击"自定形状"拾色器右上角的 按钮，打开面板菜单，可载入其他形状。

（4）在图像中单击可打开【创建自定形状】对话框，设置对话框中的形状参数，单击【确定】按钮，则在单击点生成形状。

（5）也可以在图像中拖动光标绘制自定形状。按住 Shift 键，可按比例绘制自定形状。按住 Alt 键，则以首次单击点为中心绘制形状。

图 2.84 打开"自定形状"拾色器

2.2.5 文字工具组

文字工具组包括横排文字工具、直排文字工具、横排文字蒙版工具和直排文字蒙版工具。除了通过选项栏、字符面板和段落面板设置文字的属性，Photoshop CC 2020 还增加了文字菜单和字形面板，并且支持 EmojiOne 表情包在内的 SVG 字体，支持可变字体（Myriad Variable Concept、Acumin Variable Concept 等）。

另外，文字工具还有更高级的应用，比如：

（1）在任意路径上创建文字（详见第 6 章）；

（2）将文字转化为路径，根据需要随心所欲地进行字体设计（详见第 6 章）。

文字工具的选项栏，如图 2.85 所示。

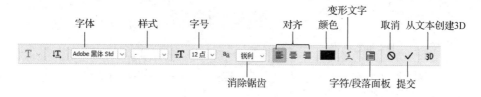

图 2.85 文字工具的选项栏

（3）字体、样式、字号：设置文字的字体、样式和大小。

（4）消除锯齿：提供了消除文字边缘锯齿的不同方法。

（5）对齐：设置文字的对齐方式。

（6）颜色：设置文字的颜色。

（7）变形文字：设置文字的变形方式。

（8）字符/段落面板：单击该按钮可打开【字符/段落】面板，从中更详细地设置字符和段落的格式。

（9）取消：用于撤销文字的输入或修改，并退出文字编辑状态。

（10）提交：用于确认文字的输入或修改，并退出文字编辑状态。

（11）从文本创建 3D：从选中的文本图层创建 3D 模型。

1. 横排文字工具 T

横排文字工具用于创建水平走向、从上向下分行的文字。

（1）创建横排文字

① 选择横排文字工具，利用选项栏或【字符】面板设置字体、大小、颜色等基本参数。

② 在图像中单击，确定插入点（此时【图层】面板上生成文字图层）。

③ 输入文字内容。按 Enter 键可向下换行。

④ 单击提交按钮 ✔，文字创建完毕（若单击取消按钮 ⊘，则撤销文字的输入）。

（2）修改横排文字

在【图层】面板上双击文字图层，或使用移动工具直接双击图像中的文本（Photoshop CC 2019 后的新增功能），可以选中该文本的所有文字，利用选项栏、【字符】面板或【段落】面板重新设置文字基本参数，最后单击 ✔ 按钮确认。

若要修改文字图层中的部分内容，可在选择文字图层和文字工具后，将光标指针移到对应字符上，拖动光标选择要修改的内容（图 2.86），然后对选中内容进行修改并提交。

图 2.86　修改文字图层的部分内容

Photoshop 的【字符】面板，如图 2.87 所示。

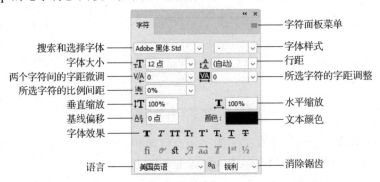

图 2.87　【字符】面板

① 两个字符间的字距微调：用于调整两个字符的间距。方法是将插入点放置在两个字符之间，然后从该表中选择或输入宽度数值。负值减小字距，正值加大字距。

② 基线偏移：调整文字与基线的距离。正值文字升高，负值文字降低。

③ 所选字符的比例间距：按指定的数值减少字符周围的空间。数值越大，空间越小。

④ 所选字符的字距调整：调整所选文字的字符间距。负值减小字距，正值加大字距。

⑤ 字体效果：单击其中按钮可创建不同的文字效果。从左往右，依次为加粗、倾斜等。

⑥ 语言：对所选文字进行有关连字符和拼写规则的语言设置。

2. 直排文字工具 ↓T

直排文字工具用于创建竖直走向、从右向左分列的文字，其用法与横排文字工具类似。

3. 横排文字蒙版工具 ⬚T

横排文字蒙版工具用来创建水平方向的文字选区，但不会生成文字图层。用法如下。

（1）选择横排文字蒙版工具，利用选项栏或【字符】面板等设置文字基本参数。

（2）在图像窗口单击，确定插入点（此时进入文字蒙版状态，默认设置下图像被 50% 不透明度的红色保护起来）。

（3）输入文字内容。

（4）若要修改文字属性，必须在提交之前进行。可拖动光标，选择要修改的内容，然后重新设置文字参数，也可对全部文字进行变形。

（5）单击提交按钮 ✓（此时退出文字蒙版状态，形成文字选区）。

（6）选择像素图层，对文字选区进行描边、填色等处理。

（7）取消选区。

4. 直排文字蒙版工具 ↓⬚T

直排文字蒙版工具用于创建竖直走向、从右向左分列的文字选区。用法与横排文字蒙版工具类似。

值得一提的是，Photoshop CC 2020 除了自带的 EmojiOne 表情包字体（SVG 字体），还自带了 Myriad Variable Concept、Acumin Variable Concept 等多种可变字体（VAR 字体）。

（1）如需输入表情包，可选择 EmojiOne 字体，并从弹出的【字形】面板找到所需的表情包，双击输入。

（2）选择 Acumin Variable Concept、Bahnschrift、Myriad Variable Concept 等可变字体，可通过【属性】面板修改文字笔画的粗细、文本整体的宽度和倾斜度等普通字体没有的属性。遗憾的是，Photoshop 提供的这些可变字体都对中文汉字不兼容。

2.2.6　吸管工具组

吸管工具组包括吸管工具、3D 材质吸管工具、颜色取样器工具和标尺工具等。

1. 吸管工具 ✐

吸管工具可将单击点或单击区域的颜色吸取为前景色；按住 Alt 键单击，则将所取颜色设为背景色。吸管工具的选项栏如图 2.88 所示。

- 【取样大小】：用于设置所取颜色是单击点1个像素的颜色值，还是单击区域内像素的平均颜色值。
- 【样本】：选择是基于当前图层取色，还是基于所有图层取色。
- 【显示取样环】：使得操作时光标周围显示取样环，其中下半内环表示上一次的取样色，上半内环显示本次的取样色。

2. 颜色取样器工具

使用颜色取样器工具，可在图像的不同位置单击设置多个取样点，并在【信息】面板中查看各取样点的颜色值，其选项栏如图2.89所示。

- 【取样大小】：与吸管工具的对应参数作用类似。
- 【清除全部】：用于删除所有取样点（按Alt键单击取样点，可删除单个取样点）。

图2.88　吸管工具选项栏　　　　　　　　图2.89　颜色取样器工具选项栏

3. 标尺工具

标尺工具用来测量图像中两点的距离、两点的坐标值、两点连线的角度以及两条度量线的夹角，操作要点如下。

（1）选择标尺工具。在图像上单击并拖动光标创建一条度量线。

（2）在选项栏和【信息】面板上读取该直线段两个端点间的有关度量信息。

（3）按住Shift键可将标尺工具的拖动方向限制在45°角的倍数方向上。

（4）按住Alt键，从现有度量线的一个端点开始拖动光标，可创建第二条度量线，二者形成一个量角器。选项栏和【信息】面板上会显示这两条直线的夹角。

标尺工具的选项栏如图2.90所示。

图2.90　标尺工具的选项栏

（1）X和Y：显示当前度量线起始点的X、Y坐标值（图像窗口左上角为坐标原点，X轴正方向水平向右，Y轴正方向竖直向下）。

（2）W和H：显示度量线两端点间的水平距离和垂直距离。

（3）A：显示度量线（从起点到终点方向）与X轴所成的角度，或两条度量线的夹角。

（4）L1：显示度量线的长度。

（5）L2：使用量角器时，用于显示第二条度量线的长度。

（6）使用测量比例：使用【图像】|【分析】|【设置测量比例】命令可以预先设置一个测量比例的逻辑长度值及单位（图2.91）。选择该项，选项栏上的坐标和长度参数将以此逻辑长度为基本单位，显示度量线的有关信息。

图 2.91　自定义测量比例

（7）拉直图层：将图像从度量线标出的倾斜方向旋转到水平或垂直方向。若度量线本身为水平或垂直方向，单击该按钮则图像无任何变化。

（8）清除：用于删除所有度量线。

以下举例说明如何用标尺工具调整一幅拍摄角度不太好的照片。

（1）打开素材图像"第 2 章素材\敬礼.jpg"，在【图层】面板上双击背景层的缩览图，打开【新建图层】对话框，直接单击【确定】按钮。这样可将背景层转化为普通像素层"图层 0"。选择【标尺工具】，创建如图 2.92 所示的度量线。

（2）在标尺工具的选项栏上单击【拉直图层】按钮。得到如图 2.93 所示的图像。

图 2.92　绘制测量线

图 2.93　拉直图像

（3）使用魔棒工具（选项栏不选"连续"参数）选择图像中的透明区域。

（4）选择菜单命令【选择】|【修改】|【扩展】，打开对话框，设置"扩展量"为 2 像素，单击【确定】按钮，如图 2.94 所示。

（5）使用菜单命令【编辑】|【内容识别填充】填充选区，按组合键 Ctrl+D 取消选区，如图 2.95 所示。

（6）使用仿制图章工具，配合仿制源面板，修复图像的左下角，如图 2.96 所示。

4. 3D 材质吸管工具

使用 3D 材质吸管工具在要吸取的 3D 材质上单击，从选项栏上可以查看该材质的类型，通过【属性】面板可以查看和更改材质。其选项栏如图 2.97 所示。

（1）打开素材图像"第 2 章素材\天鹅.jpg"。选择【3D】|【从图层新建网格】|【网格预设】|【立方体】命令（如果弹出 Photoshop 提示框，单击【是】按钮进入 3D 工作区）。

图 2.94　选择透明区域并扩展选区　　图 2.95　内容识别填充　　图 2.96　修复图像

（2）选择移动工具，在选项栏上选择"环绕移动 3D 相机"按钮，在视图中拖动由背景层生成的 3D 模型，得到如图 2.98 所示的视角。

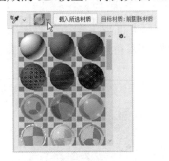

图 2.97　打开"材质"拾色器的选项栏　　　　　图 2.98　从背景层创建的立方体

（3）选择 3D 材质吸管工具，通过在立方体的右侧面上单击，将右侧材质吸取到选项栏上。在【属性】面板上单击按钮，从弹出的菜单中选择【替换纹理】命令，打开素材图像"第 2 章素材\剪影.jpg"。这样立方体右侧材质的纹理替换成了所选图片，如图 2.99 所示。

（4）同样将顶部材质的纹理替换为素材图像"第 2 章素材\蓝天白云.jpg"。

（5）在【3D】面板上选择光源按钮。使用移动工具拖动视图中的光源控制手柄，以改变光源的方向和距离，通过【属性】面板调整灯光强度，以便得到更好的光照效果，如图 2.100 所示。如果视图中未显示光源控制手柄，可按组合键 Ctrl+H 显示。

图 2.99　更换右侧材质的纹理　　　　　图 2.100　立方体最终贴图效果

2.2.7　案例

下面通过几个案例，讲解绘画与填充工具的实际应用。

案例一：制作邮票

1. 案例说明

【画笔】面板不仅适用于铅笔工具与画笔工具，对橡皮擦工具、图章工具、历史记录画笔工具、模糊工具组、减淡工具组等都是适用的。以下使用橡皮擦工具、画笔间距的调整等制作一枚小小的邮票，操作重点为画笔间距的调整。

2. 操作步骤

（1）打开素材图像"第 2 章素材\小熊猫.jpg"。在【图层】面板上双击背景层缩览图，弹出【新建图层】对话框，单击【确定】按钮将背景层转化为普通像素层（图 2.101）。

（2）选择【编辑】|【变换】|【缩放】命令，配合 Alt 键将图层 0 缩小到图 2.102 所示的大小。

图 2.101　将背景层转化为普通层

图 2.102　缩小图像

（3）新建图层 1，将该层拖动到图层 0 的下面，填充黑色，如图 2.103 所示。

（4）使用矩形选框工具创建如图 2.104 所示的选区。调整选区位置，使其上下左右边框线与画面间距大致相等。

图 2.103　创建底色层

图 2.104　创建选区

（5）新建图层 2（使该层位于图层 0 与图层 1 之间），在该层选区内填充白色，然后取消选区，如图 2.105 所示。

（6）选择橡皮擦工具。单击选项栏上的切换"画笔设置"面板按钮，打开【画笔设置】面板。设置画笔大小为 8 像素左右、硬度为 100%、间距为 132%左右，其他参数保持默认值。

（7）确保选中图层 2。将光标定位在如图 2.106 所示的位置（圆形光标一半放在白色区域）。按下鼠标左键，按住 Shift 键，水平向右拖动光标（结果将邮票一边擦成锯齿状），如图 2.107 所示。

（8）使用类似的方法擦除其他三个边界，如图 2.108 所示。

（9）在邮票上书写"8 角"和"中国邮政 China"字样，如图 2.109 所示，存储图像。

图 2.105　创建并编辑图层 2

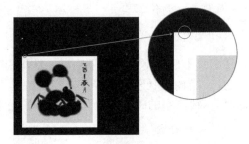

图 2.106　确定橡皮擦工具的起始位置

图 2.107　擦除顶边

图 2.108　擦除其他三个边界

图 2.109　书写文字

提示

在擦除邮票的白色边界时，尽量不要把四个角擦掉。为了避免这个问题，擦除每个边界时，应注意调整擦除的起始位置；实在无法避免时，还可以微调画笔的间距。保持邮票四个角的存在，可增加邮票的整体美观性。

案例二
操作演示

案例二：设计图像"可爱的童年"

1．案例说明

本案例主要通过文字、渐变、油漆桶等工具和图层变换、定义画笔预设、定义图案等相关命令设计制作图像"可爱的童年"，以追忆那些日渐遥远的、纯真的童年时光。

2．操作步骤

（1）新建 270 像素×270 像素、72 像素/英寸、RGB 颜色模式、黑色背景的图像。

（2）新建图层 1。按组合键 Ctrl+A 全选图像。选择【选择】|【变换选区】命令以显示选区的中心。

（3）选择【视图】|【对齐到】菜单下的【参考线】命令（【对齐到】菜单下的其他命令都不要选）。

（4）按组合键 Ctrl+R 显示标尺，从竖直标尺和水平标尺分别拖出参考线定位在选区变换框的中心位置，如图 2.110 所示。按 Esc 键销消变换，按组合键 Ctrl+D 取消选区。

（5）选择直线工具，工具模式设置为"像素"，粗细 1 像素。其他参数保持默认值。将前景色设置为白色。按住 Shift 键从参考线交点向图像右上角方向拖动光标绘制一条 45°、白色线段，如图 2.111 所示。

（6）单击【图层】面板底部的  按钮为图层 1 添加白色图层蒙版。选择渐变工具，在选项栏上选择"线性渐变"，从渐变拾色器的"基础"预设分组中选择"前景色到透明渐变"，其他参数保持默认值。

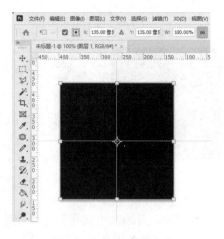

图 2.110 定位图像中心   图 2.111 绘制白色线段

（7）将前景色设置为黑色。按住 Shift 键，（在图像窗口）从直线段的两端分别向线段的大概中点位置拖动光标创建渐变，结果如图 2.112 所示。

（8）按组合键 Ctrl+Alt+T 对图层 1 施加变换复制操作（其中组合键 Ctrl+T 的作用是自由变换，Alt 键的作用是复制）。单击选项栏左侧▦按钮左下角的小方块，将变换中心定位在直线段的左下角（也可以在图像窗口直接拖动中心图标实现），结果如图 2.113 所示。

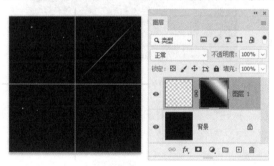

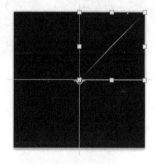

图 2.112 在图层蒙版上创建渐变   图 2.113 改变变换中心

（9）在选项栏上设置旋转角度为-90° △ -90.00 度，单击提交变换按钮 ✓ 进行确认。

（10）按组合键 Ctrl+Alt+Shift+T 两次，让变换复制继续执行两次，结果如图 2.114 所示。

（11）再次按组合键 Ctrl+R 隐藏标尺。选择【视图】|【清除参考线】命令。

（12）打开素材图像"第 2 章素材\城堡.gif"。选择【编辑】|【定义画笔预设】命令，打开【画笔名称】对话框，单击【确定】按钮。

（13）选择铅笔工具，在"画笔预设"选取器的最底部选择自定义的"城堡.gif"画笔。切换到新建图像，将前景色设置为白色。新建图层，在图像中心位置单击绘制城堡，如图 2.115 所示。

（14）在【图层】面板上单击关闭背景层左边的 ◉ 图标，以便隐藏背景层。执行【编辑】|【定义图案】命令将背景层外的整个图像定义为图案。

（15）新建 600 像素×600 像素、72 像素/英寸、RGB 颜色模式、黑色背景的图像。新建图层 1，用油漆桶工具填充步骤（14）定义的图案，并在图 2.116 所示的位置创建文本"可爱的童年"。

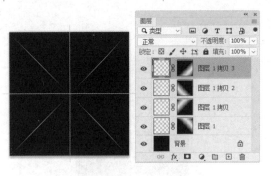
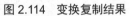

图 2.114　变换复制结果

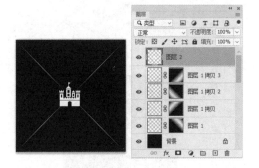

图 2.115　绘制城堡

（16）创建如图 2.117 所示的矩形选区（如果 1 次不到位，可通过【选择】|【变换选区】命令调整）。隐藏背景层，选择【编辑】|【定义图案】命令将选区内图像定义为图案。

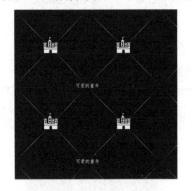

图 2.116　创建文本

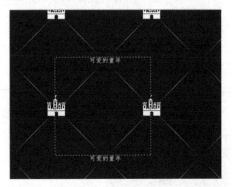

图 2.117　创建矩形选区

（17）打开素材图像"第 2 章素材\童趣.jpg"。新建图层 1，用油漆桶工具填充步骤（16）定义的图案。将图层 1 的不透明度设置为 60%左右，图像最终效果如图 2.118 所示。

图 2.118　图像最终效果

提示

　　①在存在矩形选区（羽化值 0）的情况下，【定义图案】命令依据选区内的图像定义图案；在不存在选区的情况下，【定义图案】命令则依据整个图像定义图案。②关于图层蒙版的作用和基本用法可参考本书第 7 章相关内容。

案例三：设计制作古书效果

案例三
操作演示

1. 案例说明

本案例主要使用渐变工具、文字工具等模仿翻开的古书效果，操作重点为自定义渐变和文本编辑。其中古书页面上的文字是北宋大文学家苏轼《前赤壁赋》中的片段。《前赤壁赋》是中国古典文学中的精华，《古文观止》有评"欲写受用现前无边风月，却借吹洞箫者发出一段悲感，然后痛陈其胸前一片空阔"。让我们感悟一下其中的人生哲理吧。

提示

本案例需要安装字体，可右击"第2章素材"中的"迷你简柏青.ttf"等字体文件，从右键菜单中选择【安装】命令进行安装。

2. 操作步骤

（1）新建 600 像素×424 像素、72 像素/英寸、RGB 颜色模式、黑色背景的图像。

（2）新建图层 1，填充浅黄色（# f3f3dd）。

（3）选择【选择】|【全部】命令（或按组合键 Ctrl + A），全选图像。

（4）选择【选择】|【变换选区】命令，显示变换选区控制框。按住 Shift 键，将右边界中间控制块向左拖动，同时观察选项栏，直到选区宽度变为原来的 50%，如图 2.119 所示，按 Enter 键确认。

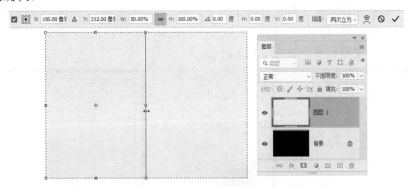

图 2.119　变换选区

（5）选择渐变工具。打开渐变编辑器，在【预设】栏的"基础"预设分组中选择"前景色到背景色渐变"，并以此为模板在"渐变色控制条"上定义如图 2.120 所示的渐变。

图 2.120　自定义渐变

● 不透明度色标①：不透明度 100%，位置 0%。

- 不透明度色标②：不透明度 30%，位置 4%。
- 不透明度色标③：不透明度 0%，位置 15%。
- 色标④：颜色# d8d890，位置 0%。
- 色标⑤：颜色任意，位置 100%。

（6）使用上述自定义的渐变，在图层 1 的选区内做线性渐变（按住 Shift 键，从选区右边界水平拖动到左边界）。按组合键 Ctrl + D 取消选区，结果如图 2.121 所示。

（7）选择【编辑】|【自由变换】命令，配合 Alt 键将图层 1 缩小到如图 2.122 所示的大小。

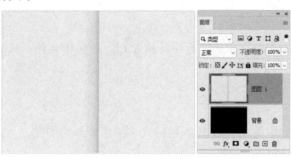

图 2.121　在图层 1 的选区内填充自定义渐变　　　　　图 2.122　缩小图层 1

（8）创建如图 2.123 所示的矩形选区。在背景层的选区内填充蓝色（# 4545eb），作为书的封面颜色，取消选区。

（9）打开素材图像"第 2 章素材\素材 2-01.psd"，选择图层 0。按组合键 Ctrl+A 全选图层，按组合键 Ctrl+C 复制图层。切换到"古书"图像，选择图层 1，按组合键 Ctrl+V 粘贴图层。适当缩放，调整位置，如图 2.124 所示。

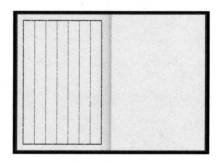

图 2.123　制作封面　　　　　　　　　图 2.124　复制素材图像的图层 0

（10）确保选中图层 2。选择移动工具，在图像窗口中将光标尖点对准黑色方格线的粗线，按住 Alt 键和 Shift 键，向右拖动光标复制黑色方格线，放置到如图 2.125 所示的位置。

（11）用记事本打开文本文件"第 2 章素材\文本 2-01.txt"，复制其中的全部文字内容。

（12）回到 Photoshop 窗口，选择"图层 2 拷贝"。选择直排文字工具，在图像中单击，按组合键 Ctrl+V 将文字粘贴过来。

（13）使用【字符】面板调整文字参数：字体为微软雅黑，字号为 16 点，颜色为黑色，列间距为 34 点，字间距为 380 左右。其他参数保持默认值。

（14）将文字进行分列等处理，移动到如图 2.126 所示的位置。

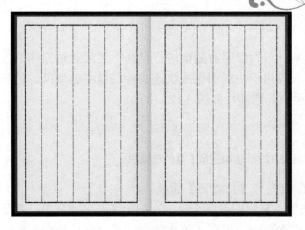

图 2.125　复制黑色方格线

（15）将最左边一列中"苏轼·前赤壁赋 节选"的字体更改为迷你简柏青（第 2 章素材中有"迷你简柏青"字体文件），最终古书效果如图 2.126 所示。

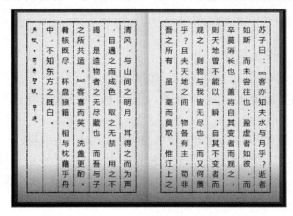

图 2.126　最终古书效果

提示

在本案例最后文字的处理中，可在左右两部分文字中间加空白列，并调整空白列的列间距。若感觉这种方法比较麻烦，最好的办法就是采用两个文本层进行处理。

2.3　修图工具的使用

Photoshop CC 2020 的修图工具包括图章工具组、修复画笔工具组、模糊工具组和减淡工具组，功能强大，可用于快速修复图像中的瑕疵和不足之处。

2.3.1　图章工具组

图章工具组包括仿制图章工具和图案图章工具，通过特殊的方式将图像复制或拼接到目标区域。

1. 仿制图章工具🏛️

仿制图章工具以图像中的某一点为参照对图像进行复制，然后通过涂抹的方式将图像部分或全部粘贴到目标区域，一般用于仿制图像或快速去除图像中的缺陷。仿制图章工具常配合【仿制源】面板一起使用，其选项栏如图 2.127 所示。

图 2.127　仿制图章工具的选项栏

- 🏛️按钮：选择该按钮，可打开【仿制源】面板。
- 【对齐】：选择该复选框，复制图像时无论一次起笔还是多次起笔，都是参照同一个初始取样点和原始样本数据。否则，每次停止并再次开始拖动光标时，都是重新从初始取样点开始复制，并且使用最新的样本数据。
- 【样本】：确定从哪些可见图层进行取样。包括"当前图层"（默认选项）、"当前和下方图层"和"所有图层" 3 个选项。
- 🚫按钮：选择该按钮，可忽略调整层对被取样图层的影响。关于调整层，可参阅第 7 章相关内容。

以下举例说明仿制图章工具的基本用法。

（1）打开素材图像"第 2 章素材\小鸟 2-01.jpg"，如图 2.128 所示。

（2）选择仿制图章工具，设置画笔大小为 17 像素，选择【对齐】复选框，其他选项保持默认值。

（3）将光标移动到取样点（比如小鸟的眼睛部位），按住 Alt 键单击取样。

（4）松开 Alt 键，将光标移动到图像的其他位置（若存在多个图层，也可切换到其他图层；当然也可以选择其他图像），按住鼠标左键拖动光标，开始复制图像（可参照源图像数据处的"十"字光标位置，适当控制光标拖动的范围），如图 2.129 所示。

（5）如果想更好地定位，可选择【窗口】|【仿制源】命令，打开【仿制源】面板（图 2.130）。选择【显示叠加】复选框，不选择【已剪切】复选框，并适当降低【不透明度】数值。在图像中移动光标，很容易确定一个开始按键复制的合适位置（使复制出的小鸟也恰好站立在横杆上），如图 2.131 所示。

当前取　当前拖
样点　　移位置

图 2.128　素材图像　　　　图 2.129　复制图像　　　　图 2.130　【仿制源】面板

（6）由于在选项栏上选择了【对齐】复选框，中途可松开鼠标按键暂时停止复制；然后再次按住鼠标左键，继续拖动复制，直到将整个小鸟复制出来，如图 2.132 所示。

（7）在【仿制源】面板上选择水平翻转按钮，并将宽度（W）与高度（H）比例设置为 130%，在图像左侧复制出第 4 只小鸟，如图 2.133 所示。

图 2.131　定位光标　　　　图 2.132　复制图像　　　　图 2.133　缩放并翻转复制

提示

【仿制源】面板与仿制图章、修复画笔等工具配合使用，可以定义多个采样点（就像使用 Office 软件时，操作系统可以同时保留多个剪贴板内容一样），并提供每个采样点的具体坐标。【仿制源】面板顶部有 5 个"仿制源"图标，分别代表 5 个不同的采样点。

2. 图案图章工具

图案图章工具以涂抹的方式，将预设图案或自定义图案拼贴在一起，形成图案平铺的效果。其选项栏如图 2.134 所示，其中大多选项与仿制图章工具类似。

展开的"图案"拾色器

图 2.134　图案图章工具的选项栏

● 【印象派效果】：产生具有印象派绘画风格的图案效果。

图案图章工具的操作要点如下。

（1）选择图案图章工具，从选项栏上选择合适的画笔。

（2）打开"图案"拾色器，选择预设图案或自定义图案（图案的定义方法可参考 2.2.3 小节）。

（3）在图像中拖动光标，将选取的图案以拼贴的形式绘制出来，如图 2.135 所示。

图 2.135　使用图案图章工具涂抹出拼贴的图案

2.3.2　修复画笔工具组

修复画笔工具组包括修复画笔、污点修复画笔、修补、内容感知移动和红眼等工具，一般用于图像的修复或修补。其中，内容感知移动工具是从 Photoshop CS6 开始新增的工具。

1. 修复画笔工具

修复画笔工具用于去除图像中的瑕疵或复制局部对象。与仿制图章和图案图章工具的用法类似，该工具可将取样图像或图案，以涂抹绘画的方式应用于目标图像。不仅如此，修复画笔工具还能够将样本图像或图案的纹理、光照、不透明度和阴影等属性，与所修复的图像自然融合。修复画笔工具的选项栏如图 2.136 所示。

图 2.136　修复画笔工具的选项栏

- 【源】：选择样本像素。有【取样】和【图案】两种选择。选择前者，可从当前图像取样，用法与仿制图章工具类似。选择后者，则可单击右侧的三角按钮，打开"图案"拾色器，从中选择预设图案或自定义图案作为样本图像，用法与图案图章工具类似。
- 【使用旧版】：选择该项，无法使用"扩散"功能。
- 【扩散】：设置修复区域边缘的扩散程度，数值越大羽化效果越明显，被修复区域的边缘越柔和。

其他选项与仿制图章工具的对应选项类似。

修复画笔工具的基本用法如下。

（1）打开素材图像"第 2 章素材\风景 2-02.jpg"。

（2）选择修复画笔工具，在选项栏上设置画笔大小为 73 像素、硬度为 0%，选择【取样】按钮，其他选项保持默认。

（3）将光标移动到远处的小船上，如图 2.137 所示，按住 Alt 键单击取样。

（4）松开 Alt 键，将光标移动到图像的其他地方（若存在多个图层，可切换到其他图层，也可以选择其他图像）。单击或拖动复制图像（注意源图像数据的十字取样点，适当控制光标拖动的范围，也可配合【仿制源】面板进行复制），结果如图 2.138 所示。

图 2.137　定位取样点

图 2.138　修复效果

（5）在选项栏上选择【图案】按钮，从"图案"拾色器选择一种图案。

（6）在图像中拖动光标，复制图案。

2．污点修复画笔工具

污点修复画笔工具可以快速去除图像中的污点、裂痕等违和部分。该工具操作时不需要指定取样点，能够自动从所修复区域或周围取样。其选项栏如图 2.139 所示。

图 2.139　污点修复画笔工具的选项栏

- 【类型】：选择取样类型，有【内容识别】【创建纹理】和【近似匹配】3 种。具体操作时可选择一种合适的类型进行图像修复。
- 【内容识别】：使用选区周围的像素进行修复。
- 【创建纹理】：使用选区内的所有像素创建一个覆盖选区的纹理。
- 【近似匹配】：使用选区边缘周围的像素修补选区内的图像。

其他选项与修复画笔工具的对应选项类似。污点修复画笔工具的基本用法如下。

（1）打开素材图像"第 2 章素材\花瓶.jpg"，如图 2.140 所示。

（2）选择污点修复画笔工具，在选项栏上设置画笔大小为 30 像素、硬度为 100%，选择【内容识别】按钮，其他选项保持默认。

（3）将光标定位于花瓶裂痕的左上起始端，沿着裂痕走向拖动光标（图 2.141）进行修复，效果如图 2.142 所示。

图 2.140　素材图像　　　　图 2.141　沿裂痕拖动光标　　　　图 2.142　修复效果

3．修补工具

修补工具可使用其他特定区域的图像或所选图案修复选区内的图像，或将选区内的图像修补到图像的其他地方。和修复画笔工具一样，修补工具可将样本像素的纹理、光照和阴影等信息与待修复的图像进行融合。修补工具的选项栏如图 2.143 所示。

图 2.143　修补工具的选项栏

（1）选区运算按钮：与选择工具的对应选项用法相同。

（2）【修补】：包括【源】和【目标】两种使用补丁的方式。

- 【源】：使用其他区域的图像修复选区内的图像。先选择需要修复的区域，再将选区拖动到要取样的目标区域。

● 【目标】：将选区内的图像修补到图像的其他地方。先选择要取样的区域，再将选区拖动到需要修复的目标区域。

（3）【透明】：将取样图像或所选图案以透明方式应用到要修复的图像上。

（4）【使用图案】：单击右侧的三角按钮 ，打开"图案"拾色器，从中选择预设图案或自定义图案作为取样像素，单击【使用图案】按钮将图案修补到当前选区。

1）修补工具的基本用法（一）

（1）打开素材图像"第 2 章素材\白郁金香.jpg"。

（2）选择修补工具，在选项栏上选择【源】按钮。在图像上拖动光标圈选小蚂蚁（当然，也可以使用其他工具创建选区），如图 2.144 所示。

（3）如果需要的话，使用修补工具及选项栏上的选区运算按钮调整选区（当然，也可以使用其他工具——套索工具等调整选区）。

（4）将光标定位于选区内，拖动选区到要取样的区域（该区域的颜色、纹理等尽量与原选择区域相似，如图 2.145 所示）。松开鼠标左键，取消选区，修补效果如图 2.146 所示。

图 2.144　选择待修补区域　　　图 2.145　寻找取样区域　　　图 2.146　修补效果

2）修补工具的基本用法（二）

（1）打开素材图像"第 2 章素材\脚印.jpg"。

（2）选择修补工具，在图像上拖动光标圈选要取样的区域，如图 2.147 所示。在选项栏上选择【目标】按钮。

（3）如果需要的话，使用修补工具或选择工具及选项栏上的选区运算按钮调整选区。

（4）将光标定位于选区内，拖动选区到图像的其他位置，如图 2.148 所示。松开鼠标左键并取消选区，修补效果如图 2.149 所示。

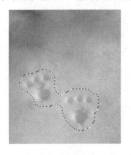 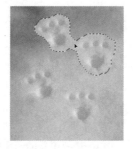 

图 2.147　选择取样区域　　　图 2.148　拖动到其他位置　　　图 2.149　修补效果

3）修补工具的基本用法（三）

（1）打开素材图像"第 2 章素材\人物 2-02.jpg"。

（2）选择修补工具，在图像上拖动光标选择人物的外套，如图 2.150 所示。

（3）如果需要的话，可以使用修补工具或选择工具及选项栏上的选区运算按钮调整选区。

（4）在选项栏上选择【透明】复选框。从"图案"拾色器中选择一种预设图案或自定义图案，单击【使用图案】按钮。取消选区，效果如图 2.151 所示。

图 2.150　选择要修补的区域

图 2.151　修补效果

4. 内容感知移动工具 ✂

内容感知移动工具可以将所选局部图像移动或复制到图像的其他位置。移动后出现的空隙能够得到智能修复；复制后的边缘也会自动柔化处理，跟周围图像融合。内容感知移动工具的选项栏如图 2.152 所示。

图 2.152　内容感知移动工具的选项栏

- ▢ ▢ ▢ ▢：选区运算按钮，与选择工具的对应选项用法相同。
- 【模式】：包括"移动"和"扩展"两种模式。二者的区别在于，前者是移走选区内图像，后者是复制选区内图像。
- 【结构】：控制图像的修复精度。
- 【颜色】：控制被移动图像的边缘与目标位置色彩的融合程度。
- 【投影时变换】：在移动选区内图像时，可以对图像进行缩放、旋转和翻转等变换。

内容感知移动工具的基本用法举例如下。

（1）打开素材图像"第 2 章素材\人物 2-04.jpg"，如图 2.153（a）所示。

（2）选择内容感知移动工具，设置选项栏参数：【模式】为"移动"，结构值为 4，颜色值为 7，选择【投影时变换】选项。

（3）在图像中单击并拖动光标粗略选择人物及影子，如图 2.153（b）所示。

（4）将光标定位在选区内，单击并拖动选区到图像右侧适当位置，松开鼠标左键。此时选区周围出现变换控制框，可对选区内图像进行缩放、旋转等变换。在变换框内右击，通过右键菜单还可以水平或垂直翻转图像。单击选项栏上的 ✔ 按钮确认，按组合键 Ctrl+D 取消选区，效果如图 2.153（c）所示。

（5）若在步骤（2）中选择"扩展"模式，则按步骤（3）和步骤（4）操作的效果如图 2.153（d）所示。

使用内容感知移动工具修复的图像往往还存在一些瑕疵，需要使用其他修图工具进一步修复。

（a）素材图像

（b）选择人物

（c）"移动"效果

（d）"扩展"效果

图 2.153　内容感知移动工具的用法

5. 红眼工具 ⊕

在光线较暗的房间里拍照时，由于闪光灯使用不当等原因，人物相片上容易产生红眼（即闪光灯导致的红色反光）。使用 Photoshop 的红眼工具可轻松地消除红眼。另外，红眼工具也可以消除用闪光灯拍摄的动物照片中的白色或绿色反光。红眼工具的选项栏如图 2.154 所示。

图 2.154　红眼工具的选项栏

● 【瞳孔大小】：设置修复后瞳孔（眼睛暗色区域的中心）的大小。
● 【变暗量】：设置修复后瞳孔的暗度。

红眼工具的基本用法如下。

（1）选择红眼工具，选项栏保持默认值。

（2）打开素材图像"第 2 章素材\红眼.jpg"，如图 2.155 所示。

（3）在眼睛的红色区域单击即可消除红眼，如图 2.156 所示。若对结果不满意，可撤销操作，尝试使用不同的【瞳孔大小】和【变暗量】参数值。

图 2.155
彩图

图 2.156
彩图

图 2.155　素材图像

图 2.156　消除红眼后的效果

2.3.3　模糊工具组

模糊工具组包括模糊工具、锐化工具和涂抹工具，主要用于改变图像的清晰度或混合相邻区域的颜色，也是图像修饰中不可缺少的一组工具。

1. 模糊工具 💧

模糊工具常用于柔化图像中的硬边缘，或减少图像的细节，降低对比度。其选项栏部分参数如下。

- 【强度】：设置模糊强度。数值越大，模糊效果越明显。
- 【对所有图层取样】：选择该复选框，基于所有可见图层的合并效果进行模糊处理。否则，仅使用当前图层中的像素进行模糊处理。

2. 锐化工具 △

锐化工具常用于锐化图像中的柔边，或增加图像的细节，以提高清晰度或聚焦程度。其选项栏部分参数如下。

- 【强度】：设置锐化强度。数值越大，锐化效果越明显。
- 【对所有图层取样】：选择该复选框，基于所有可见图层的合并效果进行锐化处理。否则，仅对当前图层中的像素进行模糊处理。

下面通过一个例子说明模糊工具与锐化工具的应用。

（1）打开素材图像"第 2 章素材\野花 2-01.jpg"，如图 2.157 所示。

（2）选择模糊工具，设置画笔大小为 65 像素（软边界），模式为"正常"，强度为 100%。

（3）在图像中要模糊的部分（如左下角那株小花）拖动光标。为了得到所需的效果，可在同一处重复拖动多次，如图 2.158 所示。

（4）选择锐化工具，设置画笔大小为 65 像素（软边界），模式为"正常"，强度为 20%，选择"保护细节"复选框。

（5）在图像中要锐化的部分（如两朵大的白色花朵及其枝叶）拖动光标，如图 2.159 所示。

图 2.157　素材图像　　　图 2.158　虚化次要对象　　　图 2.159　突出主要对象

3. 涂抹工具 👆

涂抹工具可以模拟在湿颜料中使用手指涂抹绘画的效果。在图像上涂抹时，该工具将拾取涂抹开始位置的颜色，并沿拖动的方向展开这种颜色。该工具常用于混合不同区域的颜色或柔化突兀的图像边缘，其选项栏部分参数如下。

- 【强度】：设置涂抹强度。数值越大，涂抹效果越明显。
- 【对所有图层取样】：选择该复选框，基于所有可见图层的合并效果进行涂抹。否则，仅使用当前图层中的像素进行涂抹。
- 【手指绘画】：选择该复选框，使用当前前景色进行涂抹。否则，使用光标拖动时起点处图像的颜色进行涂抹。

以下案例为涂抹工具的一个实际应用——改变人物脸型。

（1）打开素材图像"第 2 章素材\人物 2-01.jpg"。使用选择工具创建如图 2.160 所示的选区（最好使用钢笔工具创建相应的路径，然后转化为选区。这样能保证选区左侧边界的平滑性）。

（2）选择涂抹工具，设置画笔大小为 40 像素，硬度为 0%，模式为"正常"，强度为 100%，其他选项保持默认。

（3）在选区左侧沿图 2.161 中箭头所示的方向拖动光标，使面孔左侧边缘的颜色延伸到选区边界。取消选区后，修补效果如图 2.162 所示。

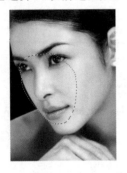  

图 2.160　创建选区　　　　　图 2.161　涂抹修补　　　　　图 2.162　修补效果

（4）选择模糊工具，设置画笔大小为 15 像素，硬度为 0%，模式为"正常"，强度为 50%。沿修补后的面孔左侧边缘拖动光标，使边缘变得柔和、自然。

2.3.4　减淡工具组

减淡工具组包括减淡工具、加深工具和海绵工具，主要作用是改变像素的亮度和饱和度，常用于数字相片的颜色矫正。

1. 减淡工具 与加深工具

减淡工具的作用是提高像素的亮度，主要用于改善数字相片中曝光不足的区域。加深工具的作用是降低像素的亮度，主要用于降低数字相片中曝光过度的高光区域的亮度。使用减淡工具和加深工具改善图像的目的，一般是为了增加暗调或高光区域的细节。

减淡工具或加深工具的选项栏如图 2.163 所示。

图 2.163　减淡工具或加深工具的选项栏

- 【范围】：确定调整的色调范围，有"阴影""中间调"和"高光"3 种选择。"阴影"将作用范围定位于图像的较暗区域，其他区域影响较小。"中间调"将作用范围定位在介于暗调与高光之间的中间调区域，其他区域影响较小。"高光"将作用范围定位于图像的高亮区域，其他区域影响较小。

- 【曝光度】：设置工具的强度。取值越大，效果越显著。

2. 海绵工具

海绵工具主要用于改变图像的色彩饱和度。对于灰度模式（参考第 3 章）的图像，该工具的作用是改变图像的对比度（通过使灰阶偏离或靠近中间灰色而增加或降低对比度）。海绵工具的选项栏如图 2.164 所示。

图 2.164　海绵工具的选项栏

- 【模式】：确定更改颜色的方式，有"加色"和"去色"两个选项。前者的作用是增加图像的色彩饱和度，后者的作用是降低图像的色彩饱和度。

- 【流量】：设置工具的强度。取值越大，效果越显著。

下面通过一个例子说明减淡工具、加深工具与海绵工具的实际应用。

（1）打开素材图像"第 2 章素材\荷花 2-03.jpg"，如图 2.165 所示。

（2）选择减淡工具，设置画笔大小为 65 像素（软边界），范围为"高光"，曝光度为 20%。

（3）在图像中的花瓣上来回拖动光标涂抹，提高花瓣亮度，如图 2.166 所示。

（4）选择加深工具，设置画笔大小为 200 像素（软边界），范围为"中间调"，曝光度为 20%。

（5）在图片四周的荷叶上来回拖动光标，降低亮度（越靠近外围的地方拖动次数越多，使色调变得越暗），如图 2.167 所示。

（6）选择海绵工具，设置画笔大小为 35 像素（软边界），模式为"加色"，流量为 20%。

（7）在图片中的花瓣尖部来回拖动光标，增加饱和度，如图 2.168 所示。

经上述修饰后的荷花花瓣更加光彩夺目，娇艳动人。

图 2.165　素材图像

图 2.166　提高花瓣亮度

图 2.167　降低荷叶四周的亮度

图 2.168　提高花瓣尖部的饱和度

案例 2.3.5
操作演示

2.3.5　综合案例——电脑美容

1. 案例说明

在数字相片的修补中，要想得到满意的结果，往往需要综合使用
Photoshop 的多种修图工具。对于某一结果，实现的方法可能不止一种，要善
于寻找最优的解决方案。"电脑美容"就是修图工具的一次综合应用，从中可
以体会 Photoshop 修图工具的强大（图 2.169）。

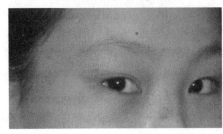

（a）素材图像

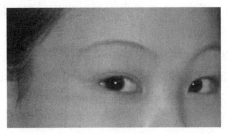

（b）修饰后的图像

图 2.169　电脑美容前后对照

2. 操作步骤

（1）打开素材图像"第 2 章素材\人物 2-05.jpg"。选择污点修复画笔工具，在选项栏上
设置画笔大小为 14 像素、硬度为 0%，类型选择【近似匹配】，其他选项保持默认。

（2）将光标覆盖在眉毛上面的黑点上（使黑点位于圆形光标的中心），单击修复。若单
击一次效果不满意，可再次单击。效果如图 2.170 所示。

（3）选择修补工具，在选项栏上单击【源】按钮。拖动光标圈选鼻子上要修复的区域，
如图 2.171 所示。

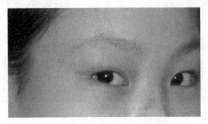

图 2.170　去除黑痣

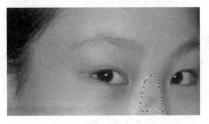

图 2.171　圈选要修复的区域

（4）将选区拖动到图 2.172 所示的位置，松开鼠标左键。取消选区，如图 2.173 所示。

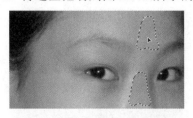

图 2.172　寻找样本区域

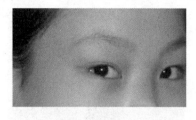

图 2.173　修补结果

（5）选择红眼工具，选项栏保持默认值。在眼睛的红色区域单击，消除红眼现象。

（6）选择减淡工具，设置画笔大小为 27 像素（软边界），范围为"阴影"，曝光度为 10%，不选择"保护色调"复选框。

（7）在人物右眼（注：视频中为了讲解方便，"人物右眼"讲解时解说为"左眼"，即图片中左侧的眼睛）的右下角和右下角附近的眼影或深色部分，来回拖动光标，增加亮度（也可考虑使用修补工具或仿制图章工具），结果如图 2.174 所示。

（8）选择套索工具，设置羽化值为 6（其他参数默认）。圈选右眼（尽量使选框经过眼睛周围颜色比较接近的区域），如图 2.175 所示。

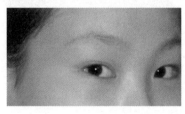

图 2.174　消除眼影

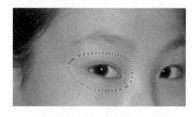

图 2.175　圈选右眼

（9）按住 Alt 键，使用吸管工具将选框边缘处的颜色吸取到背景色按钮上。

（10）通过选择【编辑】|【自由变换】命令，配合 Alt 键，将选区内图像放大到 105% 左右（选项栏上的 W 与 H 参数），并逆时针旋转 2 度左右（选项栏角度参数显示 ◿ -2.00　度）。

（11）如果放大后的眼睛位置不太合适，可选择移动工具并使用键盘方向键微调位置，然后取消选区，如图 2.176 所示。

（12）选择涂抹工具，设置画笔大小为 25 像素左右（软边界），模式为"正常"，强度为 50%，其他选项保持默认。

（13）在人物右眼的右下眼眶处，沿图 2.177 箭头标示的方向拖动光标，使眼睛更加饱满。

（14）创建羽化值为 2 的椭圆选区，选择菜单命令【选择】|【变换选区】，将选区沿顺时针方向适当旋转一定角度，并移动到如图 2.178 所示的位置（贴紧右边较细眉毛的内侧）。按 Enter 键确认变换。

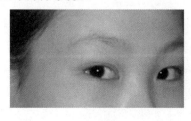

图 2.176　调整眼睛大小与角度

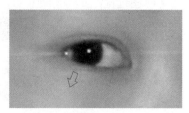

图 2.177　涂抹右眼眶

77

（15）选择仿制图章工具，设置画笔大小 21 像素（软边界），其他选项保持默认。

（16）从眉毛内侧 A 点处取样，然后从 B 点处开始沿着箭头指示的方向拖动光标，将选区内的眉毛修掉，如图 2.179 所示。

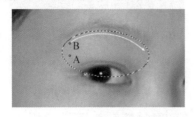

图 2.178　创建并调整选区

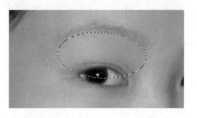

图 2.179　修除选区内眉毛

（17）将选区移动到图 2.180 所示的位置（贴紧右边较细眉毛的外侧。若选区不合适，可使用【变换选区】命令缩放或旋转选区）。

（18）选择【选择】|【反选】命令使选区反向。同样，使用仿制图章工具将上面的眉毛修掉（从眉毛上面附近取样），如图 2.181 所示。

图 2.180　调整选区

图 2.181　修整眉毛上边缘

（19）取消选区。同理，使用仿制图章工具修整人物左侧眉毛，如图 2.182 所示。

（20）选择加深工具，设置画笔大小为 13 像素（软边界），范围为"阴影"，强度为 20%。

（21）沿着左边眉毛拖动光标一次，降低亮度，如图 2.183 所示。

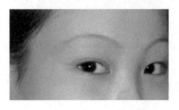

图 2.182　修理人物左侧眉毛

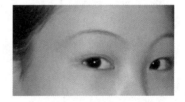

图 2.183　描眉

（22）选择海绵工具，设置画笔大小为 45 像素（软边界），模式为"加色"，强度为 10%。

（23）分别在左侧眼帘和右侧眼帘区域来回拖动光标，增加饱和度，如图 2.184 所示。至此，整个修图过程结束。

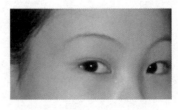

图 2.184　最终修图效果

2.4　小　　结

本章以大量篇幅讲述了 Photoshop 基本工具的使用，将这些工具人为地分为 3 类：选择工具、绘画与填充工具和修图工具。通过一些小型例子，让读者了解这些工具的基本用法，书中的一些综合案例，反映了这些工具的实际应用。如果结合对应基本工具的理论讲解，认真完成书中案例，读者就已经在通往 Photoshop 神圣殿堂的道路上扎扎实实地向前迈进了一大步。

本书第 1～2 章理论部分未提及或超出本书前两章理论范围的知识点如下。

（1）图层的基础操作：新建图层、删除图层、隐藏图层、合并图层、复制图层、排序图层、更改图层不透明度、背景层与普通层的相互转换等（参照第 4 章相关内容）。

（2）图层或选区内图像的缩放、旋转与移动（非常重要的操作，重点掌握，后面还要多次用到），相关命令为【编辑】|【自由变换】，【编辑】|【变换】下的【缩放】【旋转】【水平翻转】和【垂直翻转】等。

（3）选区描边（重点掌握），相关命令为【编辑】|【描边】。

（4）选区的缩放与旋转（非常重要的操作，重点掌握，后面还会用到），相关命令为【选择】|【变换选区】。

（5）画布的变换（非常重要的操作，重点掌握，后面还会用到），相关命令为【图像】|【画布大小】，【图像】|【旋转画布】。

（6）【图层样式】：外发光、投影（参照第 4 章相关内容）。

（7）图层蒙版的作用与基本用法（参照第 7 章相关内容）。

（8）使用钢笔工具和转换点工具创建简单的平滑路径、路径转选区、路径描边（参照第 6 章相关内容）。

（9）图层内容的大规模有规律复制：按组合键 Ctrl+Alt+T 显示自由变换和复制控制框→实施变换（移动、缩放、旋转等），按 Enter 键确认→按组合键 Ctrl+Alt+Shift+T 大批复制（先熟悉）。

任何事情都不是孤立存在的，相互之间存在着千丝万缕的联系。本章案例或习题中涉及的这些超出本章范围的知识点，大家应该积极地自行学习后面章节的相关内容，作为一种预习，一种知识联系，一次培养自学能力的绝佳机会。

2.5　习　　题

一、选择题

1．在 Photoshop 中，可以像手绘工具一样，通过拖动光标圈选边缘弯曲且不规则区域的选择工具是＿＿＿＿＿工具。

　　　A．矩形选框　　　B．套索　　　　C．多边形套索　　　D．魔棒

2. 在 Photoshop 中，使用_____工具可以创建文字形状的选区，但不生成文字图层。

    A．普通文字   B．蒙版文字   C．路径文字   D．变形文字

3. 减淡工具和加深工具通过增加或降低像素的_____修改图像。

    A．对比度   B．饱和度   C．亮度   D．色相

4. 下列不能撤销操作的是_____。

    A．【历史记录】面板   B．橡皮擦工具

    C．历史记录画笔工具   D．【图层】面板

5. 在 Photoshop CC 2020 中，没有【容差】参数的基本工具是_____。

    A．魔棒工具   B．油漆桶工具

    C．颜色替换工具   D．魔术橡皮擦工具

    E．背景橡皮擦工具   F．历史记录艺术画笔

    G．修复画笔工具

6. 在 Photoshop CC 2020 中，没有【对所有图层取样】或【所有图层】选项的基本工具是_____。

    A．魔棒工具   B．油漆桶工具

    C．涂抹工具   D．魔术橡皮擦工具

    E．仿制图章工具   F．海绵工具

    G．污点修复画笔工具   H．修复画笔工具

7. 在 Photoshop CC 2020 中，以下操作与背景色肯定无关的是_____。

    A．使用橡皮擦工具擦除背景层像素

    B．变换背景层选区内的像素

    C．普通层转换为背景层

    D．背景层转换为普通层

    E．使用【图像旋转】命令旋转图像

8. 使用【定义图案】命令时，符合要求的选区是_____。

    A．任何形状的选区   B．羽化过的选区

    C．圆角矩形选区   D．用矩形选框工具创建的未羽化选区

9. 在 Photoshop 中，下面有关修补工具的使用描述正确的是_____。

    A．在使用修补工具和修复画笔工具时，都要先按 Alt 键在图像上单击以确定取样点

    B．修补工具和修复画笔工具在修复图像的同时，都可以保留原图像的纹理、亮度、层次等信息

    C．修补工具可以在不同图像之间使用

    D．使用修补工具修复图像之前，所创建的选区不能羽化

10. 在 Photoshop 中，利用渐变工具创建从黑色至白色的渐变效果，如果想使两种颜色的过渡非常平缓，下面操作有效的是_____。

    A．将渐变工具拖动的距离尽可能长一些

    B．将渐变工具拖动的路线控制为斜线

    C．将渐变工具的不透明度降低

    D．将渐变工具拖动的距离尽可能缩短

11. 下列_____工具的选项栏参数中没有【模式】选项。

    A．仿制图章工具　　　B．文字工具　　　C．画笔工具　　　D．铅笔工具

12. 使用椭圆选框工具时配合_____键能够创建圆形选区。

    A．Shift　　　　　　　B．Ctrl　　　　　　C．Alt　　　　　　　D．Tab

二、填空题

1．【取消选择】命令对应的组合键是_____。

2．【自由变换】命令对应的组合键是_____。

3．渐变工具包括线性渐变、_____渐变、角度渐变、_____渐变和菱形渐变5 种类型。

4．在默认设置下，Photoshop 用_____图案表示透明色。

5．在铅笔工具与画笔工具中，_____工具能够绘制边界柔和的线条，而_____工具只能产生硬边界线条。

三、操作题

1．利用素材图像"练习\第 2 章\蝴蝶.jpg"和"风景 01.jpg"（图 2.185）合成图像"飞舞的蝴蝶.jpg"，如图 2.186 所示。

图 2.185　素材图像　　　　　　　　　　图 2.186　合成图像效果

2．利用素材图像"练习\第 2 章\夜幕降临.jpg"和"赋新月.txt"制作如图 2.187 所示的效果。

图 2.187　赋新月（诗配画）

提示

可根据个人喜好选择文字的字体、大小、颜色及排列形式；可为文字层添加投影样式。

3．利用素材图像"练习\第 2 章\风景 02.jpg"制作图 2.188 所示的卡片效果。

图 2.188　卡片效果

操作提示

（1）打开素材图像，将背景层转换为普通层。
（2）使用【自由变换】命令（配合Alt键）缩小图层。
（3）新建图层，填充黑色，放置在风景层的下面。
（4）选择风景层，将前景色设置为白色。
（5）选择画笔工具，选择合适大小的硬边画笔，【模式】设置为"背后"，适当增大画笔间距，按住Shift键在风景图片边沿涂抹。

4．利用素材图像"练习\第 2 章\写信.jpg"（图 2.189）制作图 2.190 所示的效果。

提示

使用仿制图章工具和【仿制源】面板，适当降低工具的不透明度。

图 2.189　素材图像　　　　图 2.190　效果图

5．利用素材图像"练习\第 2 章\静以致远.jpg"和"院墙.jpg"合成图 2.191 所示的效果。

提示

可使用多边形套索工具、文字工具和"描边"命令进行操作。

6．利用素材图像"练习\第 2 章\马.jpg"设计制作图 2.192 所示的效果，要求如下。

（1）图像大小 600 像素×600 像素，72 像素/英寸，RGB 颜色模式。

（2）图像背景颜色为（#cc3300）。夕阳上半部分是黄色（#ffcc00）到透明的线性渐变。通过复制上半部分、垂直翻转、移动位置、降低图层不透明度得到夕阳的下半部分。

（3）图中的马主要通过【选择并遮住】命令从素材中抠选出来。

图 2.191　第 5 小题效果图　　　　　　图 2.192　第 6 小题效果图

7．打开素材图像"练习\第 2 章\人物.jpg"如图 2.193（a）所示。使用修图工具修复图中的人物，效果如图 2.193（b）所示（彩色效果可参考"练习中的操作题参考答案\第 2 章\人物修图.jpg"）。

（a）素材图像　　　　　　　　　　（b）修复后的图像效果

图 2.193　人物修图

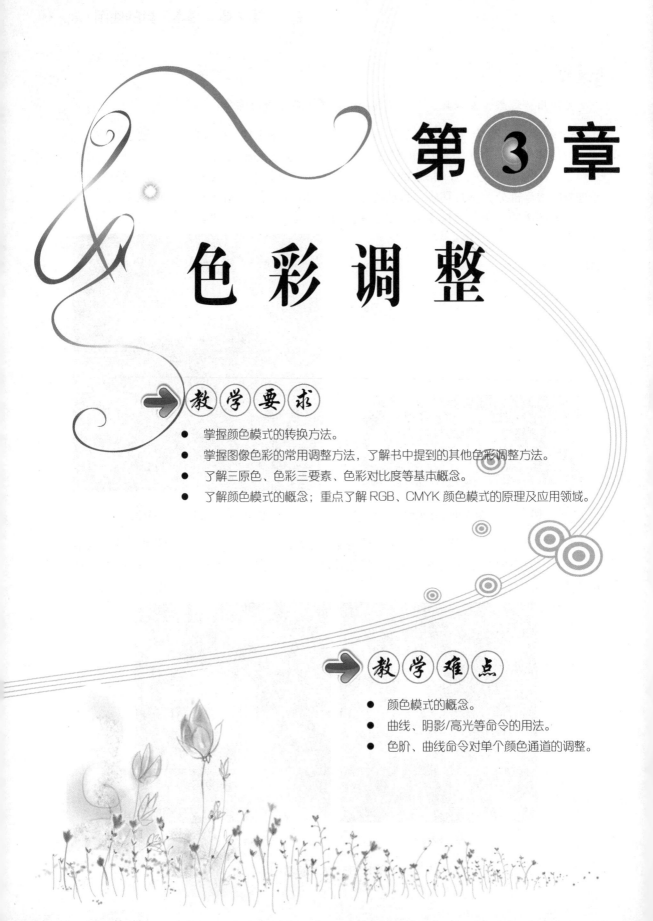

第 3 章

色彩调整

教学要求

- 掌握颜色模式的转换方法。
- 掌握图像色彩的常用调整方法，了解书中提到的其他色彩调整方法。
- 了解三原色、色彩三要素、色彩对比度等基本概念。
- 了解颜色模式的概念；重点了解 RGB、CMYK 颜色模式的原理及应用领域。

教学难点

- 颜色模式的概念。
- 曲线、阴影/高光等命令的用法。
- 色阶、曲线命令对单个颜色通道的调整。

3.1 色彩的基本知识

3.1.1 三原色

所谓原色，就是不能使用其他颜色混合而得到的颜色。原色分为两类，一类是从光学角度讲的光的三原色，即红、绿、蓝；另一类是从颜料角度讲的色料的三原色，即红、黄、蓝。将光的三原色以不同比例混合可以形成自然界中其他任何一种色光的颜色；将颜料的三原色以不同比例混合可以形成其他绝大多数颜料的颜色。

3.1.2 色彩三要素

1. 色相

色相指色彩的外貌。通常所说的红、橙、黄、绿、青、蓝、紫就是指自然界中各种不同的色相，它们之间的差别属于色相的差别。其实质是不同波长的光给人的色彩感受不同，人们为不同波长的光分别赋予不同的名称。

2. 饱和度

饱和度指色彩的鲜艳程度、纯净程度，又称彩度、纯度、浓度、强度等。饱和度表示色相中灰色分量所占的比例，它使用从 0%（灰色）至 100%（完全饱和）的百分比来度量。饱和度为 0% 的颜色即无彩色（黑、白、灰），饱和度为 100% 的颜色则为纯色。

从光学角度讲，在一束可见光中，光线的波长越单一，色光的饱和度越高；波长越混杂，色光的饱和度越低。在光谱中，红、橙、黄、绿、青、蓝、紫等色光是最纯的高纯度色光。无彩色的饱和度最低（即饱和度属性丧失），任何一种颜色加入白、黑、灰等无彩色都会降低其饱和度。

3. 亮度

亮度指色彩的相对明暗程度，又称明度，通常用 0%～100% 的百分比值来度量。任何一种颜色，当亮度为 0% 时，即为黑色；当亮度为 100% 时，即为白色。在绘画中，亮度最能够表现物体的立体感和空间感。

自然界中的颜色可分为无彩色和有彩色两大类。其中无彩色（黑、白、灰）只有亮度属性，其他任何一种有彩色都具有特定的色相、饱和度和亮度属性。

颜色三要素在 Photoshop 拾色器中的变化规律如图 3.1 所示。色相条的首尾两端是同一种色相，如果弯成一个环，就形成色相环。

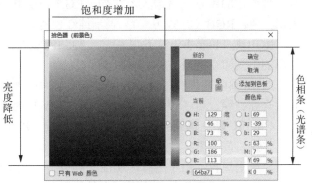

图 3.1 Photoshop 的拾色器

3.1.3　色彩的对比度

色彩的对比是指不同色彩之间所存在的明显差别，这种差别主要表现在亮度差别、色相差别、饱和度差别、面积差别和冷暖差别等方面，差别的程度用对比度表示。

提示

人们把红、橙、黄等色系称为暖色系，而把蓝、蓝紫、蓝绿等色系称为冷色系。原因是当人们看到红、橙、黄等颜色时就会感觉到温暖，当看到蓝、蓝紫、蓝绿等颜色时就感到凉爽。这是由于视觉引起的触觉反应。

3.2　颜色模式及转换

3.2.1　颜色模式

颜色模式是一种用数字形式记录图像颜色的方式。为了表示各种颜色，人们通常将颜色划分为若干分量，形成多种不同的颜色模式。

由于成色原理的不同，那些靠色光直接合成颜色的设备（显示器、投影仪、扫描仪等），和那些靠使用颜料合成颜色的印刷设备，在生成颜色方式上肯定是不一样的，因此适合使用不同的颜色模式输出图像。

颜色模式决定了数字图像在显示和打印时的色彩重现方式。颜色模式除了用于确定图像中显示的颜色数量，还影响图像的通道数和文件大小。Photoshop 系统提供了 HSB、RGB、CMYK、Lab、索引、双色调、灰度、位图和多通道等多种颜色模式。不同颜色模式的图像具有不同的用途，它们描述图像和重现色彩的原理也存在着很大差别。不同颜色模式的图像可以相互转换。

RGB 颜色模式：自然界中任何一种色光都可以用红（R）、绿（G）和蓝（B）3 种原色光按不同比例和强度混合产生。RGB 颜色模式的图像中，每个像素点的颜色都由红、绿和蓝 3 种原色成分组成，因此每个像素点的颜色值可用 RGB（r，g，b）的形式表示。其中，r、g、b 分别表示红、绿和蓝色分量，取值范围都是 0～255。0 表示不含这种原色，255 表示这种原色的混合强度最大。比如，RGB（0，0，0）表示黑色，RGB（255，255，255）表示白色，RGB（255，0，0）表示纯红色等。

RGB 是 Photoshop 中最常用的一种颜色模式。在这种颜色模式下，Photoshop 能够正常使用的工具和命令最多。

RGB 颜色模式的图像一般比较鲜艳，适用于显示器、投影仪、扫描仪等可以自身发射并混合红、绿、蓝 3 种光线的设备。它是 Web 图形制作中最常使用的一种颜色模式。

CMYK 颜色模式：CMYK 颜色模式是一种印刷模式。其中，C、M、Y、K 分别表示青、洋红、黄、黑 4 种油墨颜色。理论上，纯青色（C）、洋红（M）和黄色（Y）色素合成后可以产生黑色，由于所有印刷油墨都包含一些杂质，因此这 3 种油墨实际混合后并不能产生纯黑色或纯灰色，必须用一定量的黑色（K）油墨调和后才能形成真正的黑色或灰色。因此，在印刷时必须加黑色油墨。为避免与蓝色（B）混淆，黑色用 K 表示。这就是 CMYK 颜色模式的由来。

CMYK 颜色模式与 RGB 颜色模式本质上无多大差别，只是产生色彩的原理不同。由于 CMYK 图像所占的存储空间较大，且目前还不能使用某些 Photoshop 滤镜，因此一般不在这种颜色模式下处理图像。通常是图像处理完成后，在印刷前将颜色模式转换为 CMYK。CMYK 颜色模式的图像一般比较灰暗。

HSB 颜色模式：HSB 颜色模式是美术和设计工作者比较喜欢采用的一种颜色模式。它以人的视觉对颜色的感受为基础，用颜色的 3 个基本特性——色相（H）、饱和度（S）和亮度（B）来描述颜色。

Photoshop 不直接支持 HSB 颜色模式。尽管可以使用 HSB 颜色模式从【颜色】面板或【拾色器】对话框中定义颜色，但是并没有用于创建和编辑图像的 HSB 颜色模式。

Lab 颜色模式：Lab 颜色模式使用亮度分量 L、a 色度分量（从绿色到红色）和 b 色度分量（从蓝色到黄色）3 个分量表示颜色，如图 3.2 所示。其中 L 的取值范围为 0～100，a 和 b 在【拾色器】对话框中的取值范围是-128～127。

Lab 模式是 Photoshop 图像在不同颜色模式之间转换时使用的中间模式。比如在将 RGB 图像转化为 CMYK 图像时，Photoshop 首先将图像由 RGB 颜色模式转化为 Lab 颜色模式，再由 Lab 颜色模式转化为 CMYK 颜色模式。Lab 颜色模式在所有颜色模式中色域最宽，包括 RGB 颜色模式和 CMYK 颜色模式中的所有颜色。所以在颜色模式转化的过程中，不用担心会造成任何色彩上的损失。

Lab 颜色模式与设备无关，不管使用何种设备（如显示器、打印机、计算机或扫描仪）创建或输出图像，这种模型都能生成一致的颜色。

灰度模式：灰度模式使用多达 256 级灰度表现图像，使图像的过渡平滑而细腻，如图 3.3 所示。灰度图像中每个像素的亮度取值范围为 0（黑色）～255（白色），而所有像素的色相和饱和度值都为 0。此外，灰度图像中像素的亮度也可以用黑色油墨覆盖的百分比度量（0%表示白色，100%表示黑色）。

图 3.2　Lab 颜色模式组成图

图 3.3　灰度图像

在将彩色图像转换为灰度图像时，Photoshop 将丢弃原图像中的所有彩色信息（色相和饱和度），仅保留亮度信息。转换后每个像素的灰阶表示原图像中对应像素的亮度。

在将彩色图像（如 RGB、CMYK、Lab 颜色模式的图像等）转换为位图图像或双色调图像时，必须先转换为灰度图像，才能做进一步的转换。

位图模式：仅用黑白两种颜色表示图像，因此这种模式的图像又称为黑白图像，如图 3.4 所示。由于这种图像仅含黑白两色，图像中的颜色信息比较少，使得文件非常小。

人们习惯上说的黑白照片或黑白影像实际上为灰度图像，并非真正意义上的黑白图像（位图模式图像）。

当灰度图像或双色调图像转换为位图图像时，原图像的大量细节（特别是浅色部分）将被抛弃，为此，Photoshop 提供了 50%阈值、图案仿色、扩散仿色和半调网屏等多种算法来确定细节部分是否保留及以什么方式保留。

图 3.4　位图图像

索引颜色模式：使用最多 256 种颜色表现图像色彩。在这种模式下，Photoshop 能对图像进行的操作非常有限，图像编辑起来很不方便。如果想制作索引颜色模式的图像，通常应先将图像在 RGB 颜色模式下编辑好，再转化为索引颜色模式进行输出。

当图像转换为索引颜色模式时，Photoshop 将构建一个颜色查找表，用来存放并索引图像中的颜色。如果原图像中的某种颜色没有出现在该表中，则 Photoshop 使用现有颜色表中最接近的一种颜色，或使用现有颜色模拟该颜色。

对于索引颜色模式的图像，通过限制其色板中的颜色数量，可以在图像视觉品质不受太大影响的情况下有效地减小文件所需的存储空间。这一点对于 Web 图像的制作非常重要。

只有 RGB 颜色模式和灰度模式的图像才可以转化为索引颜色模式。索引颜色模式常用于 Web 图像和动画。例如，利用索引颜色模式可导出透明背景的 GIF 图像。

双色调模式：双色调模式是在灰度图像的基础上，添加 1~4 种彩色油墨，形成单色调、双色调、三色调和四色调的图像。

双色调模式的主要用途是：在图像中使用尽量少的颜色表现尽量丰富的颜色层次，其目的就是尽可能地节约印刷成本。

多通道模式：多通道模式的图像在每个通道中使用 256 级灰度。该模式适用于有特殊打印要求的图像。对于仅使用了少数几种颜色的图像来说，使用该模式进行打印不仅可以降低印刷成本，还能够保证图像色彩的正确输出。

在将图像转换为多通道模式时，遵循下列原则。

（1）RGB 图像转换为多通道模式时，将创建青色、洋红和黄色专色通道。

（2）CMYK 图像转换为多通道模式时，将创建青色、洋红、黄色和黑色专色通道。

（3）从 RGB、CMYK 或 Lab 图像中删除通道时，原图像自动转换为多通道模式。

由于大多数输出设备不支持多通道模式的图像，若要将其输出，请以 Photoshop DCS 2.0（*.eps）格式存储多通道图像。

3.2.2　颜色模式的转换

为了在不同场合下正确地输出图像，或者为了方便图像的编辑修改，常常需要转换图像的颜色模式。

当图像由一种颜色模式转换为另一种颜色模式时，图像中每个像素点的颜色值会被永久性地更改，这可能对图像的色彩表现造成一定的影响。因此，在转换图像的颜色模式时，应注意以下几点。

（1）尽可能在图像原有的颜色模式下完成对图像的编辑修改，再进行模式转换。

（2）在转换模式之前，务必保存包含所有图层的原图像的副本，以便存储原始数据。

（3）当模式更改后，不同混合模式的图层间的颜色相互作用也将更改。因此，模式转换前应拼合图像的所有图层。

转换图像颜色模式的一般方法是：在【图像】|【模式】菜单下直接选择相应的颜色模式命令，完成转换。

案例一：制作黑白插画效果

1. 案例说明

黑白画很美，有其独特的艺术魅力。它巧妙地运用黑白灰的强弱对比关系，使画面的明暗产生音乐般的节奏、旋律和美感。本案例通过将 RGB 彩色图像转换为位图图像来制作黑白插画效果。

2. 操作步骤

（1）打开 RGB 素材图像"第 3 章素材\风景 3-02.jpg"。选择【图像】|【模式】|【灰度】命令，若弹出信息警告框，单击【扔掉】按钮，将图像转换为灰度模式，如图 3.5 所示。

（2）选择【图像】|【模式】|【位图】命令，打开【位图】对话框，如图 3.6 所示。

图 3.5　转换为灰度模式　　　　　　　　图 3.6　【位图】对话框

（3）在【输出】文本框内设置位图图像的输出分辨率。在【使用】下拉列表框中选择一种转换方法，单击【确定】按钮，将图像转换为位图模式。图 3.7 是使用"50%阈值"转换方法计算出来的位图效果。

提示

在【位图】对话框的【使用】下拉列表框中选择"半调网屏"选项后，单击【确定】按钮，会弹出【半调网屏】对话框，如图3.8所示。从中可以设置网点的频率、角度和形状属性。

图 3.7　"50%阈值"位图效果　　　　　　图 3.8　【半调网屏】对话框

案例二：双色调图像的制作

1. 案例说明

将图像由灰度模式转换为双色调模式，可以在灰度图像的色阶上添加彩色油墨，形成别具韵味的色调图像。

2. 操作步骤

（1）打开灰度模式的素材图像"第3章素材\花前月下.jpg"，如图3.9所示。

（2）选择【图像】|【模式】|【双色调】命令，打开【双色调选项】对话框（图3.10）。

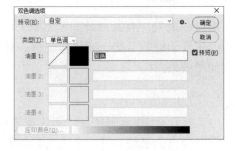

图3.9　素材图像　　　　　　　　　图3.10　【双色调选项】对话框

（3）选择对话框的【预览】复选框，以便对话框的参数改动能实时反映到图像窗口。

（4）在【类型】下拉列表框中选择"单色调"选项。单击【油墨1：】后面的色块按钮■，从【拾色器】对话框中选择颜色RGB（0，51，255），在右边的文本框中输入油墨名称"蓝色"，如图3.11所示。

（5）单击【油墨1：】后面的曲线框▱，弹出【双色调曲线】对话框。在曲线上单击添加控制点，向上拖动控制点（也可直接在对话框右侧的水平轴刻度框内输入百分比数值），调整双色调曲线的形状，从而改变油墨在暗调、中间调和高光等区域的分布（图3.12）。

提示

在双色调曲线图中，水平轴表示色调变量（从左向右由高光向暗调过渡），垂直轴表示油墨的浓度。曲线上扬，表示增加对应色调区域的印刷油墨量；曲线下降，表示减少对应色调区域的印刷油墨量。

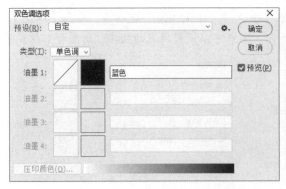

图3.11　单色调图像

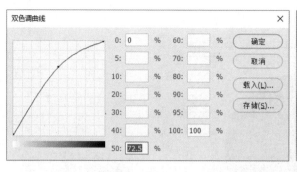

图 3.12　利用双色调曲线调整图像色调

（6）单击【确定】按钮，返回【双色调选项】对话框。

（7）从【类型】下拉列表框中选择"双色调"选项。使用与前面类似的方法可以在原灰度图像中添加由两种颜色混合的色调。依次类推，可以设置"三色调"和"四色调"。

案例三：输出透明背景的 GIF 图像

1．案例说明

透明背景的 GIF 图像常用于网页、Flash 动画、视频和其他多媒体作品中。由于背景是透明的，更容易与主界面融为一体，使界面更显活泼、自然与美观。本案例利用 RGB 图像素材制作并输出透明背景的 GIF 图像。在此过程中，图像由 RGB 颜色模式自动转换为索引颜色模式。

2．操作步骤

（1）打开素材图像"第 3 章素材\花伞 3-01.jpg"。在【图层】面板上双击背景层缩览图，弹出【新建图层】对话框，单击【确定】按钮（此操作将背景层转化为普通像素层）。

（2）使用魔棒工具（采用默认设置）选择图像中花伞以外的背景区域，如图 3.13 所示。

（3）按 Delete 键删除选区内的像素，按组合键 Ctrl+D 取消选择，如图 3.14 所示。

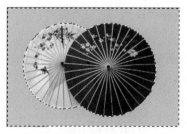

图 3.13　选择要处理为透明的区域　　　　　图 3.14　删除选区内像素

（4）选择【文件】|【导出】|【存储为 Web 所用格式（旧版）】命令，打开【存储为 Web 所用格式】对话框。参数设置如图 3.15 所示。

本案例所设置的主要参数作用如下。

① `GIF`：选择要存储的文件格式，包括 GIF、JPEG、PNG-8、PNG-24 和 WBMP 等选项，其中只有 GIF、PNG-8 和 PNG-24 支持透明背景。

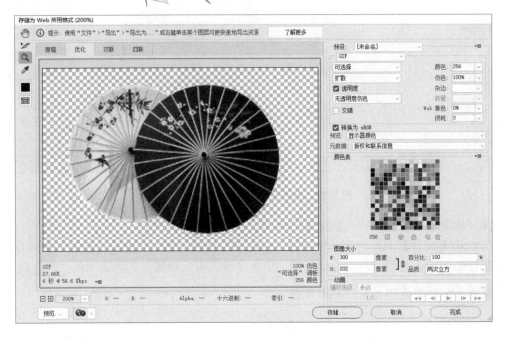

图 3.15　设置【存储为 Web 所用格式】对话框参数

②　可选择 ▼　颜色：256 ▼：选择调色板类型。对于"可感知""可选择"和"随样性"3 个选项，可以使用基于当前图像颜色的本地调色板，图像颜色过渡细腻。选择"受限"，则使用网络安全色调色板，图像颜色过渡往往比较粗糙。通过右侧【颜色】下拉列表框中的选项，可以控制要显示的实际颜色数量（最多 256 种），以便有效控制文件的大小。

③　☑透明度：选择该项，将保留图像的透明区域。否则，Photoshop 将使用杂边颜色填充透明区域，或者用白色填充（如果不选择杂边颜色）透明区域。

④　杂边：　　▼：在与透明区域相邻的对象周围生成一圈用于消除锯齿边缘的过渡颜色。若前面选择了【透明度】复选框，则可对边缘区域应用杂边。否则，在整个透明区域填充杂边颜色。若前面选择了【透明度】复选框，而【杂边】选择"无"，则在对象与透明区域接界处产生硬边界。

⑤　☐交错：选择该复选框，图像通过浏览器下载时可逐渐显示，适用于下载速度比较慢的场合（如比较大的图像），但是采用交错技术也会增加文件大小。

⑥　扩散 ▼　仿色：100% ▼仿色算法：选择仿色算法（用于模拟颜色表中没有的颜色），并输入仿色数量（数值越大，所仿颜色越多，文件所占存储空间越大）。

⑦　无透明度仿色 ▼　数量：　　▼：指定透明区域的仿色算法。

（5）单击【存储】按钮，弹出【将优化结果存储为】对话框，选择保存格式为"仅限图像"，输入文件名，指定保存位置，单击【保存】按钮。透明背景的 GIF 图像输出完毕。

提示

所选杂边颜色应考虑到该透明背景的 GIF 图像所要应用到的媒体界面的颜色。比如，该 GIF 图像要插入网页，而当前网页的背景色为黑色，则杂边颜色应使用黑色。

虽然 GIF 格式与 PNG 格式都支持透明背景，但二者存在着较大的差别。GIF 格式最多支持 8 位即 256 种颜色，因此比较适合保存色彩简单、颜色值变化不大的图像（如卡通画、漫画等）。使用 GIF 格式保存的图像能够使文件得到有效的压缩，且图像的视觉效果影响不大。PNG-24 格式支持 24 位真彩色，支持消除锯齿边缘的功能，可以在不失真的情况下压缩保存图像，比较适合保存色彩丰富的图像（如照片等）。当然，PNG-24 图像的容量比 GIF图像要大一些。

将色彩比较丰富的图像输出为透明背景图像时，建议采用 PNG-24 格式（输出方法比较简单）。也可以用【文件】|【存储为】命令直接保存 PNG 格式的透明背景图像。

3.3　色彩调整

色彩调整是获得高质量图像的重要手段。特别是对于数码拍摄技术不太娴熟的读者，能够熟练地应用 Photoshop 软件调整图像颜色就显得尤其重要了。

3.3.1　常用调色命令

1. 亮度/对比度

【亮度/对比度】命令用于对图像的色调范围进行简单调整。打开素材图像"第 3 章素材\粉笔字.psd"，如图 3.16 所示。在【图层】面板上选择图层 1，选择【图像】|【调整】|【亮度/对比度】命令，弹出【亮度/对比度】对话框。

沿【亮度】滑动条向右拖动滑块，增加色调值并扩展图像高光范围，向左拖动滑块则减小色调值并扩展阴影范围。沿【对比度】滑动条向右拖动滑块增加对比度，向左拖动降低对比度。也可以直接在【亮度】或【对比度】数值框内输入数值，调整图像的亮度和对比度。

图 3.17 所示为【亮度/对比度】的参数设置及图像调整效果。

图 3.16　素材图像　　　　图 3.17　【亮度/对比度】的参数设置及图像调整效果

若选择【使用旧版】复选框，拖移【亮度】或【对比度】滑块，会同时改变所有像素的色调值，容易造成图像细节的丢失。但在调整仅有黑白两种颜色的图像时，如果不选择【使用旧版】复选框，就无法改变图像的亮度和对比度。

2. 色彩平衡

在图像中，增加一种颜色等同于减少该颜色的补色。【色彩平衡】命令就是根据该原则，通过在图像中增减红、绿、蓝三原色和它们的补色青、洋红、黄，从而改变图像中各原色的含量，达到调整色彩平衡的目的。

打开素材图像"第 3 章素材\茶花 3-01.jpg"，如图 3.18 所示。选择【图像】|【调整】|【色彩平衡】命令，弹出【色彩平衡】对话框，如图 3.19 所示。

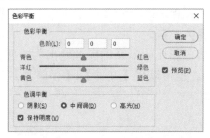

图 3.18　素材图像　　　　　　　　　图 3.19　【色彩平衡】对话框

【色彩平衡】对话框的操作要点如下。

（1）选择【阴影】【中间调】和【高光】选项中的一个，以确定要着重更改的色调范围。默认选项为【中间调】。

（2）选择【保持明度】复选框，可以防止图像的亮度值随色彩平衡的调整而改变。该选项可以保持图像的色调平衡。

（3）沿【青色】——【红色】滑动条向右拖动滑块，以增大红色的影响范围，减小青色的影响范围。向左拖动滑块则情况相反。

（4）【洋红】——【绿色】滑块及【黄色】——【蓝色】滑块的调整类似。上述调整的结果数值将实时显示在【色阶】后面的 3 个数值框内。也可以直接在数值框内输入数值，以调整图像的色彩平衡。

图 3.20 所示为本案例中【色彩平衡】对话框的参数设置及图像调整效果。

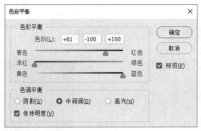

图 3.20　调整图像的色彩平衡

3．色相/饱和度

【色相/饱和度】命令用于调整整个图像或图像中单个颜色成分的色相、饱和度和亮度。此外，使用其中的【着色】复选框还可以将彩色图像处理成单色调效果的图像 （图像颜色模式不变）。

1）在 RGB 图像上创建单色调效果

打开素材图像"第 3 章素材\童年 3-01.jpg"，使用磁性套索工具或快速选择工具创建图 3.21 所示的选区。

选择【图像】|【调整】|【色相/饱和度】命令，打开【色相/饱和度】对话框（图 3.22）。

图 3.21　创建选区

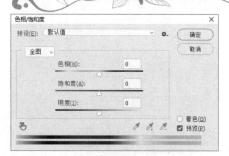

图 3.22　【色相/饱和度】对话框

选择对话框中的【着色】复选框。此时，"全图"下拉列表框的默认选项不能更改，表示只允许对选区内图像进行整体调色。

沿【色相】滑动条拖动滑块修改选区内图像的色相（取值范围为 0～+360）。沿【饱和度】滑动条向右拖动滑块增加饱和度，向左拖动降低饱和度（取值范围为 0～+100）。沿【明度】滑动条向右拖动滑块增加亮度，向左拖动降低亮度（取值范围为-100～+100）。

将【色相/饱和度】对话框的参数设置为如图 3.23 所示的值，图像调整效果如图 3.24 所示。

提示

图 3.24 中小女孩的衣服调整为黄色，同时衣服上的花朵图案也变成黄色调。因此，上述方法比较适用于为单色对象着色。在为"黑白"照片上色时，首先应将图像的颜色模式转换为 RGB 等彩色模式，再使用【色相/饱和度】命令进行着色。

图 3.23　【色相/饱和度】对话框参数设置（一）

图 3.24　单色调效果

2）调整整个图像或图像中的单个颜色成分

（接前面操作）按住 Alt 键，单击【色相/饱和度】对话框中的【复位】按钮。在"全图"下拉列表框中选择"黄色"选项，这样只能对选区内图像中的黄色成分进行调整。

将【色相/饱和度】对话框参数设置为如图 3.25 所示的值，图像调整效果如图 3.26 所示。此时，小女孩的衣服同样调整为黄色，但衣服上的花朵图案基本上保持了原来的颜色。

3）【色相/饱和度】对话框中的吸管工具简介

：使用该工具在图像中单击，可将颜色调整限定在与单击点颜色相关的特定区域。

：使用该工具在图像中单击，可扩展颜色调整范围（在原来颜色调整区域的基础上，加上与单击点颜色相关的区域）。

：使用该工具在图像中单击，可缩小颜色调整范围（从原来颜色调整区域中减去与单击点颜色相关的区域）。

图 3.25　【色相/饱和度】对话框参数设置（二）

图 3.26　仅调整图像的黄色成分

4. 色阶

【色阶】命令是 Photoshop 最为重要的颜色调整命令之一，用于调整图像的暗调、中间调和高光等区域的强度级别，校正图像的色调范围和色彩平衡。尽管使用【色阶】命令调色不如使用【曲线】命令那样精确，却更容易获得满意的视觉效果。

打开素材图像"第 3 章素材\公园-雪 3-01.jpg"，如图 3.27 所示。选择【图像】|【调整】|【色阶】命令，弹出【色阶】对话框，如图 3.28 所示。该对话框的中间显示的是当前图像的色阶直方图（如果有选区存在，则是选区内图像的色阶直方图）。

图 3.27　素材图像

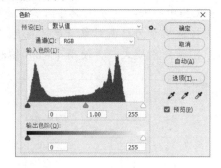

图 3.28　【色阶】对话框

提示

色阶直方图即色阶分布图，从中可以了解图像中暗调、中间调和高光等色调像素的分布情况。其中横轴表示像素的色调值，从左向右取值范围为0（黑色）～255（白色）。纵轴表示像素的数目。

首先通过【通道】下拉列表框确定要调整的是混合通道还是单色通道（本案例图像为RGB 图像，列表中包括 RGB 混合通道和红、绿、蓝 3 个单色通道）。

【色阶】对话框的操作要点如下。

（1）选中对话框的【预览】复选框，以便在当前图像窗口实时观察色阶的变化情况。

（2）沿【输入色阶】栏的滑动条向左拖动右侧的白色三角滑块，图像变亮。其中，高光区域的变化比较明显，这使得比较亮的像素变得更亮，如图 3.29 所示。向右拖动左侧的黑色三角滑块，图像变暗。其中，暗调区域的变化比较明显，使得比较暗的像素变得更暗，如图 3.30 所示。

（3）在【输入色阶】栏，拖动滑动条中间的灰色三角滑块，可以调整图像的中间调区域。向左拖动使中间调区域变亮，向右拖动使中间调区域变暗，如图3.31所示。

（4）在【输入色阶】栏，通过向左、中、右 3 个文本框中输入数值，可分别精确地调整图像的暗调、中间调和高光区域的色调平衡。

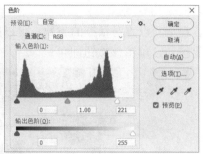

图 3.29　调整图像的高光区域

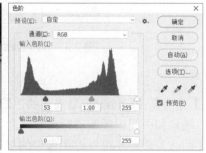

图 3.30　调整图像的暗调区域

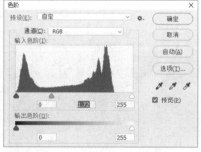

图 3.31　调整图像的中间调区域

（5）沿【输出色阶】栏的滑动条，向右拖动左端的黑色三角滑块，可提高图像的整体亮度；向左拖动右端的白色三角滑块，可降低图像的整体亮度。也可以通过在左、右两个文本框内输入数值，调整图像的亮度。

（6）实际上，在使用【色阶】命令时，往往需要同时调整【输入色阶】与【输出色阶】，才能得到更满意的色调效果，如图3.32所示。

（7）使用对话框中的吸管工具调整图像的色调平衡。从左向右依次是设置黑场吸管工具 、设置灰场吸管工具 和设置白场吸管工具 。

① 选择设置黑场吸管工具，在当前图像中某点单击，则图像中所有低于该点亮度值的

像素全都变成黑色，图像变暗。

②　选择设置白场吸管工具，在当前图像中某点单击，则图像中所有高于该点亮度值的像素全都变成白色，图像变亮。

③　选择设置灰场吸管工具，在当前图像中某点单击，可根据单击点像素的亮度值调整中间调区域的平均亮度。

（8）若想重新设置对话框的参数，可以按住 Alt 键不放，此时对话框的【取消】按钮变成【复位】按钮，单击该按钮即可。

图 3.32　同时调整输入色阶与输出色阶

5.　曲线

【曲线】命令是 Photoshop 最强大的色彩调整命令，不仅可以像【色阶】命令那样对图像的高光、暗调和中间调区域进行调整，而且可以调整 0～255 色调范围内的任意一点。同时，使用【曲线】命令还可以对图像中的单个颜色通道进行精确调整。

打开素材图像"第 3 章素材\阅读.jpg"，选择【图像】|【调整】|【曲线】命令，弹出【曲线】对话框，如图 3.33 所示。通过【通道】下拉列表框确定要调整的通道（混合通道或单色通道）。

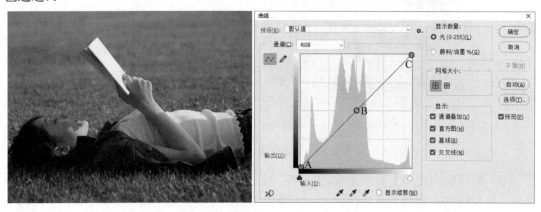

A：暗调　　B：中间调　　C：高光

图 3.33　素材图像及【曲线】对话框初始设置

在对话框中的曲线图表中，水平轴表示输入色阶（调整前的亮度值），竖直轴表示输出色阶（调整后的亮度值）。初始状态下，曲线为一条 45°的对角线，表示曲线调整前图像上所有像素点的【输出】值和【输入】值相等。

提示

对于RGB图像，默认设置下【显示数量】栏选择的是【光】单选项，曲线水平轴从左向右显示0（暗调）~255（高光）之间的亮度值；但CMYK图像则相反，默认设置下【显示数量】栏选择的是【颜料/油墨】单选项，曲线水平轴从左向右显示0（高光）~100（暗调）之间的百分数。

【曲线】对话框的操作要点如下。

（1）在图像窗口中拖动光标，【曲线】对话框中将显示当前指针位置像素点的亮度值及其在曲线上的对应位置。使用这种方法能够确定图像中的高光、暗调和中间调区域。

（2）按住 Alt 键，在对话框的网格区域内单击，可使网格变得更精细。再次按住 Alt 键单击，可以恢复大的网格。

（3）默认设置下，对话框采用编辑曲线模式 ～ 调整曲线形状。在曲线上单击，添加控制点，确定要调整的色调范围。曲线上最多可添加 14 个控制点。

（4）对于 RGB 颜色模式的图像来说，在曲线上添加控制点并向上拖动，使曲线上扬，对应色调区域的图像亮度增加，如图 3.34 所示。向下拖动使曲线下弯，则亮度降低，如图 3.35 所示。CMYK 颜色模式的图像情况相反。

图 3.34　图像亮度增加（适用 RGB 图像）

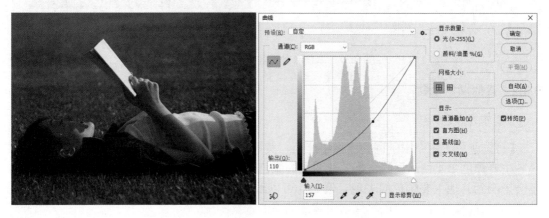

图 3.35　图像亮度降低（适用 RGB 图像）

（5）将曲线调整为 S 形，可增加图像的对比度，如图 3.36 所示。

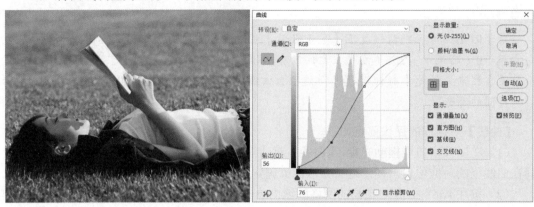

图 3.36　增加对比度

（6）选中一个控制点后，在对话框左下角的【输入】和【输出】文本框内直接输入数值，可精确改变图像指定色调区域的亮度值。

（7）要删除一个控制点，可将其拖出图表区域，或选中控制点后按 Delete 键。

（8）在【曲线】对话框中选择绘制曲线模式 ，可以在图表区随意绘制曲线，以调整图像的色调。

对于本例，参数设置如图 3.37（a）所示（主要提高中间调与高光区域的亮度，暗调区域基本保持不变），色彩调整效果如图 3.37（b）所示。

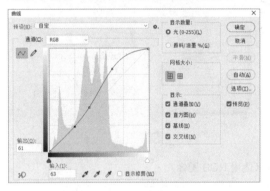

（a）【曲线】对话框参数设置

（b）色彩调整效果

图 3.37　本例参数设置与色彩调整结果

3.3.2　其他调色命令

1．可选颜色

【可选颜色】命令用于调整图像中红色、黄色、绿色、青色、蓝色、白色、中灰色和黑色各主要颜色中 4 色油墨的含量，使图像的颜色达到平衡。该命令在改变某种主要颜色时，不会影响到其他主要颜色的表现。例如，可以改变红色像素中黄色油墨的含量，而同时保持绿色、蓝色、白色、黑色等像素中黄色油墨的含量不变。

打开素材图像"实例 03\新娘.jpg"，如图 3.38 所示。选择【图像】|【调整】|【可选颜色】命令，打开【可选颜色】对话框，如图 3.39 所示。

从【颜色】下拉列表框中选择要调整的颜色（选项包括红色、黄色、绿色、青色、蓝色、洋红、白色、中性色和黑色等）。沿各滑动条拖动滑块，改变所选颜色中青色、洋红、黄色或黑色的含量。

图 3.38 彩图

图 3.38 素材图像　　　　　图 3.39 【可选颜色】对话框

本例参数设置如图 3.40 所示（清除红色中的青色成分，同时增加其中的洋红和黄色含量），图像调整效果如图 3.41 所示（花丛变成鲜红色）。画面上人物和天空背景的颜色也受到了一些影响，可使用软边界的历史记录画笔工具进行局部恢复。

图 3.41 彩图

图 3.40 设置对话框参数　　　　　图 3.41 图像调整效果

提示

在【可选颜色】对话框的底部，有两种油墨含量的增减方法。

①【相对】：按照总量的百分比增减所选颜色中青色、洋红、黄色或黑色的含量。

②【绝对】：按绝对数值增减所选颜色中青色、洋红、黄色或黑色的含量。

2. 替换颜色

【替换颜色】命令通过调整色相、饱和度和亮度参数将图像中指定的颜色替换为其他颜色。实际上相当于【选择】|【色彩范围】命令与【色相/饱和度】命令的综合使用。

打开素材图像"第 3 章素材\戴黄围巾的女孩.jpg"，如图 3.42 所示。选择【图像】|【调整】|【替换颜色】命令，打开【替换颜色】对话框，如图 3.43 所示。

选择【本地化颜色簇】复选框可以缩小选区的有效范围，形成更准确的颜色替换区域。

单击选中吸管工具 🖋，将光标移至图像窗口中，在人物围巾上单击，选取要替换的颜色。默认设置下，在对话框的图像预览区，白色表示被选择的区域，黑色表示未被选择的区域，灰色表示部分被选择的区域（灰度越深，选择强度越低）。

图 3.42　素材图像

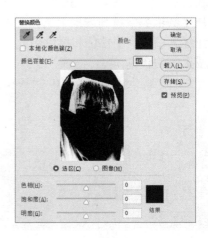

图 3.43　【替换颜色】对话框

拖动【颜色容差】滑块或在滑动条右侧的文本框内输入数值（取值范围为 0～200），可调整被选择区域的大小。向右拖动滑块扩大选区，向左拖动则减小选区。

选择添加到取样工具 ，在围巾上未被选中的其他区域单击，可以把这部分区域添加到选区。同样，使用从取样中减去工具 可以把不需要替换的区域从选区中减掉。

选择对话框的【预览】复选框。在【替换】栏调整色相、饱和度和亮度值，将颜色设置为红色（也可单击【结果】颜色块直接选取颜色），如图 3.44 所示。此时图像中的黄色围巾变成了红色围巾，如图 3.45 所示。

当然，如果图像中不需要颜色替换的区域被替换了，可使用软边界的历史记录画笔工具进行局部恢复。通过降低历史记录画笔工具的不透明度，还可以控制恢复的程度。

图 3.44　设置对话框参数

图 3.45　图像调整结果

3．阴影/高光

【阴影/高光】命令主要用于调整图像的阴影和高光区域，可分别对曝光不足和曝光过度的局部区域进行增亮或变暗处理，以保持图像色调的整体平衡。该命令最适合调整强逆光条件下拍摄的剪影图像。

打开素材图像"第 3 章素材\建筑.jpg"，如图 3.46 所示。选择【图像】|【调整】|【阴影/高光】命令，打开【阴影/高光】对话框，选择对话框底部的【显示更多选项】复选框，

使对话框显示更多的参数。

设置对话框参数如图 3.47 所示，图像调整效果如图 3.48 所示。

【阴影/高光】对话框中各项参数作用如下。

- 【数量】：拖动【阴影】或【高光】栏中的【数量】滑块，或直接在文本框内输入数值，可改变光线的校正量。值越大，阴影越亮而高光越暗；反之，阴影越暗而高光越亮。
- 【色调】：控制阴影或高光的色调调整范围。调整阴影时，数值越小，调整将限定在较暗的区域。调整高光时，数值越小，调整将限定在较亮的区域。
- 【半径】：控制阴影或高光调整的物理范围。数值越大，将会在较大的区域内调整；反之，将会在较小的区域内调整。若数值足够大，所做调整将用于整个图像。
- 【颜色】：增大数值，可以在颜色更改区域产生更饱和的颜色；减小数值则产生饱和度更低的颜色。
- 【中间调】：调整中间调区域的对比度。向左拖动滑块，降低对比度；向右拖动滑块，增加对比度。
- 【修剪黑色】与【修剪白色】：确定有多少阴影和高光区域被转换成黑色和白色。数值越大，图像的对比度越高。数值过大，会导致阴影和高光区域的细节丢失。

图 3.46　素材图像　　　图 3.47　对话框参数设置　　　图 3.48　图像调整效果

4. 照片滤镜

有的彩色滤光镜安装在照相机的镜头前，能够调节穿过镜头使胶卷曝光的光线的色温与颜色的平衡。【照片滤镜】命令就是 Photoshop 对这一技术的模拟。

图 3.46 彩图　　　图 3.48 彩图

打开素材图像"第 3 章素材\周庄.jpg"，如图 3.49 所示。选择【图像】|【调整】|【照片滤镜】命令，打开【照片滤镜】对话框。

在【照片滤镜】对话框中，选择【滤镜】单选按钮，通过右侧的下拉列表可以选择预设的颜色滤镜。选择【颜色】单选按钮，则可以自定义滤镜颜色。通过【密度】滑块可以调整滤镜的影响程度。通过选择【保留明度】复选框，可以保持图像的亮度不变。

本例参数设置如图 3.50 所示，图像调整效果如图 3.51 所示（图像蓝色调变橙色调）。

图 3.49　素材图像　　　　图 3.50　【照片滤镜】对话框　　　图 3.51　图像调整效果
参数设置

图 3.49
彩图

图 3.51
彩图

5．黑白

　　【黑白】命令可以在不改变图像颜色模式的情况下将彩色图像转换为灰度图像或单色调图像效果。在转换过程中，通过控制画面上各主要颜色在转换后的明暗度，可以获得高质量的黑白图像效果。

　　打开素材图像"第 3 章素材\山水.jpg"，如图 3.52 所示。选择【图像】|【调整】|【黑白】命令，打开【黑白】对话框，参数设置及图像调整效果如图 3.53 所示。

　　在本例的转换过程中，通过提高黄色区域在转换后图像中的亮度，降低绿色和蓝色区域在转换后图像中的亮度，并添加土黄色调，获得了层次感比较分明的仿古黑白画效果。

图 3.52　素材图像　　　　　　　图 3.53　参数设置及图像调整效果

图 3.52
彩图

图 3.53
彩图

　　【黑白】对话框中各项参数作用如下。

● 【预设】：从下拉列表中可以选择预置的黑白调色方案。
● 各主要颜色调整设置：通过拖动各个滑块，可以调整原图像中红色、黄色、绿色、青色、蓝色和洋红这 6 种主要颜色在转换后的灰度值。
● 【色调】：在灰度图像上叠加颜色，形成单色调图像效果。

6. 去色

【去色】命令将彩色图像中每个像素的饱和度值设置为 0，仅保持亮度值不变。实际上是在不改变颜色模式的情况下将彩色图像转变成灰度图像的效果。

在平面设计中，为了突出某个人物或事物，往往将其背景部分处理为灰度图像效果，而仅仅保留主题对象的彩度。使用 Photoshop 选择工具和【去色】命令即能完成此项工作。

7. 反相

【反相】命令可以反转图像中每个像素点的颜色，使图像由正片变成负片，或从负片变成正片。例如，对于 RGB 图像，若图像中某个像素点的 RGB 颜色值为（R，G，B），则反相后该点的 RGB 颜色值变成（255-R，255-G，255-B）。对于 CMYK 图像，若某个像素点的 CMYK 颜色值为（C%，M%，Y%，K%），则反相后该点的 CMYK 颜色值变成（1-C%，1-M%，1-Y%，1-K%）。所以，【反相】命令对图像的调整是可逆的。

8. 阈值

【阈值】命令可将灰度图像或彩色图像转换为高对比度的黑白图像，是为报纸杂志制作黑白插画的有效方法。

打开素材图像"第 3 章素材\公园-雪 3-02.jpg"，如图 3.54 所示。选择【图像】|【调整】|【阈值】命令，打开【阈值】对话框。对话框中显示的是反映图像像素亮度等级的直方图。通过拖动三角滑块将【阈值色阶】设置为 68（图 3.55），此时调整后的图像效果如图 3.56 所示。

【阈值】命令转换图像颜色的原理是：通过指定某个特定的阈值色阶（取值范围为 1～255），使图像中亮度值大于该指定值的像素转变为白色，其余像素转变为黑色。

 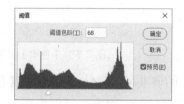 

图 3.54　素材图像　　　　　图 3.55　【阈值】对话框　　　　图 3.56　调整后的图像效果

3.3.3　借助调整层进行色彩调整

由 3.3.1 与 3.3.2 节可知，通过【图像】|【调整】菜单下的命令直接对图像进行色彩调整，必然破坏图像所在图层的像素的颜色值。另外，在对同一图像连续使用多个调色命令后，要想修改前面的色彩调整参数，不撤销后续操作重做几乎是不可能的。

调整图层是一种特殊图层，通过它可以获得同样的调色效果，但不会破坏被调整图层的原始数据。调整图层记录着色彩调整的所有参数，可以随时进行修改。通过删除调整图层还可以将图像恢复为原来的状态。关于调整图层更深层次的阐述可参考第 7 章相关内容。

通过调整图层进行色彩调整的基本用法如下。

（1）选择要进行色彩调整的图层。

（2）在【图层】面板上单击创建新的填充或调整图层按钮 ，从弹出菜单中选择色彩调整命令，即可在当前图层的上面生成相应的调整图层，同时系统自动显示【属性】面板。也可以通过选择【图层】|【新建调整图层】菜单下的命令添加调整图层。

（3）通过【属性】面板修改色彩调整参数。

3.4 案　　例

案例 3.4.1
操作演示

3.4.1 明媚的春天

1．案例说明

本案例将一幅灰暗的初春素材图像的色调调整到春光明媚。技术上通过调整层保护原始数据，采用【色阶】【色相/饱和度】和【可选颜色】命令进行色彩调整。

2．操作步骤

（1）打开素材图像"第 3 章素材\春.jpg"（图 3.57）。添加【色阶】的调整层，【属性】面板下，【色阶】参数设置及调色效果如图 3.58 所示。

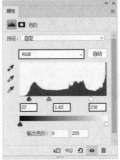

图 3.57　素材图像　　　　　　　　　　　　图 3.58　【色阶】参数设置及调色效果

（2）添加【色相/饱和度】的调整层，【属性】面板下【色相/饱和度】参数设置及调色效果如图 3.59 所示。

（a）调整黄色　　　　　　　　（b）调整青色　　　　　　　　（c）调色效果

图 3.59　【色相/饱和度】参数设置及调色效果

（3）添加【可选颜色】的调整层，【属性】面板下，【可选颜色】参数设置及调色效果如图 3.60 所示。

（a）调整红色

（b）调整黑色

（c）调色效果

图 3.60　【可选颜色】参数设置及调色效果

3.4.2　黑白照片上色

1. 案例说明

本案例主要通过调整层对黑白照片进行【色阶】和【色相/饱和度】的调整，使黑白照片变成彩色照片。在对象的选择上，利用了【选择并遮住】【存储选区】和【载入选区】命令对选区进行编辑和管理。

案例 3.4.2
操作演示

2. 操作步骤

（1）打开素材图像"第 3 章素材\黑白照片.jpg"。选择【图像】|【模式】|【RGB 颜色】命令，将图像由灰度模式转换为 RGB 模式。

（2）使用快速选择工具粗略选择人物的皮肤部分（图 3.61）。选择时可适当放大图像。

（3）利用【选择】|【选择并遮住】命令修补选区。选择"叠加"视图模式。使用画笔工具，涂抹掉皮肤部分的红色（注意调整画笔大小。处理头发与皮肤接界处时，要使用软边画笔。放大图像后处理更方便）。按住 Alt 键，使用画笔工具将皮肤周围没有被红色覆盖的部分涂抹成红色。整个涂抹操作完成后的图像如图 3.62 所示。

（4）在【输出到】下拉列表中选择"选区"，单击【确定】按钮。修补后的选区如图 3.63 所示。

图 3.61　粗略选择皮肤

图 3.62　涂抹皮肤周围未选中的选区

图 3.63　修补后的选区

（5）选择【选择】|【存储选区】命令，在弹出的【存储选区】对话框的【名称】文本框内输入"皮肤"，如图 3.64 所示。单击【确定】按钮将当前选区保存起来，以备后用。

（6）添加【色阶】调整层（图 3.65），在【属性】面板首先选择红色通道，参数设置及图像变化如图 3.66 所示。然后选择蓝色通道，参数设置及图像变化如图 3.67 所示。此处，对于 RGB 颜色模式的图像来说，降低蓝色的含量，相当于增强红色和绿色的混合效果，即加强了黄色。最后选择绿色通道，参数设置及图像变化如图 3.68 所示。

图 3.64　保存选区

图 3.65　添加【色阶】调整层

图 3.66　皮肤中加入适量红色

图 3.67　皮肤中加入适量黄色

（7）使用快速选择工具选择人物衣服。使用套索工具（羽化值 0）将与衣服搭界的皮肤部分加入选区，如图 3.69 所示。

图 3.68　提高绿色的对比度

图 3.69　创建衣服的粗略选区

（8）选择【选择】|【载入选区】命令，设置【载入选区】对话框参数，如图3.70所示。单击【确定】按钮，得到衣服的选区，如图3.71所示。如果衣服选区还不够精确，可使用【选择并遮住】命令进行修补。

（9）选择【选择】|【存储选区】命令，将衣服选区保存起来，命名为"衣服"。

（10）添加【色相/饱和度】调整层，如图3.72所示。

（11）通过在【属性】面板上设置【色相/饱和度】参数为衣服上色，如图3.73所示。

图3.70　设置【载入选区】对话框参数

图3.71　获得衣服精确选区

图3.72　添加【色相/饱和度】调整层

图3.73　设置【色相/饱和度】参数

（12）使用套索工具粗略选择头发，如图3.74所示。

（13）使用【选择并遮住】命令修补选区，得到如图3.75所示的选区（与皮肤搭界处不用修补）。

（14）选择【选择】|【载入选区】命令。在【通道】下拉列表框中选择"皮肤"，在【操作】栏选择【从选区中减去】。单击【确定】按钮，得到头发的精确选区，如图3.76所示。

图3.74　粗略选择头发

图3.75　修补选区

图3.76　头发精确选区

（15）选择【选择】|【存储选区】命令，将头发选区保存起来，命名为"头发"。

（16）再次添加【色相/饱和度】调整层，通过【属性】面板设置参数，如图 3.77 所示。头发上色效果如图 3.78 所示。

图 3.77　通过调整层为头发上色　　　　　图 3.78　头发上色效果

（17）选择【选择】|【载入选区】命令，依次载入"皮肤""衣服"和"头发"的选区（载入"衣服"和"头发"选区时，选择【添加到选区】单选按钮），得到整个人物选区，如图 3.79 所示。如果人物上有未被选中的区域，可使用套索工具加选进来。

（18）选择【选择】|【反选】命令将选区反转。用快速选择工具减去"石头"部分的选区，得到背景选区，如图 3.80 所示。

图 3.79　获取人物选区　　　　　　　　图 3.80　获取背景选区

（19）再次添加【色相/饱和度】调整层，通过【属性】面板设置参数，如图 3.81 所示。此时，背景被调整为绿色。

（20）类似地，用快速选择工具选择石头部分，添加【色相/饱和度】调整层，将"石头"调成青色，将人物的"嘴"调成红色。图像最终上色效果如图 3.82 所示。

图 3.81　设置背景调色参数　　　　图 3.82　图像最终上色效果

3.5　小　　结

本章主要讲述了以下内容。

色彩的基本知识。讲述了三原色、颜色的三要素和颜色的对比度等基本概念。

颜色模式及其相互转换。颜色模式是一种用数字形式记录图像颜色的方式。要求了解各种颜色模式的不同用途，并掌握其相互转换的方法。

色彩调整。本章重点讲述了【色阶】【曲线】【颜色平衡】【亮度/对比度】和【色相/饱和度】等多种色彩调整方法。学生应该在实践的基础上尽量多掌握一些色彩调整的方法，多多益善。

本书第 1～3 章理论部分未提及或超出本教程前 3 章理论范围的知识点如下。

（1）选区的存储与载入（要求重点掌握，详细介绍可参考第 8 章）。

（2）在图层上添加投影样式（要求掌握基本操作，详细介绍可参考第 4 章）。

3.6　习　　题

一、选择题

1. 关于图像的色彩模式，以下说法不正确的是＿＿＿＿＿＿。

    A．RGB 颜色模式是大多数显示器采用的颜色模式

    B．CMYK 模式由青（C）、洋红（M）、黄（Y）和黑（K）组成，主要用于彩色印刷领域

    C．位图模式的图像由黑、白两色组成，而灰度模式则由 256 级灰度颜色组成

    D．HSB 模式是 Photoshop 的标准颜色模式，也是 RGB 模式向 CMYK 模式转换的中间模式

2. 以下说法不正确的是_____。

    A. 当把图像转换为另一种颜色模式时，图像中的颜色值会被永久性地更改

    B. 尽可能在图像的原颜色模式下把图像编辑处理好，再进行模式转换

    C. 在转换模式之前请务必保存包含所有图层的原图像的副本，以便在日后必要时还能够打开图像的原始数据进行编辑

    D. 当颜色模式更改后，图层混合模式之间的颜色相互作用并未被更改。因此，在转换之前没有必要拼合图像的所有图层

3. 以下说法正确的是_____。

    A.【色阶】命令主要从暗调、中间调和高光三个方面校正图像的色调范围和色彩平衡

    B. 使用【色阶】命令调整图像不如使用【曲线】命令那样精确，很难产生较好的视觉效果

    C. 使用【曲线】命令可以调整图像中 0～255 色调范围内任何一点的颜色。因此在【曲线】对话框的曲线上能够添加任意多个控制点

    D. 使用【亮度/对比度】命令可以对图像的不同色调范围分别进行快速而简单的调整

4. 以下说法正确的是_____。

    A. 选择【去色】命令之后，彩色图像中每个像素的饱和度值被设置为 0，只保持亮度值不变，此时彩色图像将转变成灰度模式的图像

    B.【匹配颜色】命令可以在所有颜色模式的图像间进行颜色匹配

    C.【替换颜色】命令可将图像中指定的颜色替换为其他颜色。实际上相当于【色彩范围】命令与【色相/饱和度】命令的结合使用

    D.【阴影/高光】命令的作用是调整图像的明暗度，使整幅图像都变亮或变暗

5. _____指色彩的外貌。其实质是根据不同波长的光给人的色彩感受不同，人们为不同波长的光分别赋予不同的名称。

    A. 色相   B. 饱和度   C. 亮度   D. 对比度

6. 从光学角度讲，在一束可见光中，光线的波长越单一，色光的_____越高，反之越低。

    A. 色相   B. 饱和度   C. 亮度   D. 对比

7. 色彩的_____是指在两种或两种以上的色彩之间所存在的明显差别，这种差别主要表现在亮度、色相、饱和度、面积和冷暖等方面。

    A. 色相   B. 饱和度   C. 亮度   D. 对比

8. _____颜色模式的图像一般比较鲜艳，适用于显示器、投影仪、扫描仪等可以自身发射并混合红、绿、蓝 3 种光线的设备，是 Web 图形制作中最常使用的一种颜色模式。

    A. RGB   B. CMYK   C. Lab   D. HSB

9. _____颜色模式是一种印刷模式，图像色彩比 RGB 颜色模式的图像灰暗一些。

    A. RGB   B. CMYK   C. Lab   D. HSB

10. _____颜色模式是 Photoshop 图像在不同颜色模式之间转换时使用的中间模式，它在所有颜色模式中色域最宽。

    A. RGB   B. CMYK   C. Lab   D. HSB

二、填空题

1. 自然界中的颜色可分为_____和_____两大类。

2. 光的三原色是_____、_____、_____；颜料的三原色是_____、_____、_____。

3. 颜色的三要素是指_____、_____和_____。

4. 颜色的对比是指从两种或两种以上的色彩中比较出明显的差别来。这种差别主要表现在_____差别、_____差别、_____差别、_____差别和_____差别等方面。差别的程度用对比度来表示。

5. 在将彩色图像（如 RGB 模式、CMYK 模式、Lab 模式的图像等）转换为位图图像或双色调图像时，必须先转换为_____图像，然后才能作进一步的转换。

6. 在 Photoshop CC 中，支持透明色的文件格式有两种，分别是_____格式和_____格式，其中_____格式仅支持 256 色，_____格式可支持 24 位真彩色。

7. 【_____】命令是 Photoshop 最为重要的颜色调整命令之一，用于调整图像的暗调、中间调和高光等区域的强度级别，校正图像的色调范围和色彩平衡。

8. 【_____】命令用于调整图像中红色、黄色、绿色、青色、蓝色、白色、中灰色和黑色各主要颜色中四色油墨的含量，使图像的颜色达到平衡。该命令在改变某种主要颜色时，不会影响到其他主要颜色的表现。

9. 【_____】命令主要用于调整图像的阴影和高光区域，可分别对曝光不足和曝光过度的局部区域进行增亮或变暗处理，以保持图像色调的整体平衡。该命令最适合调整强光或背光条件下拍摄的图像。

10. 【_____】命令是 Photoshop 最强大的色彩调整命令，不仅可以像【色阶】命令那样对图像的高光、暗调和中间调区域进行调整，而且可以调整 0～255 色调范围内的任意一点。

三、简答题

1. 简述色相、饱和度和亮度的含义。

2. 什么是颜色模式？Photoshop 提供了哪些颜色模式？相互之间如何进行转换？

四、操作题

1. 利用素材图像"练习\第 3 章\花伞.jpg"制作导出透明背景的 PNG-24 图像。

2. 使用【反相】【色阶】或【阈值】命令，将图像"练习\第 3 章\书法（江山如此多娇）.jpg"（图 3.83）处理成如图 3.84 所示的效果。

图 3.83　素材图像

图 3.84　调色效果

3．利用素材图像"练习\第 3 章\大树.jpg"（图 3.85）设计制作如图 3.86 所示的效果图。

图 3.85　素材图像　　　　　　　　　　　　　图 3.86　效果图

重要提示

（1）打开素材图像，全选图像，复制图像，然后取消选区。

（2）使用【画布大小】命令向下扩充图像至600像素×700像素（扩充部分为黑色）。

（3）粘贴图像得到图层1。将图层1垂直翻转、反相后与背景层的原始图像上下对接。

（4）使用【编辑】|【变换】|【扭曲】命令变换图层1。

4．利用素材图像"练习\第 3 章\舞蹈.jpg"（图 3.87）设计制作如图 3.88 所示的效果图。

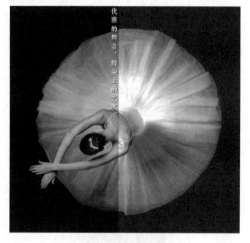

图 3.87　素材图像　　　　　　　　　　　　　图 3.88　效果图

重要提示

（1）打开素材图像，框选右半部分。

（2）对选区内图像先去色，再用【亮度/对比度】命令适当提高亮度。

（3）书写白色文字"优雅的舞者，脚尖上的艺术"，并对文字层添加投影样式。

5. 对素材图像"练习\第3章\梦幻水晶球.jpg"（图3.89）进行调色，效果如图3.90所示。

重要提示

利用"可选颜色"命令进行调色，答案参考"练习中的操作题参考答案\第3章\梦幻水晶球（可选颜色）.psd"。

图3.89
彩图

图3.90
彩图

图3.89 素材图像

图3.90 效果图

第4章

图　层

教学要求

- 熟练掌握图层基本操作。
- 掌握投影、外发光、斜面和浮雕等图层样式的使用方法。
- 掌握背景层、文本层转化为普通位图层的方法。
- 准确理解图层的基本概念。
- 了解中性色图层的概念与基本操作。
- 了解智能对象的概念，掌握其基本用法。
- 了解各类图层混合模式的特点及用法。

教学难点

- 图层的对齐与分布。
- 图层混合模式的概念。

4.1 图 层 概 述

在 Photoshop 中，一幅图像往往由多个图层上下叠盖而成。所谓图层，可以理解为透明的电子画布。通常情况下，上面图层的图像会遮盖住其下面图层上对应位置的图像。图像窗口中显示的画面实际上是各层叠盖之后的总体效果。

在默认设置下，Photoshop 用灰白相间的方格图案表示图层的透明区域。背景层是一个特殊的图层，只要不转换为普通图层，就永远是不透明的，而且始终位于所有图层的底部。

在包含多个图层的图像中，要想编辑图像的某一部分内容，首先必须选择该部分内容所在的图层。若图像中存在选区，可以认为选区浮动在所有图层之间，而不是专属于某一图层。此时，我们所能做的就是对当前图层选区内的图像进行编辑修改。

（1）打开"第 4 章素材\窗口.psd"。观察其【图层】面板，由"窗帘 1""窗帘 2""玻璃""窗户"和"背景" 5 个图层上下叠盖而成。通过"窗帘 1"层的透明区域可以看到下面图层的画面。"窗帘 2"层和"玻璃"层都是半透明的，分别可以透出下面其他各层的隐约画面。"窗口"的画面合成示意图如图 4.1 所示。

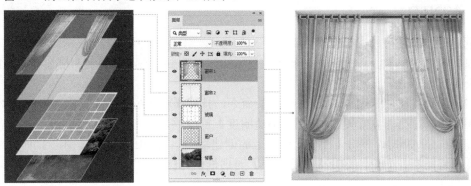

图 4.1 "窗口"的画面合成示意图

（2）在【图层】面板上分别单击"窗帘 2"层和"玻璃"层的 👁 图标，隐藏这两个图层。由于"窗户"层的各窗格区域都是完全透明的，就可以通过各窗格看到背景层的漂亮风景。如图 4.2 所示。

图 4.2 隐藏"窗帘 2"层和"玻璃"层

图层是 Photoshop 最核心的功能之一。在处理内容复杂的图像时，一般应该将不同的内容放置在不同的图层上，这会给图层的管理和图像的编辑带来很大便利。另外，在 AutoCAD、Flash、CorelDRAW 等相关软件中也都有"图层"的概念。因此，正确理解图层含义，熟练掌握图层操作不仅是学好 Photoshop 的必要条件，也会为学习其他相关软件带来一定的帮助。

4.2 图层的基本操作

4.2.1 选择图层

在【图层】面板上单击图层的名称即可选择该图层。要选择多个图层，只需单击第一个待选择图层的名称，然后按住 Shift 键（选择连续的图层）或 Ctrl 键（选择不连续的图层）单击其他图层的名称即可。一旦选择了多个图层，就可以将多种操作同时应用于这些图层。

提示

Photoshop在CS2（9.0）之前的版本中不能同时选择多个图层。

4.2.2 新建图层

创建图层的常用方法有以下几种。

（1）在【图层】面板上单击创建新图层按钮⊞，可在当前图层的上面增加一个新图层，并且新图层处于选中状态。

（2）选择【图层】|【新建】|【图层】命令，打开【新建图层】对话框。在对话框中输入图层名称，根据需要设置【模式】【不透明度】等参数，单击【确定】按钮。

（3）按住 Alt 键，单击【图层】面板上的创建新图层按钮⊞，或在【图层】面板菜单中选择【新建图层】命令，打开【新建图层】对话框创建图层。

4.2.3 删除图层

删除图层的常用方法有以下几种。

（1）在【图层】面板上选择要删除的图层（可以是多个），单击删除图层按钮🗑；或从【图层】面板菜单中选择【删除图层】命令；或从程序菜单中选择【图层】|【删除图层】命令，弹出确认框，单击【是】按钮。

（2）在【图层】面板上直接拖动图层缩览图到"删除图层"按钮🗑上。

4.2.4 显示与隐藏图层

在【图层】面板上单击图层缩览图左边的图层显示图标👁，该图标消失，图层被隐藏。在相应位置上再次单击，👁图标又出现，图层重新显示。

在【图层】面板的图层显示图标列上下拖动光标（图 4.3），可同时控制多个图层的显示与隐藏。

打印图像时，隐藏图层上的内容不会被打印出来。在保存 JPG 格式的图像时，隐藏的图层也会被忽略。

在图层显示图标列上下拖动光标，可控制多个图层的显示与隐藏

图 4.3 改变多个图层的可视性

在包含多个图层的图像中，显示和隐藏图层的常见用途如下。

（1）为了编辑被遮盖的图层，将上面的图层暂时隐藏。

（2）将显示和隐藏图层操作交替进行，可以确认图像中的部分内容位于哪个图层上。

（3）将某些图层暂时隐藏以备后用。

4.2.5 复制图层

图层的复制操作可以在同一图像内部进行，也可以在不同图像之间进行。

在同一图像中复制图层的常用方法如下。

（1）在【图层】面板上，将某一图层的缩览图拖动到创建新图层按钮 ⊞ 上，可在该图层的上面生成拷贝图层。

（2）在【图层】面板上，选择要复制的图层，选择【图层】|【复制图层】命令，或从【图层】面板菜单中选择【复制图层】命令，打开【复制图层】对话框，如图 4.4 所示。在【为（A）】文本框中输入图层副本的名称，单击【确定】按钮。

在不同图像间复制图层的方法如下。

选择要复制的图层，选择【图层】|【复制图层】命令，或从【图层】面板菜单中选择【复制图层】命令，打开【复制图层】对话框，如图 4.4 所示。在【为（A）】文本框中输入图层副本的名称。在【文档（D）】下拉列表框中选择目标图像的文件名（目标图像必须在 Photoshop 中打开）。单击【确定】按钮。若在【文档（D）】下拉列表框中选择"新建"选项，可将所选图层复制到新建文件中。

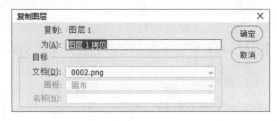

图 4.4 【复制图层】对话框

如果使用【窗口】|【排列】菜单下的相应命令排列要操作的图像，还可以按下列方法之一复制图层。

（1）在【图层】面板上，将当前图像的某一图层直接拖动到目标图像的窗口中。

（2）在【图层】面板上选择要复制的图层。选择移动工具 ⊕，在当前图像窗口内单击并拖动光标到目标图像窗口。若复制时按住 Shift 键，可将当前图层的图像复制到目标图像的中央位置。

4.2.6　图层重命名

在多图层图像中，根据图层的内容对不同图层分别命名，有利于图层的识别与管理。

在【图层】面板上，双击图层的名称，在【名称】编辑框内输入新的名称，按 Enter 键或在【名称】编辑框外单击，即可更改图层名称。背景层只有转换为普通层后才能重命名。

4.2.7　更改图层的不透明度

图层的不透明度不仅决定着图层本身的显示程度，还影响到其对下面图层的遮盖程度。不透明度为 0% 表示完全透明，不透明度为 100% 表示完全不透明。

选择要改变不透明度的图层，通过【图层】面板右上角的【不透明度】选项可改变当前图层的不透明度，如图 4.5 所示。该项操作常用于图像的合成。

图 4.5　更改图层的不透明度

图层的不透明度和后面要讲到的图层样式、图层混合模式的设置，针对的是整个图层，不受任何选区的限制。

4.2.8　调整图层的排列顺序

在【图层】面板上，图层的上下排列顺序决定各层图像的相互遮盖关系。一旦改变了原有图层的顺序，也就改变了这些图层的遮盖关系。

在【图层】面板上，将图层向上或向下拖动，当突出显示的线条出现在要放置图层的位置时，松开鼠标按键即可改变图层的排列顺序，如图 4.6 所示。

也可以使用【图层】|【排列】菜单下的一组命令改变图层的排列顺序。

4.2.9　链接图层

Photoshop 允许在多个图层间建立链接关系，以便将它们作为一个整体进行移动、缩放、旋转等变换操作。另外，对存在链接关系的图层，可进行对齐、分布等操作。

在【图层】面板上，选择两个或两个以上要链接的图层，单击面板底部的链接图层按钮 🔗，即可在所选图层间建立链接关系，如图 4.7 所示。此时，图层名称右侧出现链接标记 🔗。

要取消图层的链接关系，先选择存在链接关系的图层，选择【图层】|【取消图层链接】命令，或在【图层】面板上单击链接图层按钮 🔗。

图 4.6 调整图层的排列顺序 　　　　　　　图 4.7 链接图层

4.2.10 对齐链接图层

对齐方式有 6 种，竖直方向分别是顶边 ▜、垂直居中 ▜、底边 ▙；水平方向分别是左边 ▜、水平居中 ▜、右边 ▜。对齐命令除了从【图层】|【对齐】菜单组中选择，还可以使用移动工具选项栏上的对齐按钮。

选择移动工具，单击选项栏上的对齐并分布按钮（图 4.8），弹出对齐并分布面板（图 4.9），面板右下角的列表选项包括"选区"和"画布"2 项。

打开素材图像"第 4 章素材\球类.psd"，如图 4.10 所示。其中"地球"层、"足球"层和"篮球"层之间已经建立了链接关系，选择"地球"层。

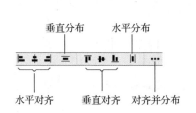

图 4.8 对齐并分布按钮 　　　图 4.9 对齐并分布面板 　　　图 4.10 素材图像

若对齐并分布面板右下角的列表选项为"选区"（默认），对齐操作的结果如图 4.11所示。

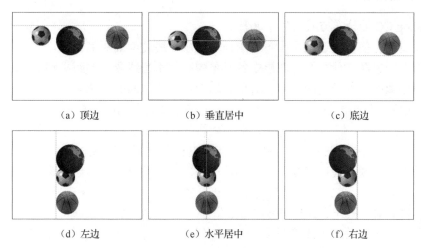

（a）顶边 　　　　　　（b）垂直居中 　　　　　　（c）底边

（d）左边 　　　　　　（e）水平居中 　　　　　　（f）右边

图 4.11 图层对齐示意图（选区）

在上述链接图层的对齐操作中，当前层为参照层，其位置保持不变，其他链接层向当前层对齐。当背景层要和当前层对齐时，背景层将自动转换为普通层。

若对齐并分布面板的列表选项为"画布"，对齐操作的结果如图 4.12 所示。参照位置为画布的边界与中心，与事先选择哪个链接层没有关系。

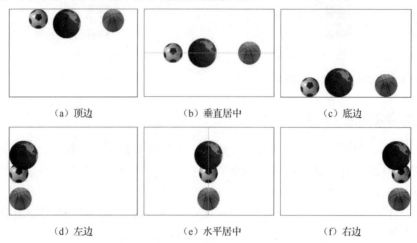

| (a) 顶边 | (b) 垂直居中 | (c) 底边 |
| (d) 左边 | (e) 水平居中 | (f) 右边 |

图 4.12　图层对齐示意图（画布）

若同时选择了多个图层，即使它们之间无链接关系，也可以使用上述对齐命令将这些图层对齐。

另外，Photoshop 还具有将选中的图层与选区对齐的功能，操作方法如下。

（1）创建选区。

（2）选择要对齐到选区的图层（可以是多个，但不能包含背景层或与背景层链接的图层）。

（3）选择【图层】|【将图层与选区对齐】菜单下的相应命令，或单击移动工具选项栏上的对齐按钮，或单击对齐并分布面板上的对齐按钮。

4.2.11　分布链接图层

Photoshop CC 的分布方式有以下 8 种。

- 顶边■：使得经过图层中各对象顶端的水平线之间的距离相等。
- 垂直居中■：使得经过图层中各对象中心的水平线之间的距离相等。
- 底边■：使得经过图层中各对象底端的水平线之间的距离相等。
- 左边■：使得经过图层中各对象左侧的竖直线之间的距离相等。
- 水平居中■：使得经过图层中各对象中心的竖直线之间的距离相等。
- 右边■：使得经过图层中各对象右侧的竖直线之间的距离相等。
- 垂直分布■：使得参与分布的图层中各对象在垂直方向两两间距相等。
- 水平分布■：使得参与分布的图层中各对象在水平方向两两间距相等。

打开素材图像"第 4 章素材\球类 2.psd"，其中"地球"层、"足球"层和"篮球"层之间已经建立了链接关系。在链接图层中任选一层。选择【图层】|【分布】菜单下的相应命令，或单击对齐并分布面板上的分布按钮。分布操作的结果如图 4.13 所示。

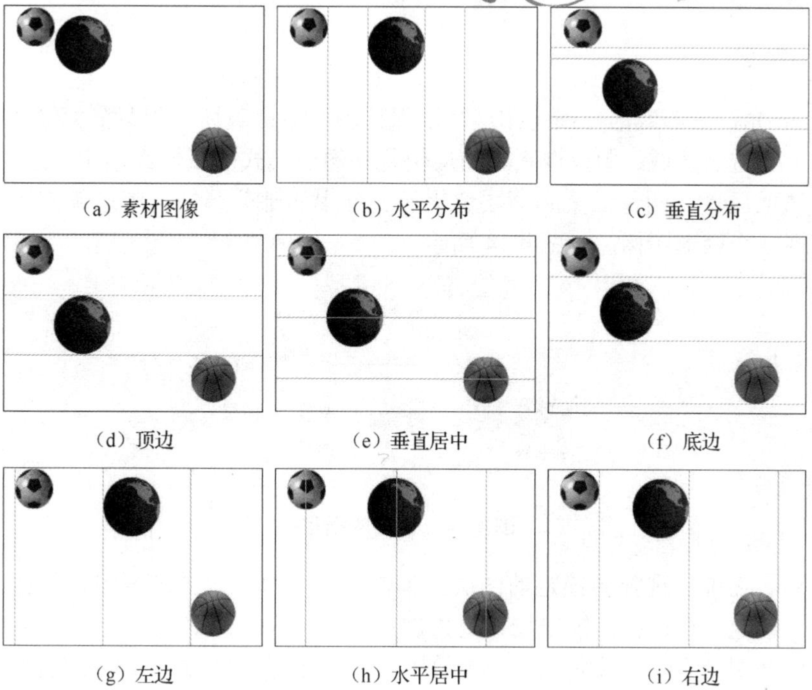

（a）素材图像　　　　　　　（b）水平分布　　　　　　　（c）垂直分布

（d）顶边　　　　　　　（e）垂直居中　　　　　　　（f）底边

（g）左边　　　　　　　（h）水平居中　　　　　　　（i）右边

图 4.13　　图层分布示意图

执行竖直方向的分布命令【顶边】【垂直居中】【底边】和【垂直分布】时，链接图层上的对象只在竖直方向移动，而且上下两端的对象的位置保持不变。同样，执行水平方向的分布命令【左边】【水平居中】【右边】和【水平分布】时，链接图层上的对象只在水平方向移动，而且左右两端的对象的位置保持不变。

只有 3 个或 3 个以上的链接图层才能进行分布操作。不管当前层是链接图层中的哪一层，分布结果都是一样的。另外，若链接图层中包含背景层，则不能进行分布操作。

若同时选择了多个图层（不含背景层），即使它们之间无链接关系，也可以使用上述分布命令对这些图层进行分布操作。

4.2.12　合并图层

合并图层可有效减少图像占用的存储空间，提高 Photoshop 的工作效率。图层合并的方式有多种，包括向下合并、合并图层、合并可见图层和拼合图像等。上述图层合并命令在【图层】菜单和【图层】面板菜单中都可以找到。

（1）向下合并：将当前图层合并到其下面的图层中（两个层都必须可见）。合并后的图层名称、混合模式、图层样式等属性与合并前的下一图层相同。

（2）合并图层：将选中的多个图层合并为一个图层。

（3）合并可见图层：将所有可见图层合并为一个图层，隐藏的图层不受影响。

（4）拼合图像：将所有可见图层合并到背景层，并用白色填充图像中的透明区域。若合并前存在隐藏的图层，合并时可能弹出"要扔掉隐藏的图层吗？"的提示框。单击【确定】按钮，将丢弃隐藏的图层；单击【取消】按钮，则撤销合并命令。

4.2.13　图层锁定

Photoshop 允许全部或部分锁定图层，以保护图层免遭破坏。所谓全部锁定，就是将图层的不透明度、透明区域、图像像素、图层位置和混合模式等属性都锁定。所谓部分锁定，就是仅锁定透明区域、图像像素和图层位置等属性中的部分属性。图层锁定后，图层名称的右边将出现一个锁形图标，如图 4.14 所示。

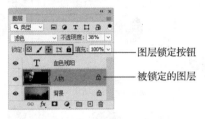

图层锁定按钮
被锁定的图层

图 4.14　图层的锁定

在【图层】面板上选择要锁定的图层，单击选择一个或多个图层锁定按钮，即可将该层部分或全部锁定。在选择的锁定按钮上再次单击，可取消锁定。

（1）锁定透明像素▨：选定后，只允许对图层的不透明区域进行编辑修改。

（2）锁定图像像素✐：选定后，禁止使用绘图与填充工具、图像修整工具、滤镜等对图层的任何区域（包括透明区域和不透明区域）进行编辑修改。

（3）锁定位置✛：选定后，禁止对图层中的像素进行移动、旋转、缩放等变换。

（4）锁定全部🔒：选定后，对图层进行全部锁定。

提示

图层锁定按钮中的▱针对的是画板类型的文件，作用可参考文件"第4章素材\防止在画板和画框内外互相嵌套（2015版新增）"。

4.2.14　载入图层选区

使用载入图层选区操作可以快速准确地选择图层（背景层除外）上的所有像素，操作方法如下。

（1）按住 Ctrl 键，在【图层】面板上单击某个图层的缩览图（注意不是图层名称），可基于该层上的所有像素创建选区。若操作前图像中存在选区，则操作后新选区会取代原有选区。

（2）按住组合键 Ctrl + Shift，在【图层】面板上单击某个图层的缩览图，可将该层上所有像素的选区添加到图像中已有的选区中。

（3）按住组合键 Ctrl + Alt，在【图层】面板上单击某个图层的缩览图，可从图像中已有的选区中减去该层上所有像素的选区。

（4）按住组合键 Ctrl + Shift + Alt，在【图层】面板上单击某个图层的缩览图，可将该层上所有像素的选区与图像中原有的选区进行交集运算。

重要提示

上述操作同样适用于图层蒙版、矢量蒙版与通道。

4.2.15　图层组的创建与编辑

在图层较多的图像中，使用图层组可以方便图层的组织和管理。不仅能够避免【图层】面板的混乱，还可以对图层进行高效、统一的管理。例如，同时调整图层组中所有图层的不透明度，同时改变图层组中所有图层的可视性、排列顺序，同时变换图层组中的所有图层等。

图层组的创建与基本编辑要点如下。

（1）单击【图层】面板上的创建新组按钮█，在当前图层或图层组的上面创建一个空的图层组。在选择图层组的情况下新建图层，可将新图层创建在图层组内。

（2）在【图层】面板上选择一个或多个图层（背景层除外），从【图层】面板菜单中选择【从图层新建组】命令，可将选定的图层加入新建图层组内。

（3）在【图层】面板上，单击图层组左边的箭头图标∨/＞，可以折叠或展开图层组。

（4）在【图层】面板上，将图层组外的图层（背景层除外）的缩览图拖动到图层组图标█上，可将图层转移到图层组内。当然，也可将图层组内图层拖动到图层组外。

（5）将图层组拖动到删除图层按钮█上，可直接删除该图层组及组内的所有图层。

（6）若想保留图层，仅删除图层组，可在选择图层组后单击删除图层按钮█，打开Photoshop 提示框，单击【仅组】按钮。

（7）在【图层】面板上选择图层组后，执行图层变换操作（移动、旋转、缩放、斜切、透视、扭曲等），可作用于该组内的所有图层。

4.2.16　保存图层

Photoshop（*.psd、*.pdd、*.psdt）格式是 Photoshop 在保存多图层图像时的默认文件格式，也是唯一一种支持所有 Photoshop 功能的格式。将多图层图像保存为 Photoshop（*.psd、*.pdd、*.psdt）格式时，有关图层的所有信息（图层、图层样式、图层不透明度、路径、通道、蒙版等）都会随文件一起保存，这对于图像（尤其是未完成的图像）日后的编辑修改至关重要。

另外，在 Photoshop CC 中，PDF、TIFF、PSB 等格式也常用于多图层图像的保存。

4.3　图层混合模式

4.3.1　图层混合模式概述

在第 2 章基本工具的学习中，读者已经注意到铅笔、画笔、油漆桶、仿制图章、修复画笔等许多工具的选项栏上都有一个【模式】选项，其中包括"正常""溶解""背后""清除""变暗""正片叠底"等多种选择。这些模式的作用是：控制当前工具所创建的像素与图像中的原有像素以何种方式进行混合。

与基本工具的【模式】选项类似，图层混合模式是上下图层之间对应位置的颜色（上层称为混合色，下层称为基色）进行混合，以形成结果色的不同方式。了解并正确使用图层混合模式，可以合成引人注目的视觉效果。

　　Photoshop 2019 版之后，图层混合模式可以实时预览。在早期版本里，只有选定某种混合模式后才能看到结果，现在只需将光标悬停在某一个混合模式的名称上，就可以实时预览图像的最终效果，提高了工作效率。

4.3.2　常用的图层混合模式

　　图层混合模式默认为"正常"。在【图层】面板上，单击混合模式弹出式菜单，从展开的列表中可以为为当前图层选择不同的混合模式。

　　"正常"："正常"模式的图层，其像素不透明度为 100%时，会完全遮盖下面图层上对应位置的像素。不透明度低于 100%时，会透出下面图层上对应位置的像素。

　　"溶解"：根据图层中每个像素点透明度的不同，以该层的像素随机取代下面图层上对应位置的像素，生成颗粒状的类似物质溶解的效果。不透明度越小，溶解效果越明显。

　　案例参考素材图像"第 4 章素材\印章.psd"。

　　"变暗"：比较该层像素与下面图层对应像素的各颜色分量，选择其中值较小（较暗）的颜色分量作为结果色的颜色分量。以 RGB 图像为例，若对应像素分别为红色（255，0，0）和绿色（0，255，0），则混合后的结果色为黑色（0，0，0）。

　　案例参考素材图像"第 4 章素材\变暗-变亮.psd"（将图层 1 混合模式设置为"变暗"）和"诗配画.psd"。

　　"正片叠底"：将该图层像素与下面图层对应位置的像素的对应颜色分量相乘，把得到的乘积再除以 255，得到结果色的颜色分量。结果色一般比原来的颜色更暗一些。在这种模式下，任何颜色与黑色混合产生黑色，任何颜色与白色混合保持不变。

　　案例参考素材图像"第 4 章素材\雪地阳光.psd"，如图 4.15 所示。

图 4.15　设置"正片叠底"模式

　　"颜色加深"：通过增加对比度使下面图层变暗，再与上面图层混合，使结果色更暗。下面图层上的白色在该模式下保持不变。

　　"线性加深"：与"正片叠底"模式的作用类似，但通过降低亮度使结果色变暗。

　　"深色"：比较上下图层中对应像素的各颜色分量的总和，并显示值较小的像素的颜色。该模式与"变暗"模式类似，但不会产生第 3 种颜色。

　　案例参考素材图像"第 4 章素材\模特.psd"（将"人物"层的混合模式分别设置为"深色"与"变暗"对比一下区别）。

提示

　　"变暗""正片叠底""颜色加深""线性加深"和"深色"模式都具有使图像变暗的特点，因此可以归类到一个组，称为"加深模式组"。

"变亮"：与"变暗"模式恰恰相反。比较上下图层中对应像素的各颜色分量，选择其中值较大（较亮）的颜色分量作为结果色的颜色分量。以 RGB 图像为例，若对应像素分别为红色（255，0，0）和绿色（0，255，0），则混合后的结果色为黄色（255，255，0）。

案例参考素材图像"第 4 章素材\变暗-变亮.psd"（将图层 1 混合模式设置为"变亮"）和"夕阳.psd"，如图 4.16 所示。

"滤色"：与"正片叠底"模式相反，将上层像素的颜色与下层像素的互补色各分量相乘，乘积再除以 255，得到结果色各颜色分量的值。该模式可以使图像产生漂白效果。

案例参考素材图像"第 4 章素材\模特 2.psd"与"第 4 章素材\蓝花布.psd"。

图 4.16　设置"变亮"模式

"颜色减淡"：与"颜色加深"模式相反，通过降低对比度使混合图像变亮。

案例参考素材图像"第 4 章素材\都市之夜.psd"与"第 4 章素材\模特 3.psd"。

"线性减淡（添加）"：与"线性加深"模式相反，通过增加亮度使混合图像变亮。

"浅色"：与"深色"模式相反，比较上下图层中对应像素的各颜色分量的总和，并显示值较大的像素的颜色。混合效果与"变亮"模式接近，但不会产生第 3 种颜色。

提示

与变暗模式组相反，"变亮""滤色""颜色减淡""线性减淡（添加）"和"浅色"模式都具有使图像变亮的特点，可以将这些模式归类到一个组，称为"减淡模式组"。

"叠加"：保留下层图像的高光和暗调区域，下层图像的颜色没有被替换，上层图像的颜色得到加强，结果使得混合图像的对比度较高。

案例参考素材图像"第 4 章素材\火烧云.psd"（图 4.17）与"第 4 章素材\高脚杯.psd"。

图 4.17　设置"叠加"模式

"柔光"：根据上一层颜色的灰度值确定混合后的颜色是变亮还是变暗。若上一层的颜色比 50%的灰色亮，则与下一层混合后图像变亮；否则变暗。若上一层存在黑色或白色区域，则混合图像的对应位置将产生明显较暗或较亮的区域，但不会产生纯黑色或纯白色。

"强光"：根据上一层颜色的灰度值确定混合后的颜色是变亮还是变暗。若上一层的颜色比 50%的灰色亮，则与下一层混合后图像变亮。这对于向图像中添加高光非常有用。若上一层的颜色比 50%的灰色暗，则与下一层混合后图像变暗；这对于向图像添加暗调非常有用。若上一层中存在黑色或白色区域，则混合图像的对应位置将产生纯黑色或纯白色。使用"强光"模式混合图像的效果与耀眼的聚光灯照在图像上相似。

案例参考素材图像"第 4 章素材\都市之夜 2.psd"。

"亮光"：根据上一层颜色的灰度值，通过增加或减小对比度，来加深或减淡混合图像的颜色。若上一层的颜色比 50%的灰色亮，则通过减小对比度使下一层图像变亮；否则通过增加对比度使下一层图像变暗。

"线性光"：根据上一层颜色的灰度值，通过降低或增加亮度，来加深或减淡混合图像的颜色。若上一层的颜色比 50%的灰色亮，则通过增加亮度使下一层图像变亮；否则通过降低亮度使下一层图像变暗。

"点光"：根据上一层颜色的灰度值确定是否替换下一层的颜色。若上一层颜色比 50%的灰色亮，则替换下一层中比较暗的像素，而下一层中比较亮的像素不改变。若上一层的颜色比 50%的灰色暗，则替换下一层中比较亮的像素，而下一层中比较暗的像素不改变。

案例参考素材图像"第 4 章素材\都市之夜 3.psd"。

提示

"叠加""柔光""强光""亮光""线性光"和"点光"等模式在混合图像时都以50%的灰色为界限，亮度高于该值的像素会加亮下层对应位置的图像，亮度低于该值的像素会变暗下层对应位置的图像，结果增加了混合图像的对比度。因此可将这些模式归类到一个组，称为"对比模式组"。

"差值"：比较上下图层的对应像素，用比较亮的像素的颜色值减去比较暗的像素的颜色值，差值即为混合后像素的颜色值。若上层颜色为白色，则混合图像为下层图像的反相；若上层颜色为黑色，则混合图像与下层图像相同。同样，若下层颜色为白色，则混合图像为上层图像的反相；若下层颜色为黑色，则混合图像与上层图像相同。

案例参考素材图像"第 4 章素材\都市之夜 4.psd"和"第 4 章素材\沟壑.psd"。

"排除"：与"差值"模式相似，但混合后的图像对比度更低，因此整个画面更柔和。

案例参考素材图像"第 4 章素材\狼烟.psd"。

"色相"：用下层颜色的亮度和饱和度及上层颜色的色相创建混合图像的颜色。

案例参考素材图像"第 4 章素材\酒具.psd"和"第 4 章素材\美甲.psd"，如图 4.18 所示。

图 4.18　设置"色相"模式

"饱和度"：用下层颜色的亮度和色相及上层颜色的饱和度创建混合图像的颜色。

案例参考素材图像"第4章素材\富士山.psd"。

"颜色"：用下层颜色的亮度及上层颜色的色相和饱和度创建混合图像的颜色。这样可以保留下层图像中的灰阶，对单色图像的上色和彩色图像的着色都非常有用。

案例参考素材图像"第4章素材\更换服饰.psd"，如图4.19所示。

图4.19 设置"颜色"模式

"明度"：用下层颜色的色相和饱和度以及上层颜色的亮度创建混合图像的颜色。该模式产生与"颜色"模式相反的图像效果。

提示

"色相""饱和度""颜色"和"明度"等模式都是依据色彩的三要素混合图像。因此可将这些模式归类到一个组，称为"色彩模式组"。

4.4 图 层 样 式

图层样式是创建图层特效的重要手段。Photoshop提供了多种图层样式，可创建阴影、发光、浮雕、水晶和金属等各种具有逼真质感的特殊效果。

4.4.1 图层样式的添加及参数设置

图层样式影响的是整个图层，不能作用于图层的部分区域，其添加方法如下。

（1）选择要添加图层样式的图层。

（2）单击【图层】面板上的添加图层样式按钮 _fx_.，从弹出的菜单中选择要添加的图层样式，打开【图层样式】对话框，在参数控制区进行参数设置，如图4.20所示。

（3）在对话框左侧的样式列表区还可以继续选择其他图层样式，并设置相应的样式参数。Photoshop允许将多种样式同时施加在同一图层上。

（4）单击【确定】按钮，完成图层样式的添加。

另外，通过【图层】|【图层样式】菜单下的相应命令同样可以添加图层样式。

当前样式参数控制区

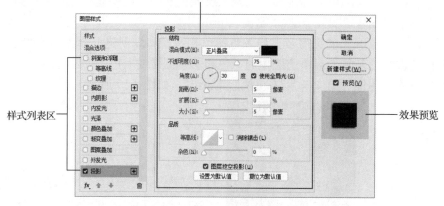

图 4.20　【图层样式】对话框

1. 投影

打开素材图像"第 4 章素材\卡片.psd"，选择"卡片"层。

选择【图层】|【图层样式】|【投影】命令，打开【图层样式】对话框。

在参数控制区设置【投影】样式参数，如图 4.21 所示，单击【确定】按钮。

将背景层填充白色，效果如图 4.22 所示。

图 4.21　【投影】参数设置　　　　　图 4.22　添加【投影】样式后的图像

【投影】样式各项参数的解释如下。

- 【混合模式】：确定图层样式与图层像素的混合方式。大多数情况下，默认模式会产生最佳的效果。通过单击右侧的颜色块，可选择阴影颜色。

- 【不透明度】：设置阴影的不透明度。

- 【角度】：设置光照方向。通过拖动圆周内的半径指针或在右侧文本框内输入数值（范围为-360～+360）可改变角度。

- 【使用全局光】：选择该项，使得添加在当前图像上的所有图层样式的光照角度保持一致，以获得统一的光照效果。否则可为当前图层样式指定不同的角度值。

- 【距离】：设置阴影的偏移距离。在【图层样式】对话框打开的情况下，通过在图像窗口中拖动光标，可以更直观地调整光照角度和阴影偏移距离。

- 【扩展】：扩展阴影效果的影响范围。

- 【大小】：设置阴影的模糊（或羽化）程度。
- 【等高线】：设置阴影的轮廓。可以从下拉列表中选择预设的等高线，也可以自定义等高线。
- 【消除锯齿】：选择该复选框，可使阴影的轮廓线更平滑，消除锯齿效果。
- 【杂色】：添加一定的噪声因素，使阴影呈现颗粒状杂点效果。
- 【图层挖空投影】：当图层的填充值低于 100%时，该选项控制与当前层图像重叠区域的阴影的可视性。填充数值可通过【图层】面板右上角的【填充】选项设置。

2. 内阴影

内阴影样式用于在像素的内侧边缘添加阴影效果。

打开素材图像"第 4 章素材\化妆品广告.psd"，选择"边框"层。

选择【图层】|【图层样式】|【内阴影】命令，打开【图层样式】对话框。在参数控制区设置【内阴影】参数，如图 4.23 所示。图像效果如图 4.24 所示。

【阻塞】：增大数值可收缩内阴影边界，扩展内阴影的作用范围并使边缘模糊度减小。

其他参数的作用与投影样式的对应参数基本相同。

图 4.23　【内阴影】参数设置

图 4.24　图像效果

3. 外发光

外发光样式可以在像素边缘的外围产生亮光或晕影效果。

打开素材图像"第 4 章素材\花卉 4-01.psd"，选择文本层，将图层的填充设置为 0%。

选择【图层】|【图层样式】|【外发光】命令，打开【图层样式】对话框。在参数控制区设置【外发光】参数，如图 4.25 所示（外发光的颜色设置为白色）。

单击【确定】按钮，图像效果如图 4.26 所示。

【外发光】样式部分参数解释如下（其他参数的作用与前面类似）。

- ：选择左侧单选按钮，可将外发光颜色设为单色；选择右侧单选按钮，则将外发光颜色设为渐变色。
- 【方法】：设置外发光样式的光源衰减方式。
- 【范围】：设置外发光样式中等高线的应用范围。
- 【抖动】：使外发光样式的颜色和不透明度产生随机变动（适用于外发光颜色为渐变色，且其中至少包含两种颜色的情况）。

图 4.25 【外发光】参数设置   图 4.26　图像效果

4.　内发光

内发光样式可以在像素边缘内侧产生发光或晕影效果。

打开"第 4 章素材\婚纱 4-01.psd"，在【图层】面板上选择"镜框"层。

选择【图层】|【图层样式】|【内发光】命令，打开【图层样式】对话框。在参数控制区设置【内发光】参数，如图 4.27 所示（内发光颜色为黑色，等高线选择"环形-双"）。图像效果如图 4.28 所示。

图 4.27　【内发光】参数设置   图 4.28　图像效果

源：○ 居中(E)　● 边缘(G)：选择【边缘】单选按钮，内发光效果出现在像素的内侧边缘；选择【居中】单选按钮，效果出现在像素中心。

5.　斜面和浮雕

使用斜面和浮雕样式可以制作各种形式的浮雕效果。在所有的预设图层样式中其功能最强大，参数也最复杂。

打开素材图像"第 4 章素材\故乡.psd"，在【图层】面板上选择"椭圆画面"层。

选择【图层】|【图层样式】|【斜面和浮雕】命令，打开【图层样式】对话框。参数设置如图 4.29 所示，图像效果如图 4.30 所示。

图 4.29 【斜面和浮雕】参数设置 　　　　　　　　图 4.30 图像效果

【斜面和浮雕】对话框的部分参数解释如下。

- 【样式】：指定斜面与浮雕的样式。其中"内斜面"在像素内侧边缘生成斜面效果，"外斜面"在像素外侧边缘生成斜面效果，"浮雕效果"以下层图像为背景创建浮雕效果，"枕状浮雕"创建将当前图层像素边缘压入下层图像的压印效果，"描边浮雕"将浮雕效果应用于像素描边效果的边界（若图层未添加描边样式，则看不到描边浮雕效果）。

- 【方法】："平滑"稍微模糊浮雕的边缘使其变得更平滑；"雕刻清晰"用于消除锯齿形状的边界，使浮雕边缘更生硬清晰；"雕刻柔和"可产生比较柔和的浮雕边缘效果，对较大范围的边界更有用。

- 【方向】：通过改变光照方向确定是向上的斜面和浮雕效果，还是向下的斜面和浮雕效果，如图 4.31 所示。

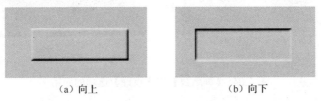

（a）向上 　　　　　　　　　　　　　　（b）向下

图 4.31 通过改变光照方向产生按钮的不同状态

- 【高度】：指定光源的高度。
- 【高光模式】：指定高光部分的混合模式。通过右侧颜色块可选择高光颜色。
- 【阴影模式】：指定阴影部分的混合模式。通过右侧颜色块可选择阴影颜色。
- 【不透明度】：指定高光或阴影的不透明度。

【斜面和浮雕】样式还有【等高线】和【纹理】两个子选项。选择【等高线】，可在参数控制区设置【等高线】参数，如图 4.32 所示。

- 【等高线】：选择预设的等高线类型，或自定义等高线。不同的等高线，将在斜面和浮雕效果的边缘形成不同的轮廓。

- 【消除锯齿】：选择该复选框，可使斜面和浮雕效果的轮廓线更平滑。

- 【范围】：用于调整轮廓线的作用范围。

选择【斜面和浮雕】样式中的【纹理】选项，其参数控制区如图 4.33 所示。

- 【图案】：选择预设图案或自定义图案，应用于斜面和浮雕效果中。
- 【贴紧原点】：单击该按钮，纹理图案将与图层像素左上角对齐。
- 【缩放】：调整纹理图案的大小。
- 【深度】：设置纹理效果的强弱程度。
- 【反相】：使纹理反相显示。
- 【与图层链接】：选择该复选框，图案与图层建立链接，对图层的变换操作（移动、缩放、旋转等），同样会作用于图案。

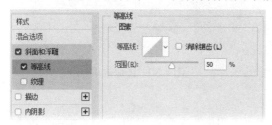
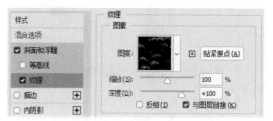

图 4.32 【等高线】参数设置　　　　图 4.33 【纹理】参数设置

图 4.34 所示为【斜面和浮雕】样式中【等高线】与【纹理】选项的应用示例，其参数设置可参照素材图像"第 4 章素材\瓷砖.psd"。

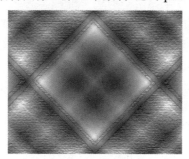
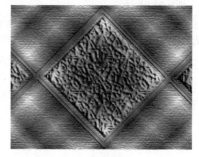

（a）素材图像　　　　　　　　　（b）效果图

图 4.34 【等高线】与【纹理】选项的应用

6. 光泽

在像素的边缘内部产生光晕或阴影效果，使之变得柔和。图像形状不同，光晕或阴影效果会有很大差别。光泽样式一般用于创建金属表面的光泽效果。

打开素材图像"第 4 章素材\玫瑰.psd"，选择 ROSE 图层，将图层的填充设置为 0%。

选择【图层】|【图层样式】|【光泽】命令，打开【图层样式】对话框。在参数控制区设置【光泽】参数，如图 4.35 所示（光泽的颜色设置为白色）。

单击【确定】按钮。图像效果如图 4.36 所示。

7. 叠加

叠加包括颜色叠加、渐变叠加和图案叠加 3 种样式，分别用于在图层像素上叠加单色、渐变色和图案。

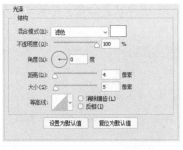

图 4.35 【光泽】参数设置

图 4.36 图像效果

8．描边

可在像素边界上进行单色、渐变色或图案 3 种类型的描边，比【编辑】|【描边】命令的功能更强大。【描边】对话框的参数设置如图 4.37 所示。从【填充类型】下拉列表中可选择描边的类型。

打开素材图像"第 4 章素材\竹韵.psd"，对"竹子"层和"文字"层分别添加【描边】样式，图像效果如图 4.38 所示［参数设置可参考"第 4 章素材\竹韵（描边）.psd"］。

图 4.37 【描边】参数设置

图 4.38 图像效果

4.4.2 编辑图层样式

1．在【图层】面板上折叠和展开图层样式

添加图层样式后，【图层】面板上对应图层名称的右边出现 fx ^ 图标，图层样式的名称处于显示状态。通过单击其中的三角形按钮 ^（或 ∨），可折叠或展开图层样式。

2．重设图层样式参数

在【图层】面板上展开图层样式，双击图层样式的名称，重新打开【图层样式】对话框，修改其中的参数，然后单击【确定】按钮。

3．图层样式的复制与粘贴

图层样式的复制和粘贴是对多个图层应用相同或相近的图层样式的便捷方法。

打开素材图像"第 4 章素材\心心相印.psd"，在【图层】面板上"心形 1"层的名称上右击，从右键菜单中选择【拷贝图层样式】命令。

在"心形2"层的名称上右击，从右键菜单中选择【粘贴图层样式】命令。结果"心形1"层的样式被复制到"心形2"层，如图4.39所示。

图4.39　复制图层样式

继续在"花朵"层上粘贴图层样式，结果"花朵"层原有的样式被取代。

4. 将图层样式转换为图层

为了充分发挥图层样式的作用，有时需要将图层样式从图层中分离出来，形成独立的新图层。对该层进一步处理可创建图层样式无法达到的效果。

将图层样式转化为图层的方法如下。

选择已应用图层样式的图层，选择【图层】|【图层样式】|【创建图层】命令。此时原来的图层与分离出来的"图层样式"图层形成一个剪贴蒙版编组（可参阅第7章对应内容）。

5. 删除图层样式

在【图层】面板上，将添加到图层的图层样式名称拖动到删除图层按钮 🗑 上可将其删除。拖动图层名称右侧的 *fx* 图标到删除图层按钮 🗑 上，可删除该图层的所有样式。

4.5　一些特殊的图层

本节要介绍的特殊图层包括背景层、文本层和中性色图层。智能对象层在4.6节专门介绍。还有一些带有蒙版的特殊图层，像调整层、填充层等，将在第7章介绍。

4.5.1　背景层

从表面上观察，背景层位于图层面板的底部，它的许多图层属性都是锁定的，无法更改。这些属性包括：排列顺序、不透明度、填充、混合模式等。另外，图层样式、图层蒙版、矢量蒙版、变换（如移动、缩放、旋转、扭曲、透视）等也不能直接作用于背景层。解除这些锁定的唯一方法就是将其转换为普通图层，方法如下。

在【图层】面板上，双击背景层缩览图，或者选择【图层】|【新建】|【背景图层】命令，在弹出的【新建图层】对话框中输入图层名称，单击【确定】按钮。

在不存在背景层的图像中，选择【图层】|【新建】|【图层背景】命令，可将当前层转化为背景层，置于【图层】面板的底部。原图层的透明区域在转换后以当前背景色填充。

提示

使用橡皮擦工具擦除背景层图像，或旋转画布时，背景层上产生的空白区域将以当前背景色填充。变换（移动、缩放、旋转等）背景层选区内的图像时情况类似。

4.5.2 文本层

使用横排文字工具和直排文字工具创建文字时，会自动产生文本图层。文本层缩览图上有一个 T 符号，并以输入的文字内容作为默认的图层名称。

由于文本层包含矢量数据（文本），绘画与填充工具、图像修整工具、滤镜等不能直接使用于文本层。要想在文本层上使用这些工具和菜单命令，可以选择【图层】|【栅格化】|【文字】命令对文本层进行栅格化，从而将文本层转换为普通图层。

文本层栅格化之前可以随时对其中的文字进行编辑修改。一旦栅格化，文本层的矢量元素随之转换为位图，就不能再将其作为文本对象进行编辑修改（如更改字体、字号、文字内容等）。所以，在图像处理中，除非有特殊需要，应尽量避免栅格化文本层。

4.5.3 中性色图层

中性色图层也是一种很特殊的图层。通过在中性色图层上使用绘画工具或滤镜等操作可以改变图像效果，但不会破坏到其他图层。所以，使用中性色图层修改图像的方式是一种值得推崇的非破坏性编辑方式。以下通过简单例子介绍中性色图层的创建与编辑方法。

打开素材图像"第 4 章素材\白宫.jpg"，如图 4.40 所示。

在【图层】面板菜单中选择【新建图层】命令，打开【新建图层】对话框，如图 4.41 所示。首先在【模式】下拉列表中选择一种混合模式（此处选择"滤色"），然后选择【填充屏幕中性色（黑）】复选框。单击【确定】按钮，创建中性色图层"图层 1"。

图 4.40 素材图像

图 4.41 【新建图层】对话框

Photoshop 根据所选图层混合模式为新创建的中性色图层填充相应的中性色（本例为黑色）。此时图像效果无任何变化。

提示

由于"正常""溶解""实色混合""色相""饱和度""颜色"和"明度"模式不存在中性色，因此无法创建这些混合模式的中性色图层。

通过选择【滤镜】|【渲染】|【镜头光晕】命令为中性色图层添加镜头光晕滤镜。结果滤镜效果出现在图像上，但背景层像素没有受到任何破坏，甚至可以通过拖动中性色图层改变滤镜的位置，如图 4.42 所示。

🖌️提示

"变暗""正片叠底""颜色加深""线性加深"和"深色"模式对应的中性色为白色。"变亮""滤色""颜色减淡""线性减淡（添加）"和"浅色"模式对应的中性色为黑色。"叠加""柔光""强光""亮光""线性光"和"点光"等模式对应的中性色为50%灰色。

图 4.42　在中性色图层上添加【镜头光晕】滤镜

4.6　智　能　对　象

智能对象是一种新型的图层，是 Photoshop 继 CS2 版本之后进行非破坏性编辑的重要手段之一。其实质是嵌入原始文档中的新文档。

4.6.1　创建智能对象

创建智能对象的常用方法有两种。一种是将外部文件（Illustrator 文件、相机原始数据文件等）置入 Photoshop 文件中，形成智能对象。以 Illustrator 外部文件为例，操作方法如下。

（1）在 Photoshop 中新建或打开（此处新建）要置入外部文件的图像。

（2）使用【文件】|【置入嵌入对象】（或【置入链接的智能对象】）命令将 Illustrator 文件"第 4 章素材\小房子.ai"置入当前图像，生成新图层，即智能对象。该图层以 Illustrator 文件名命名，图层缩览图的右下角有一个智能对象标志🔲（或🔲），如图 4.43 所示。

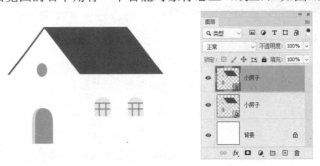

图 4.43　置入外部文件

（3）在【图层】面板上双击智能对象图层的缩览图，可启动 Illustrator，对置入的外部文件进行修改并重新保存文件。Photoshop 中的智能对象将自动更新修改结果。

创建智能对象的另一种方法是在 Photoshop 中将图像的一个或多个图层转化为智能对象。举例如下。

（1）打开素材图像"第 4 章素材\相片.psd"，选择"背景墙"图层之外的其他图层（图 4.44）。

（2）选择【图层】|【智能对象】|【转换为智能对象】命令，上述被选图层转换为智能对象（图层缩览图的右下角有一个智能对象标志），如图 4.45 所示。此时图像窗口的内容未发生任何变化。

图 4.44　选择要转换为智能对象的图层　　　　图 4.45　转换为智能对象

（3）双击智能对象图层的缩览图，打开一个 PSB 格式的新文件（图 4.46）。其文件名以智能对象图层的名称命名，其中存储着原始文档中转换为智能对象的那些图层的全部数据。

（4）对 PSB 文件进行修改。比如选择"相片"层，选择【图像】|【调整】|【去色】命令。

（5）选择【文件】|【存储】命令，保存对 PSB 文件所做的改动。此时去色效果在"相片.psd"的智能对象中得到同步更新，如图 4.47 所示。

（6）关闭 PSB 文件。

图 4.46　打开 PSB 文件　　　　　　　图 4.47　修改智能对象的原始数据

4.6.2　编辑智能对象

由 4.6.1 可知，智能对象保留着原始数据的全部信息设定。双击智能对象图层的缩览图，打开对应的 PSB 文件，可修改智能对象的原始数据。

另外，也可以将智能对象作为一个整体进行非破坏性编辑修改，如复制、变换、修改图层不透明度和图层混合模式、添加图层样式、添加滤镜（添加在智能对象上的滤镜称为智能滤镜）等。以下重点介绍智能对象的变换。

对基于像素的位图图像进行缩放、旋转等变换，势必会破坏图像的原始信息，使画面变形、模糊。频繁的变换，将导致图像质量的严重下降。但是，智能对象却可以进行非破坏性变换。因此，只要在变换前将图像转换为智能对象，即可解决上述问题，举例如下。

（1）打开素材图像"第 4 章素材\相片.psd"，选择"背景墙"图层之外的其他图层。

（2）按组合键 Ctrl+T，显示自由变换控制框。在选项栏的 W 和 H 文本框中分别输入 20%（将所选图层成比例缩小到原来的 20%），按 Enter 键确认。

（3）再次按组合键 Ctrl+T，将所选图层成比例放大到 500%（恢复原始大小），结果画面变得很模糊（由于相片边框为形状层，因此依然清晰）。

（4）使用【历史记录】面板将图像撤销到打开时的状态，并重新选择"背景墙"图层之外的其他图层。

（5）选择【图层】|【智能对象】|【转换为智能对象】命令，将被选图层转换为智能对象。

（6）类似步骤（2）的操作，将智能对象图层成比例缩小到原来的 20%，并按 Enter 键确认。

（7）双击智能对象图层的缩览图，开启 PSB 文件，结果发现其中所有图层仍然保持原来的大小，且画面质量没有受到任何影响。

（8）关闭 PSB 文件，返回图像"相片.psd"。

（9）选择智能对象图层，再次按组合键 Ctrl+T，显示自由变换控制框。选项栏的 W 和 H 文本框中显示的缩放比例依然是 20%（图 4.48），说明智能对象记录了自身的缩放信息。如果再次对它进行缩放，仍然以图像的原始大小为基准进行变换。

（10）将选项栏上 W 和 H 文本框中的缩放比例数值设置为 100%，并按 Enter 键确认。智能对象恢复为原始大小，图像质量并没有下降，如图 4.49 所示。

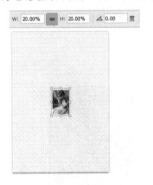

图 4.48　缩小智能对象　　　　　　　　　　图 4.49　放大智能对象

总之，智能对象可以使图像的编辑处理更加方便，并且具有相当的可逆性。

但是，有些操作（如绘画、调色等）不能直接作用于智能对象，尽管可以通过选择【图层】|【智能对象】|【栅格化】命令将其栅格化之后再进行操作，但是这样就破坏了智能对象，使之不能再作为智能对象进行编辑修改。解决这个问题的最好办法是在智能对象上面创建中性色图层或调整层，将不能作用于智能对象的操作施加在中性色图层上，或借助调整层对智能对象进行颜色调整。这样既不必将智能对象栅格化，又完成了必要的操作。

4.7 本章案例

4.7.1 制作卷纸画效果

案例 4.7.1
操作演示

1. 案例说明

本案例主要使用投影、内阴影、图案叠加和描边等图层样式制作卷纸画效果。

2. 操作步骤

（1）新建图像（970 像素×450 像素，72 像素/英寸，RGB 颜色模式/8 位，白色背景）。

（2）新建图层 1。创建如图 4.50 所示的矩形选区（羽化值为 0），填充灰色（或不同于白色背景的其他颜色）。按组合键 Ctrl+D 取消选区。

图 4.50　在图层 1 上绘制灰色矩形

（3）同时选中背景层与图层 1。依次选择【图层】|【对齐】|【垂直居中】命令与【水平居中】命令，将灰色矩形对齐到图像窗口的中央位置。

（4）打开素材图像"第 4 章素材\图案.jpg"。通过选择【编辑】|【定义图案】命令将其定义为图案。关闭"图案.jpg"。

（5）在新建图像中为图层 1 添加"图案叠加"样式，参数设置如图 4.51 所示［所选图案为步骤（4）中定义的图案］。

（6）打开素材图像"第 4 章素材\国画素材.jpg"，按组合键 Ctrl+A 全选图像，再按组合键 Ctrl+C 复制图像。切换到新建图像，按组合键 Ctrl+V 粘贴图像，结果在图层 1 的上面生成图层 2。此时图像窗口如图 4.52 所示。关闭"国画素材.jpg"。

图 4.51　【图案叠加】参数设置　　　　图 4.52　将国画素材复制到新建图像

（7）在新建图像中为图层 2 添加"描边"样式，参数设置如图 4.53 所示（其中描边颜色为白色）。此时的图像效果如图 4.54 所示，【图层】面板如图 4.55 所示。

（8）新建图层 3。创建如图 4.56 所示的矩形选区（羽化值为 0），在图层 3 的选区内填充白色。按组合键 Ctrl+D 取消选区。

图 4.53　【描边】参数设置

图 4.54　描边效果

图 4.55　描边后的【图层】面板

图 4.56　在左侧创建白色矩形

（9）为图层 3 添加"内阴影"样式，参数设置可参考图 4.57（其中内阴影颜色为黑色）。此时的图像效果如图 4.58 所示，【图层】面板如图 4.59 所示。

图 4.57　【内阴影】参数设置

图 4.58　内阴影效果

（10）为图层 3 添加"投影"样式，参数设置如图 4.60 所示（其中投影颜色为黑色）。

（11）复制图层 3，得到图层 3 拷贝。选择移动工具，将图层 3 拷贝中的卷纸效果水平向右拖动到国画的另一端。修改图层 3 拷贝的内阴影样式，将角度改为 180 度（其他参数不变）。修改图层 3 拷贝的投影样式，将角度改为 0 度（其他参数不变），如图 4.61 所示。

（12）保存图像。

图 4.59 添加内阴影后的【图层】面板

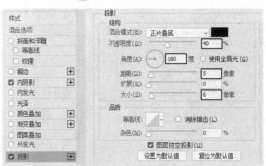

图 4.60 【投影】参数设置

图 4.61 图像最终效果及【图层】面板组成

4.7.2 制作奥运五环效果

1. 案例说明

案例 4.7.2
操作演示

Photoshop 的【样式】面板提供了多种预设的复合图层样式，可以创建各种具有逼真质感的图层特效。本案例利用其中的 Web 样式，配合其他一些操作，制作立体的奥运五环效果。

2. 操作步骤

（1）新建图像（900 像素×600 像素，72 像素/英寸，RGB 颜色模式/8 位，黑色背景）。

（2）新建图层 1。选择椭圆选框工具，设置选项栏参数如图 4.62 所示。在图像窗口单击创建圆形选区，使用方向键调整到如图 4.63 所示的位置。

图 4.62 设置椭圆选框工具的选项栏参数

（3）在图层 1 选区内填充白色（或与黑色有明显区别的其他任何颜色）。

（4）选择【选择】|【变换选区】命令，显示选区变换控制框。按住 Alt 键，同时拖动变换控制块，缩小选区至原来的 85%左右（注意选项栏上 W 与 H 参数的变化）。按 Enter 键确认选区变换。

（5）按 Delete 键删除选区内像素，并取消选区，如图 4.64 所示。

<table>
<tr><td>图 4.63　创建圆形选区</td><td>图 4.64　创建圆环</td></tr>
</table>

（6）将图层 1 重命名为"蓝色环"。复制"蓝色环"层，将复制出来的拷贝层改名为"黑色环"，向右移动 280 个像素到如图 4.65 所示的位置。

（7）同理，复制"黑色环"层，将复制出来的拷贝层改名为"红色环"，向右移动 280 个像素到如图 4.66 所示的位置（右上角那只环）。

<table>
<tr><td>图 4.65　复制出"黑色环"图层</td><td>图 4.66　五环排列顺序</td></tr>
</table>

（8）从"红色环"层复制出"绿色环"层，向左移动 140 个像素，再向下移动 140 个像素，到如图 4.66 所示的位置（右下角那只环）。

（9）从"绿色环"层复制出"黄色环"层，向左移动 280 个像素，到如图 4.66 所示的位置（左下角那只环）。

（10）选择背景层之外的所有其他图层，单击【图层】面板底部的"链接图层"按钮🔗，在它们之间建立链接关系。使用移动工具调整五个环的整体位置至图像窗口的中心。此时的图像效果与【图层】面板组成如图 4.67 所示。

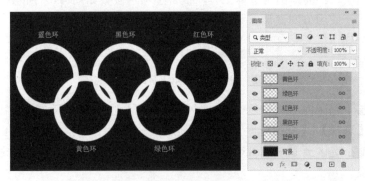

图 4.67　将五环整体移动到图像窗口的中心

（11）显示【样式】面板，从面板菜单中选择【旧版样式及其他】命令。在"所有旧版默认样式"中找到并展开"Web 样式"，如图 4.68 所示。

（12）选择"蓝色环"层。在"Web 样式"中单击【蓝色凝胶】样式按钮（第 12 个样式），结果该复合样式应用到"蓝色环"层。

（13）同样，将"铬黄"样式（第 19 个样式）应用到"黑色环"层。将"红色凝胶"（第 9 个样式）、"绿色凝胶"（第 11 个样式）和"黄色凝胶"样式（第 10 个样式）分别应用到"红色环""绿色环"和"黄色环"层。此时图像效果如图 4.69 所示。

图 4.69
彩图

图 4.68　显示 Web 样式　　　图 4.69　应用 Web 样式后的图像效果

（14）选择"黄色环"层，单击【图层】面板底部的添加图层蒙版按钮，为"黄色环"层添加图层蒙版，如图 4.70 所示。

（15）按住 Ctrl 键在【图层】面板上单击"蓝色环"层的缩览图，载入蓝色环的选区（注意此时选择的还是"黄色环"层的蒙版——单击图层蒙版的缩览图可将其选择）。

（16）将前景色设为黑色。选择画笔工具，使用硬边画笔在如图 4.71 所示的位置单击或涂抹，直到两环上侧交叉处的黄色全部消失，如图 4.72 所示。从【图层】面板上可以看到，黑色涂抹在"黄色环"层的蒙版上。

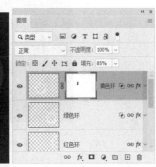

图 4.70　添加图层蒙版　　　图 4.71　利用蒙版遮盖图层像素

（17）取消选区。在【图层】面板上双击"黄色环"层的缩览图，打开【图层样式】对话框，如图 4.73 所示（局部）。选择【图层蒙版隐藏效果】复选框，单击【确定】按钮。此时，"黄色环"被"擦除"部分的边缘的图层效果消失。

（18）载入黑色环的选区（注意此时选择的还是"黄色环"层的蒙版）。用画笔工具在黄色环与黑色环的下侧交叉处单击或涂抹黑色。取消选区，如图 4.74 所示。

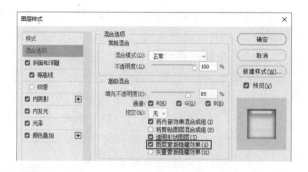

图 4.72　黄色环擦除后的效果　　　　图 4.73　设置黄色环层的混合选项

图 4.74　将黄色环与黑色环的下侧交叉处"擦除"

（19）用上述类似的方法处理"绿色环"层：添加图层蒙版→"擦除"与黑色环的上侧交叉处→"擦除"与红色环的下侧交叉处→设置"绿色环"层的混合选项（选择【图层蒙版隐藏效果】复选框）。完成后的图像效果及【图层】面板组成如图 4.75 所示。

图 4.75　全部操作完成后的图像效果及【图层】面板组成

提示

本案例操作结果可参考"第 4 章案例参考答案\奥运五环.psd"。关于"图层蒙版"的概念和基本操作可参阅第 7 章相关内容。

4.7.3　合成图像"江山如此多娇"

1．案例说明

江山如此多娇，引无数英雄竞折腰。中华民族具有五千年的文明历史，幅员辽阔，山

河壮丽。本案例用到的主要技术包括调整层、图层混合模式和智能对象等，都是 Photoshop 的非破坏性处理手段，值得推崇。

案例 4.7.3
操作演示

2．操作步骤

（1）打开素材图像"第 4 章素材\江山如画.jpg"。使用对象选择工具框选图像底部的深色山脉，如图 4.76 所示。选择【选择】|【选择并遮住】命令调整选区：【视图】选择"叠加"模式，【半径】设置为 80 像素，勾选【智能半径】复选框，【输出到】选择"选区"，其他参数采用默认值（图 4.77）。单击【确定】按钮。

图 4.76　创建粗略选区　　　　　　　　　　图 4.77　细化选区上边缘

（2）添加【可选颜色】调整层，参数设置如图 4.78 和图 4.79 所示。山上的树木变得更绿了。

图 4.78　调整青色　　　　　　　　　　　　图 4.79　调整黑色

（3）打开素材图像"第 4 章素材\书法（江山如此多娇）.gif"。按组合键 Ctrl+A 全选图像，按组合键 Ctrl+C 复制图像。切换到"江山如画"图像，按组合键 Ctrl+V 粘贴图像，生成图层 1。

（4）将图层 1 转化为智能对象。选择【编辑】|【自由变换】命令，将图层 1 等比例缩小到原来的 43%。将图层 1 放置在图 4.80 所示的位置，并将图层 1 混合模式设置为"变亮"。

图 4.80　将书法素材合成进来

（5）仿照步骤（3）再次粘贴素材图像"书法（江山如此多娇）"，生成图层 2。选择【图像】|【调整】|【反相】命令使图层 2 颜色反转。将图层 2 的图层混合模式设置为"变暗"。

（6）将图层 2 转化为智能对象，同样使用【自由变换】命令，将图层 2 等比例缩小到原来的 43%，移动到如图 4.81 所示的位置（黑色与白色书法文字叠在一起，并向左向上分别偏出 2 个像素左右）。

图 4.81　将黑白书法文字叠盖并错位

（7）打开素材图像"第 4 章素材\印章（江山如此多娇）.jpg"。按组合键 Ctrl+A 全选图像，按组合键 Ctrl+C 复制图像。切换到"江山如画"图像，按组合键 Ctrl+V 粘贴图像，生成图层 3。

（8）将图层 3 转化为智能对象，图层混合模式设置为"变暗"。

（9）将图层 3 适当等比例缩小，放置在图 4.82 所示的位置。此时的【图层】面板如图 4.83 所示。保存操作结果。

图 4.82　图像最终效果　　　　　　　　图 4.83　【图层】面板

4.7.4 竹简效果设计

1. 案例说明

竹简是中国古代传播思想和文化的重要媒介，是典型的中国元素。本案例通过综合使用图层基本操作、图层样式、图层混合模式等技术，设计制作具有浓郁民族气息的竹简效果。最终效果可参考"第4章案例参考答案\竹简（参考效果）.psd"。

2. 操作步骤

（1）新建图像（900像素×600像素，72像素/英寸，RGB颜色模式/8位，黑色背景）。

（2）新建图层组，更名为"竹简"。在图层组内新建图层1。

（3）使用矩形选框工具创建25像素×545像素的矩形选区（羽化值为0），如图4.84所示。

图 4.84　创建矩形选区

（4）在图层1的选区内填充竹青色（#99a576）。取消选区。

（5）在图层1上添加【斜面和浮雕】与【内阴影】图层样式，参数设置如图4.85和图4.86所示（颜色参数都采用默认的黑色与白色）。

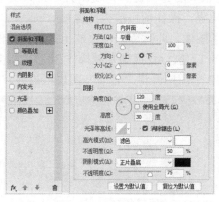
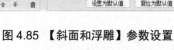
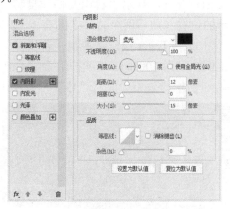

图 4.85　【斜面和浮雕】参数设置　　　　图 4.86　【内阴影】参数设置

（6）创建200像素×510像素的矩形选区（羽化值为0），如图4.87所示。确认选择的是图层1。选择【图层】|【将图层与选区对齐】|【垂直居中】命令。

（7）选择【选择】|【反选】命令，将选区反转。选择【图像】|【调整】|【色阶】命令，打开【色阶】对话框，参数设置如图 4.88 所示。取消选区。

（8）同时选中图层 1 与背景层，选择【图层】|【对齐】|【垂直居中】命令。此时的图像效果和【图层】面板如图 4.89 所示。

图 4.87　将图层 1 对齐到选区

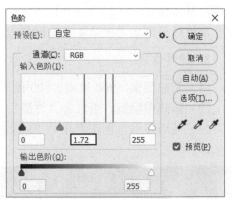

图 4.88　提高中间调区域亮度

图 4.89　将竹片在图像窗口垂直居中

（9）在【图层】面板上，将添加在图层 1 上的图层样式折叠起来。选择图层 1，按组合键 Ctrl+Alt+T，显示"自由变换和复制"控制框。按向右方向键→，复制竹片到如图 4.90 所示的位置（前后两个竹片之间有 1～2 个像素的间隔，操作前可放大图像）。

（10）按 Enter 键确认变换［若步骤（9）放大了图像，此时应双击缩放工具将图像的显示比例恢复为 100%］。连续按组合键 Ctrl+Alt+Shift+T，执行变换和复制操作 30 次，得到如图 4.91 所示的效果。此时"竹简"图层组中共有 32 个图层。将"竹简"图层组折叠起来。

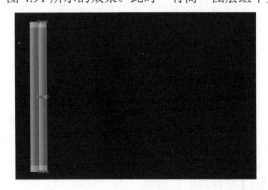

图 4.90　复制竹片

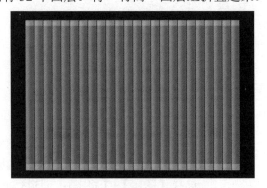

图 4.91　连续复制竹片

（11）新建图层组，更名为"竹孔"。在图层组内新建图层 2。

（12）使用画笔工具在图层 2 如图 4.92 所示的位置单击，绘制 5 像素大小的黑色圆点。

（13）在图层 2 上添加【斜面和浮雕】图层样式，参数设置如图 4.93 所示（颜色参数采用默认的黑色与白色）。在【图层】面板上将图层 2 的样式折叠起来。

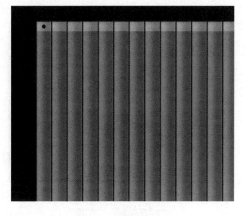

图 4.92　绘制黑色圆点

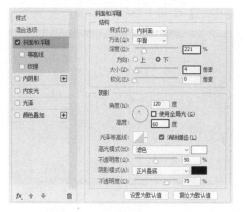

图 4.93　【斜面和浮雕】参数设置

（14）打开【动作】面板，单击面板底部的创建新组按钮▭，打开【新建组】对话框，单击【确定】按钮，创建组 1。

（15）在【动作】面板上单击创建新动作按钮⊞，打开【新建动作】对话框，单击【记录】按钮，进入动作录制状态（此时【动作】面板上的开始记录按钮●呈现红色录制状态）。

（16）复制图层 2，得到图层 2 拷贝。查看【动作】面板，【复制当前图层】命令已被记录在动作 1 中。

（17）在【动作】面板上单击停止播放/记录按钮■，结束动作 1 的录制。选择动作 1，如图 4.94 所示。单击播放选定的动作按钮▶30 次，使圆点总数与竹片数目相等（共 32 个），如图 4.95 所示。

图 4.94　选择要播放的动作

图 4.95　利用动作快速复制图层

（18）用移动工具将其中一个圆点水平移动到如图 4.96 所示的位置（最右端的竹片上）。

（19）选择"竹孔"图层组内的所有 32 个图层。选择【图层】|【分布】|【水平居中】命令，得到如图 4.97 所示的效果。

（20）将"竹孔"图层组折叠起来。复制该图层组，得到"竹孔 拷贝"图层组。使用移动工具，将组内所有圆点竖直向下移动到如图 4.98 所示的位置。

（21）新建图层组，更名为"连线"，并在组内新建图层 3。

（22）选择铅笔工具，配合 Shift 键，在图层 3 左上角如图 4.99 所示的位置绘制 1 像素粗细的白色水平线（将开始两个竹孔串起来）。将图层 3 的不透明度设置为 80%。

（23）在图层 3 上添加【投影】图层样式，参数设置如图 4.100 所示（投影颜色为黑色）。在【图层】面板上将图层 3 的样式折叠起来。

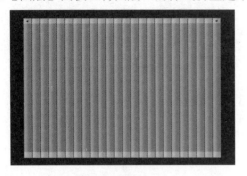

图 4.96　移动其中 1 个圆点

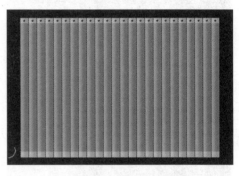

图 4.97　分布圆点

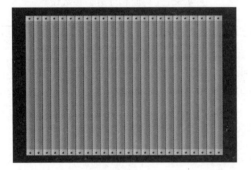

图 4.98　向下移动"竹孔 拷贝"图层组

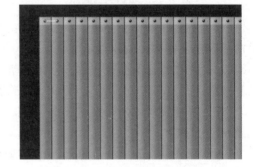

图 4.99　绘制白色连线

（24）在【动作】面板上选择动作 1，单击播放按钮▶15 次，将图层 3 复制 15 次，使白色线段总数达到 16 个。

（25）按步骤（18）～（20）的方法，首先将其中一条白色线段水平移动到竹简最右端的两个竹孔之间，然后水平分布所有白色线段，最后复制"连线"图层组，得到"连线 拷贝"图层组，并竖直向下移动，效果如图 4.101 所示。

图 4.100　【投影】参数设置

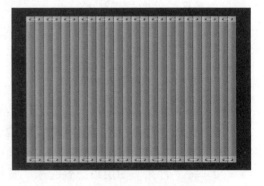

图 4.101　所有连线编辑完成后的效果

（26）将素材图像"第4章素材\国画梅花4-01.jpg"复制到当前图像中，生成图层4（放置在所有图层的上面）。适当放大素材图像，图层混合模式设为"变暗"，填充为70%，放置在如图4.102所示的位置。

（27）创建直排文字（内容可从"第4章素材\卜算子-陆游.txt"中复制），字体为隶书，颜色为黑色。字号、行间距、字间距适当调整。设置文字层混合模式为"叠加"，填充为80%，不透明度为100%，得到如图4.103所示的效果。

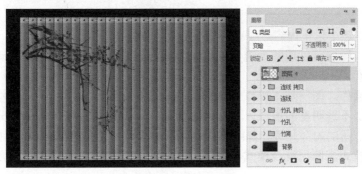

图4.102 在竹简上添加"梅花"

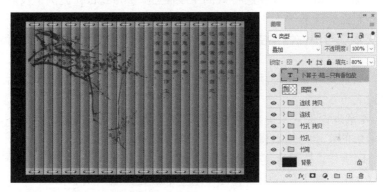

图4.103 在竹简上"书写"古词

（28）将素材图像"第4章素材\古人.jpg"复制到当前图像中，生成图层5。适当缩放素材图像，图层混合模式设为"颜色加深"，填充为70%，放置在如图4.104所示的位置。

（29）将素材图像"第4章素材\印章.jpg"复制到当前图像中，生成图层6。图层混合模式设为"颜色加深"，填充为30%，放置在如图4.105所示的位置。

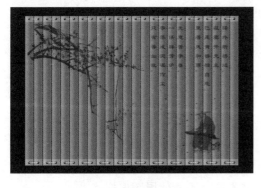

图4.104 添加人物图像

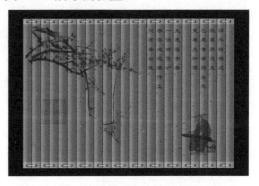

图4.105 添加印章图像

（30）在【图层】面板上选择最上面的图层，按组合键 Ctrl+Alt+Shift+E，执行盖印操作（将所有可见层合并到一个新建图层）。将新图层更名为"图像合并效果"，并隐藏其他所有图层。

4.8 小　结

本章主要讲述了以下内容。

图层概念。图层可以理解为透明的电子画布。正常模式下，上层像素遮盖下面图层上对应位置的像素。

图层基本操作。图层基本操作包括图层的新建与删除，图层的显示与隐藏，图层的复制与更名，图层不透明度的更改，图层的重新排序，图层的链接、对齐和分布，图层不透明区域的选择，图层的合并等。熟练掌握这些基本操作，是用好 Photoshop 的基本前提。

图层混合模式。图层混合模式是上下图层之间对应位置的颜色进行混合，以形成结果色的不同方式。

图层样式。图层样式是创建图层特效的重要手段。Photoshop 提供了投影、内阴影、外发光、内发光、斜面和浮雕等多种图层样式。

背景层、文本层与中性色图层。几种比较特殊的图层，应给予重视，重点掌握背景层与文本层。

智能对象。智能对象是一种新型的图层，是 Photoshop 继 CS2 版本之后进行非破坏性编辑的重要手段之一。

本书第 1～4 章理论部分未提及或超出本书前 4 章理论范围的知识点如下。

（1）图层蒙版的实质与基本操作（可参阅第 7 章相关内容）。

（2）图层盖印操作。按组合键 Ctrl+Alt+Shift+E，将所有可见图层合并到一个新建图层；按组合键 Ctrl+Alt+E，将所有选中图层合并到一个新建图层（要求掌握）。

（3）图层内容的大规模有规律复制：按组合键 Ctrl+Alt+T 显示"自由变换和复制"控制框→实施变换（移动、缩放、旋转等），按 Enter 键确认→按组合键 Ctrl+Alt+Shift+T 大批复制（要求掌握）。

（4）镜头光晕滤镜（可参阅第 5 章相关内容）。

（5）动作的概念与基本用法（参考第 9 章，掌握基本用法）。

4.9 习　题

一、选择题

1. 以下关于图层的说法，不正确的是_____。

    A. 名称为"背景"的图层不一定是背景层

    B. 对背景层不能进行移动、更改不透明度和缩放、旋转等变换

    C. 新建图层总是位于当前层之上，并自动成为当前层

    D. 对背景层可以添加图层样式，但在文本层上不能使用图层样式

2. 对_____个或_____个以上的链接图层可以进行分布操作。

    A．3、3   B．2、2

    C．1、1   D．以上答案都不对

3. 要想将当前层选区内的图像复制到一个新图层中，可按组合键_____。

    A．Ctrl+E   B．Ctrl+C   C．Ctrl+Shift+Alt+E   D．Ctrl+J

4. 要想将当前层调整到最顶层，可按组合键_____。

    A．Ctrl+]   B．Ctrl+[C．Ctrl+Shift+]   D．Ctrl+ Shift+[

5. 将所有可见图层合并到一个新图层中去的盖印操作的组合键是_____。

    A．Ctrl+E   B．Ctrl+Shift+Alt+E

    C．Ctrl+J   D．Ctrl+Shift+E

6. 盖印图层的作用是_____。

    A．将当前层与下一层合并到一个新建图层

    B．将所有可见图层合并到一个新建图层

    C．将所有选中的图层合并到一个新建图层

    D．在当前层上添加水印效果

7. 在多图层图像的编辑中，隐藏图层的目的有多种，以下_____除外。

    A．为了编辑被遮盖的图层，将上面的图层暂时隐藏

    B．将显示和隐藏图层操作交替进行，可确认图像中的部分内容位于哪个图层

    C．避免某些图层被不小心删除

    D．降低文件的存储空间

    E．将某些图层暂时隐藏以备后用

8. 关于复制图层的说法，以下选项错误的是_____。

    A．复制图层可以在同一图像内部进行

    B．复制图层可以在不同图像之间进行

    C．可以将图层复制到已打开的其他图像中

    D．可以将图层复制到未打开的图像中

9. 多个图层建立链接关系后，对其中一个图层进行以下_____操作，其他链接图层不会受到影响。

    A．移动   B．旋转   C．缩放   D．更改图层混合模式

10. 对于全部锁定的图层，以下允许进行的操作是_____。

    A．移动图层   B．排序图层   C．添加滤镜   D．添加图层蒙版

11. 以下图层混合模式中，与"变暗"模式功能类似的是_____。

    A．滤色   B．正片叠底   C．叠加   D．明度

12. 以下不属于非破坏性编辑手段的是_____。

    A．中性色图层   B．智能对象   C．图层合并   D．图层蒙版

二、填空题

1. 只有将_____转换为普通层，才能调整其叠放次序。

2. 若要降低多图层图像所占用的磁盘存储空间，一个有效的方法是将图层进行_____操作。

3．若要同时调整多个图层的不透明度和图层混合模式，可将这些图层放置到同一个_____中。

4．按住_____键，同时单击【图层】面板上的创建新图层按钮⊞，可打开【新建图层】对话框。

5．图层的_____决定了图层像素如何与其下面图层上的像素进行混合。

6．在默认设置下，Photoshop 用_____相间的方格图案表示图层的透明区域。

三、简答题

1．解释图层的概念。

2．背景层与普通层有何不同？文本层与普通层有何不同？

3．若要同时移动多个图层上的图像，且保持各图像间的相对位置不变，有几种方法？

4．对于存在多个图层并且尚未编辑好的图像如何进行保存？

四、操作题

1．利用"练习\第4章\"文件夹下的素材图像"墙壁.gif"和"花朵.psd"制作"吊饰"效果（图4.106）。

操作提示

（1）打开"墙壁.gif"，将颜色模式转换为RGB颜色模式。

（2）将"花朵.psd"中的花朵复制到"墙壁"图像中，适当缩小，调整好位置。

（3）使用画笔工具（增大画笔间距）在"花朵"层绘制白色点划线。添加阴影效果，完成一个吊饰的制作。

（4）使用上述类似的方法制作其他吊饰。

（a）素材图像　　　　　　　　　　　　（b）"吊饰"效果图

图 4.106　制作"吊饰"效果

2．利用素材图像"练习\第4章\目标.jpg"制作"望远镜"效果，如图4.107所示。

（a）素材图像

（b）制作效果

图 4.107 制作"望远镜"效果

3．利用素材图像"练习\第 4 章\"文件夹下的素材图像"画面 01.jpg""画面 02.jpg"和"画面 03.jpg"制作"电影胶片"效果（图 4.108）。彩色样张可参考"练习中的操作题参考答案\第 4 章\胶片参考效果.jpg"。

图 4.108 "电影胶片"效果

4．利用素材图像"练习\第 4 章"文件夹下的素材图像"小鸟.jpg"和"小树.psd"（图 4.109）制作如图 4.110 所示的效果（彩色样张可参考"练习中的操作题参考答案\第 4 章\小鸟和小树.jpg"）。

图 4.109 素材图像

图 4.110 树上的小鸟

操作提示

（1）为小树图层添加投影样式（混合模式为正常、阴影颜色为白色、不透明度为75%、角度为-45°、距离为4、大小为2、杂色为42%，其他参数保持默认值）。

（2）将小鸟复制过来，适当移动、缩放，添加外发光样式（不透明度40%、发光颜色为白色、大小为1，其他参数保持默认值）。

5．利用素材图像"练习\第4章\建筑标志.jpg"设计制作图4.111所示的信封效果（彩色样张可参考"练习中的操作题参考答案\第4章\信封参考效果.jpg"）。

图4.111　信封参考效果

操作提示

（1）信封折角可利用【编辑】|【变换】|【透视】命令进行处理，然后降低亮度。

（2）贴邮票处的虚线方框制作方法：定义黑色方形画笔，并增大画笔间距，然后用铅笔工具配合Shift键画出（前景色设置为红色）。

（3）建筑图像先调用"色相/饱和度"命令，转换为红色调效果，再增加亮度。

第 5 章

滤　镜

教 学 要 求

- 重点掌握扭曲滤镜中玻璃、极坐标、水波、波纹、切变、旋转扭曲等滤镜的用法。
- 重点掌握模糊滤镜中动感模糊、径向模糊、高斯模糊等滤镜的用法。
- 重点掌握渲染滤镜中镜头光晕、光照效果、云彩等滤镜的用法。
- 重点掌握风格化滤镜中风、浮雕效果、扩散等滤镜的用法。
- 重点掌握添加杂色滤镜的用法。
- 重点掌握滤镜库、液化等滤镜插件的基本用法。
- 重点掌握智能滤镜的用法。
- 掌握本章提及的其他常规滤镜的用法。
- 了解消失点滤镜插件的用法。
- 了解滤镜的原理及使用要点。

教 学 难 点

- 液化、消失点等滤镜插件的用法。
- 波浪、镜头模糊、光照效果等常规滤镜的用法。

5.1 滤 镜 概 述

5.1.1 滤镜简介

滤镜是 Photoshop 的一种特效工具，操作并不太难，但种类繁多，要想掌握好，也不容易。Photoshop CC 提供了多个滤镜组，每组都包含若干滤镜，加上滤镜库、液化和消失点等滤镜插件，共一百多个。学者必须经过长期且大量的实践，并在实际应用中不断积累经验，才能使用好这么多的滤镜。

滤镜的一般工作原理：以特定的方式使像素移位，改变像素的颜色值，或增减像素的数量，使图像瞬间产生各种各样的特殊效果。

5.1.2 滤镜的基本操作

大多数滤镜在使用时都会弹出对话框，要求用户设置参数。只有少数几种滤镜无须设置参数，直接作用到图像上。滤镜的一般操作过程如下。

（1）选择要应用滤镜的图层、蒙版或通道。图像局部使用滤镜时，需要创建选区。

（2）选择【滤镜】菜单下的滤镜插件或指定滤镜组中的某个滤镜。

（3）若弹出对话框，则根据需要设置滤镜参数，单击【确定】按钮。

（4）使用滤镜后，不要进行其他任何操作，选择【编辑】|【渐隐××】（其中××代表刚刚使用过的滤镜名称）命令，弹出如图 5.1 所示的对话框。

● 【不透明度】：用于调整滤镜的作用强度。100%代表调整前的滤镜效果。

● 【模式】：用于选择滤镜的作用模式。默认为"正常"。

图 5.1 【渐隐】对话框

（5）最后一次使用的滤镜（不包括消失点等滤镜插件）总是出现在【滤镜】菜单的顶部。选择该命令，或按组合键 Ctrl+Alt+F，可以在图像上再次叠加上一次的滤镜，以增强效果。此间不会打开滤镜对话框，参数设置与上一次相同。

5.1.3 滤镜使用要点

在使用滤镜时，以下几点值得注意。

（1）对文本层、形状层等包含矢量元素的图层使用滤镜时，会弹出提示框。单击【栅格化】按钮可栅格化图层，并在图层上应用滤镜。单击【转换为智能对象】按钮则在图层上添加智能滤镜。

（2）有些滤镜需要占用大量内存；在高分辨率的大图像上应用滤镜时，计算机的反应一般也很慢。在上述情况下，可采用以下方法提高计算机的性能。

① 先在小部分图像上试验滤镜效果，并记下最终参数设置，再将同样设置的滤镜应用到整个图像上。

② 在添加滤镜之前，运行【编辑】|【清理】命令，以释放内存。

③ 退出其他应用程序，将更多的内存分配给 Photoshop 使用。

（3）所有滤镜都不能应用于位图和索引颜色模式的图像。有些滤镜仅对 RGB 颜色模式的图像起作用。因颜色模式问题不能使用滤镜时，可适当转换图像的颜色模式；添加滤镜后再将颜色模式转换回来。

（4）对适当羽化的选区内图像应用滤镜时，滤镜效果可自然融入选区周围的图像中。

5.2　Photoshop CC 2020 滤镜介绍

5.2.1　滤镜库

滤镜库将 Photoshop 的许多滤镜组合在同一个窗口中，为这些滤镜的使用提供了一个快速高效的平台。通过它可以为图像一次性应用多个滤镜，并能调整所用滤镜的先后顺序。

打开素材图像"第 5 章素材\人物.jpg"，选择【滤镜】|【滤镜库】命令，弹出如图 5.2 所示的对话框。

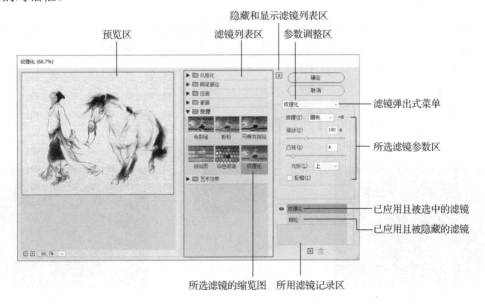

图 5.2　【滤镜库】对话框

1. 预览区

预览区用于查看当前设置下的滤镜效果。单击预览区左下角的□和□按钮，可缩放预览区图像。单击 66.7% 按钮则弹出菜单，用于设置预览图的缩放比例。当预览区出现滚动条时，在预览区拖动光标（指针呈 状），可查看隐藏的区域。

2. 滤镜列表区

滤镜列表区列出了可以通过滤镜库使用的所有滤镜。通过单击列表区右上角的 ⌃ 按钮，可显示或隐藏滤镜列表区。单击某个滤镜组左侧的三角按钮将其展开，选择其中某个滤镜，即可在预览区查看滤镜效果。

3. 参数调整区

在滤镜列表区选择某个滤镜，或在所用滤镜记录区选择某个滤镜记录后，可通过参数调整区修改该滤镜的各个参数值。

4. 所用滤镜记录区

所用滤镜记录区以记录的形式自下而上列出了要应用到图像的所有滤镜。通过上下拖动记录，可以调整滤镜使用的先后顺序，该操作通常会导致滤镜总体效果的改变。

通过单击滤镜记录左侧的 ◉ 图标，可以显示或隐藏相应的滤镜效果。单击记录区底部的 🗑 按钮，可删除选中的滤镜记录。单击 ⊞ 按钮，并在滤镜列表区选择某个滤镜，可将该滤镜添加到记录区的顶部，从预览区可以查看应用该滤镜后图像的变化。

通过滤镜库对话框选择所有要使用的滤镜后，单击【确定】按钮，则滤镜记录区所有未被隐藏的滤镜都应用到当前图像上。

5.2.2 风格化滤镜组

风格化滤镜组用来创建印象派或其他画派风格的绘画效果。其中使用频率较高的有风、浮雕效果和扩散等滤镜。下面以"第5章素材\水果5-01.jpg"为素材图像（图5.3），介绍其中常用滤镜的用法。

1. 风

模仿不同类型的风的效果，【风】滤镜的参数设置及效果如图5.4所示。

图5.3 素材图像　　　图5.4 【风】滤镜的参数设置及效果

- 【方法】：选择风的类型，包括"风""大风"和"飓风"3种，强度依次增大。
- 【方向】：选择风向，包括"从右"（从右向左）和"从左"（从左向右）两种方向。

2. 浮雕效果

将图像的填充色转换为灰色，并使用原填充色描绘图像中的边缘，产生在石板上雕刻的效果。【浮雕效果】滤镜的参数设置及效果如图5.5所示。

- 【角度】：设置浮雕效果的受光方向，取值范围是-360°～360°。
- 【高度】：设置浮雕效果的凸凹程度，取值范围是 1～100。数值越大，凸凹程度越大。
- 【数量】：控制滤镜的作用范围及浮雕效果的颜色值变化，取值范围是 1%～500%。

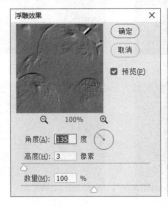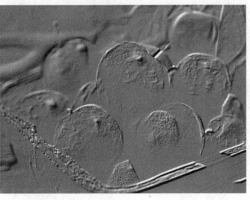

图 5.5 【浮雕效果】滤镜的参数设置及效果

3. 扩散

模仿在湿的画纸上绘画所产生的油墨扩散效果，【扩散】滤镜的参数设置及效果如图 5.6 所示。

- 【正常】：使图像中所有的像素都随机移动，形成扩散漫射的效果。
- 【变暗优先】：用较暗的像素替换较亮的像素。
- 【变亮优先】：用较亮的像素替换较暗的像素。
- 【各向异性】：使图像上亮度不同的像素沿各个方向相互渗透，形成模糊的效果。

此外，该组滤镜还包括查找边缘、等高线、拼贴、曝光过度、凸出和照亮边缘。

图 5.6 【扩散】滤镜的参数设置及效果

5.2.3 画笔描边滤镜组

画笔描边滤镜组可以模仿用不同类型的画笔和油墨对图像进行描边，形成多种风格的绘画效果。在 Photoshop CC 中，该组滤镜可以通过滤镜库调用。以"第 5 章素材\荷花 5-01.jpg"为例，素材图像及【画笔描边】各滤镜的效果如图 5.7 所示。

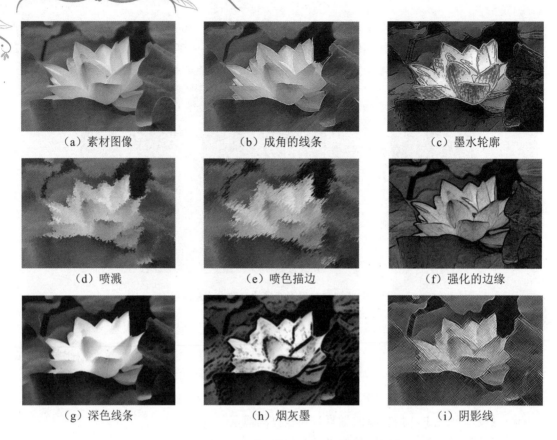

(a) 素材图像	(b) 成角的线条	(c) 墨水轮廓
(d) 喷溅	(e) 喷色描边	(f) 强化的边缘
(g) 深色线条	(h) 烟灰墨	(i) 阴影线

图 5.7　素材图像及【画笔描边】各滤镜的效果

5.2.4　模糊滤镜组

模糊滤镜组通过降低图像对比度来创建各种模糊效果，其中使用频率较高的有动感模糊、高斯模糊和径向模糊等滤镜。

1. 动感模糊

动感模糊以指定的方向和强度对图像进行模糊，形成类似于运动对象的残影效果，常用于为静态物体营造运动的速度感。

以素材图像"第 5 章素材\动物 5-01.jpg"（图 5.8）为例，【动感模糊】滤镜的参数设置及效果如图 5.9 所示。

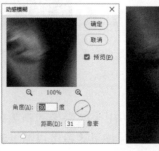

图 5.8　素材图像　　　　　　　图 5.9　【动感模糊】滤镜的参数设置及效果

- 【角度】：设置动感模糊的方向，取值范围是-360°～360°。
- 【距离】：设置动感模糊的强度，取值范围是1～999。数值越大，模糊程度越大。

2. 高斯模糊

通过设置模糊半径，控制图像的模糊程度。其中【半径】参数的取值范围是 0.1～250。半径越大，图像越模糊。

打开素材图像"第 5 章素材 \桃花 5-01.psd"（图 5.10），选择背景层。此时【高斯模糊】滤镜的参数设置及效果如图 5.11 所示。

图 5.10　素材图像　　　　　　　　图 5.11　【高斯模糊】滤镜的参数设置与效果

3. 径向模糊

模仿拍摄时旋转相机或前后移动相机所产生的照片模糊效果，其对话框参数作用如下。

- 【数量】：设置模糊的程度，取值范围是1～100。数值越大，模糊程度越大。
- 【模糊方法】：选择模糊的方法，包括"旋转"和"缩放"两种。旋转方法沿同心圆环线模糊；缩放方法则沿径向线模糊。
- 【品质】：选择模糊效果的品质，包括"草图""好"和"最好"3 种。
- 【中心模糊】：通过在预览框内单击或拖动光标，改变模糊的中心位置。

打开素材图像"第 5 章素材\茶花 5-01.jpg"（图 5.12），将径向模糊的模糊方法设置为"旋转"，并适当调整其他参数，得到旋转模糊效果，如图 5.13 所示。

图 5.12　素材图像　　　　　　　图 5.13　【径向模糊】滤镜的参数设置及效果（一）

打开素材图像"第 5 章素材\转盘.jpg"（图 5.14），将径向模糊的模糊方法设置为"缩放"，并适当调整其他参数，得到缩放模糊效果，如图 5.15 所示。

图 5.14　素材\图像　　　　图 5.15　【径向模糊】滤镜的参数设置及效果（二）

4. 镜头模糊

用于模拟景深效果，使部分图像因位于焦距内而保持清晰，其余部分因位于焦距外而变得模糊。该滤镜可以利用选区确定图像的模糊区域，也可以利用蒙版和 Alpha 通道准确描述模糊程度及模糊区域的位置。

【镜头模糊】滤镜对话框如图 5.16 所示，其中各参数作用如下。

- 【更快】：选择该单选按钮，可提高预览速度。
- 【更加准确】：选择该单选按钮，能够更准确地预览滤镜效果，但预览所需时间较长。
- 【源】：选择一个创建深度映射的源（蒙版或 Alpha 通道），以准确描述模糊程度及需要模糊区域的位置。
- 【设置焦点】选择该按钮，可在对话框的图像预览区某处单击，将单击点设置为对焦深度（此时【模糊焦距】会自动调整数值）。
- 【模糊焦距】：设置位于焦点内的像素的深度。
- 【反相】：选择该复选框，可将选区或用作深度映射源的蒙版或 Alpha 通道反转使用。
- 【形状】：选择光圈类型，以确定模糊方式。不同类型的光圈含有的叶片数量不同。
- 【半径】：调整模糊程度，半径越大越模糊。
- 【叶片弯度】：调整光圈叶片的弯度，对光圈边缘的图像进行平滑处理。
- 【旋转】：通过拖动滑块可使光圈旋转。
- 【亮度】：调整高光区域的亮度。数值越大，亮度越高。
- 【阈值】：设置亮度截止点，使得比该值亮的所有像素都被视为高光像素。
- 【数量】：设置杂点的数量。数值越大，杂点越多。
- 【平均】：随机分布杂色的颜色值，以获得细微效果。
- 【高斯分布】：沿一条钟形曲线分布杂色的颜色值以获得斑点状的效果。
- 【单色】：选择该复选框，将生成灰色杂点，否则生成彩色杂点。

打开素材图像"第 5 章素材\人物 5-02.psd"（图 5.17）。从其【图层】面板可以了解到，"背景 拷贝"层上添加了隐藏人物选区的图层蒙版。从【通道】面板可以了解到，Alpha 1 通道上是一个黑白线性渐变。

图 5.16 【镜头模糊】滤镜对话框

图 5.17 素材图像

单击"背景 拷贝"层的图层缩览图,使图像处于"背景 拷贝"层的图层编辑状态。将【深度映射】的【源】设置为"图层蒙版",并适当调整其他参数(图 5.18),可得到如图 5.19 所示的模糊效果。

图 5.18 参数设置(一)

图 5.19 模糊效果(一)

　　撤销上一步的滤镜操作。将【深度映射】的【源】设置为"Alpha 1"通道，【半径】增大到 24（图 5.20），可得到如图 5.21 所示的模糊效果。

图 5.20　参数设置（二）　　　　　　　　图 5.21　模糊效果（二）

5. 特殊模糊

　　用于精确地模糊图像。打开素材图像"第 5 章素材\人物 5-03.jpg"，如图 5.22 所示。选择【滤镜】|【模糊】|【特殊模糊】命令，打开【特殊模糊】对话框，参数设置如图 5.23 所示。单击【确定】按钮，滤镜效果如图 5.24 所示。

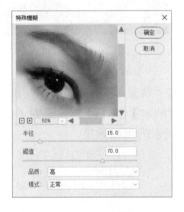

图 5.22　素材图像　　　　　　　　图 5.23　设置【特殊模糊】滤镜参数

　　使用历史记录画笔工具将眼睛与眉毛处恢复到模糊前的状态，如图 5.25 所示。
　　【特殊模糊】对话框中各参数的作用如下。
● 【半径】：设置要模糊的像素的物理范围。
● 【阈值】：确定像素颜色值的差别达到何种程度时才将其模糊。
● 【品质】：指定模糊品质，包括"低""中"和"高"3 种。
● 【模式】：设置模糊的不同形式，包括"正常""仅限边缘"和"叠加边缘"3 种。
　　➢ "正常"：对整个图像应用模式。
　　➢ "仅限边缘"：仅为边缘应用模式。在对比度显著之处生成黑白混合的边缘。

> ➢ "叠加边缘"：在颜色转变的边缘应用模式。仅在对比度显著之处生成白边。

此外，该组滤镜还包括表面模糊、方框模糊、模糊、进一步模糊、平均和形状模糊等。

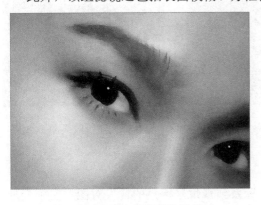

图 5.24 特殊模糊滤镜效果

图 5.25 复原眼睛与眉毛

5.2.5 扭曲滤镜组

扭曲滤镜组通过对图像进行几何扭曲，创建三维或其他变形效果。在该组滤镜中，玻璃、海洋波纹和扩散亮光滤镜可通过滤镜库实现。

1．玻璃

玻璃滤镜仅对 RGB 颜色、灰度和双色调模式的图像有效。该滤镜用于模仿透过不同类型的玻璃观看图像的效果，其参数设置如图 5.26 所示，各参数作用如下。

- 【扭曲度】：控制图像的变形程度。
- 【平滑度】：控制滤镜效果的平滑程度。
- 【纹理】：选择一种预设的纹理或载入自定义的纹理（*.psd 文件）。
- 【缩放】：控制纹理的缩放比例，取值范围是 50%～200%。
- 【反相】：选择该复选框，玻璃效果的凸部与凹部对换。

以素材图像"第 5 章素材\水果 5-02.jpg"（图 5.27）为例，预设纹理的玻璃滤镜效果如图 5.28、图 5.29 和图 5.30 所示。

在【玻璃】滤镜对话框中，单击【纹理】下拉列表框右侧的 按钮，点击弹出式菜单中的【载入纹理】，选择素材图像"第 5 章素材\纹理.psd"，可得到如图 5.31 所示的滤镜效果。

图 5.26 参数设置

图 5.27 素材图像

图 5.28 滤镜效果-块状

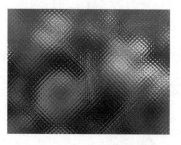

图 5.29　滤镜效果-画布　　　　图 5.30　滤镜效果-小镜头　　　　图 5.31　滤镜效果-载入纹理

2. 极坐标

通过从直角坐标系到极坐标系，或从极坐标系到直角坐标系的转换对图像实施变形。【极坐标】滤镜对话框如图 5.32 所示。

以素材图像"第 5 章素材\水乡 5-01.jpg"（图 5.33）为例，滤镜效果如图 5.34 和图 5.35 所示。

图 5.32　【极坐标】滤镜对话框

图 5.33　素材图像

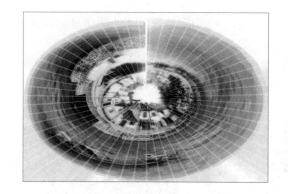

图 5.34　从直角坐标到极坐标

图 5.35　从极坐标到直角坐标

3. 水波

模仿水面上的环形水波纹效果，常应用于图像的局部。

打开素材图像"第 5 章素材\读书 5-01.jpg",创建如图 5.36 所示的矩形选区。设置【水波】滤镜的参数如图 5.37 所示,滤镜效果如图 5.38 所示(选区已取消)。

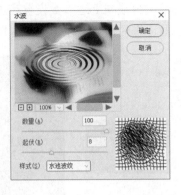

图 5.36　创建矩形选区　　　图 5.37　【水波】滤镜的参数设置　　　图 5.38　滤镜效果

水波滤镜的各参数作用如下。

- 【数量】:控制波纹的数量,取值范围是-100~100。
- 【起伏】:控制水波的波长和振幅,取值范围是 0~20。
- 【样式】:选择水波类型,包括"围绕中心""从中心向外"和"水池波纹"3 种。

4. 波纹

模仿水面上的波纹效果。以素材图像"第 5 章素材\露珠 5-01.jpg"(图 5.39)为例,【波纹】滤镜的参数设置及效果如图 5.40 所示。

图 5.39　素材图像　　　　　图 5.40　【波纹】滤镜的参数设置及效果

- 【数量】:控制波纹的数量,取值范围是-999~+999。绝对值越大,波纹数量越多。
- 【大小】:设置波纹的大小,包括"小""中"和"大"3 种类型。

5. 波浪

模仿各种形式的波浪效果。仍以素材图像"第 5 章素材\露珠 5-01.jpg"为例,【波浪】滤镜的参数设置及效果如图 5.41 所示。

- 【类型】:选择波浪的形状,包括"正弦""三角形"和"方形"3 种类型。
- 【生成器数】:控制生成波浪的数量。
- 【波长】:控制波长的最小值和最大值。

- 【波幅】：控制波形振幅的最小值和最大值。
- 【比例】：控制图像在水平方向和竖直方向扭曲变形的缩放比例。
- 【随机化】：单击该按钮，将根据上述参数设置产生随机的波浪效果。
- 【未定义区域】：用扭曲边缘的像素颜色填充溢出图像的区域。

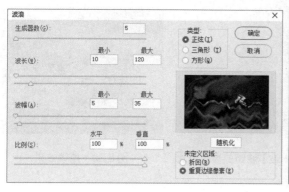

图 5.41 【波浪】滤镜的参数设置及效果

6. 海洋波纹

在图像上产生随机分隔的波纹效果，看上去就像是在水中。仍以素材图像"第 5 章素材\露珠 5-01.jpg"为例，【海洋波纹】滤镜的参数设置及效果如图 5.42 所示。

图 5.42 【海洋波纹】滤镜的参数设置及效果

- 【波纹大小】：控制波纹的大小。数值越大，波纹越大。
- 【波纹幅度】：控制波纹的幅度。数值越大，幅度越大。

7. 切变

使图像产生曲线扭曲效果。【切变】滤镜的对话框如图 5.43 所示。

在对话框的曲线方框内，直接拖动曲线，或先在曲线上单击增加控制点，再拖动控制点，可以改变曲线的形状。

- 【折回】：用图像的对边内容填充溢出图像的区域。
- 【重复边缘像素】：用扭曲边缘的像素颜色填充溢出图像的区域。

以素材图像"第 5 章素材\建筑 5-01.jpg"（图 5.44）为例，【切变】滤镜效果如图 5.45 所示。

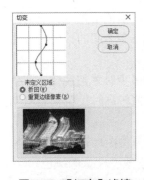

图 5.43 【切变】滤镜
　　对话框

图 5.44　素材图像

图 5.45　【切变】滤镜效果

8．球面化

使图像上产生类似球体或圆柱体的凸起或凹陷效果。仍以"第 5 章素材\建筑 5-01.jpg"为例，【球面化】滤镜的参数设置及效果如图 5.46 所示。

● 【数量】：控制凸起或凹陷的变形程度。数量的绝对值越大，变形效果越明显。

● 【模式】：选择变形方式，包括"正常""水平优先"和"竖直优先"3 种。

> 正常：从竖直和水平两个方向挤压对象，图像中央呈现球面凸起或凹陷效果。

> 水平优先：仅在水平方向挤压图像，图像呈现竖直圆柱形凸起或凹陷效果。

> 竖直优先：仅在竖直方向挤压图像，图像呈现水平圆柱形凸起或凹陷效果。

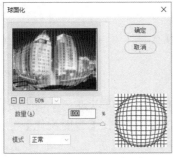

图 5.46　【球面化】滤镜的参数设置及效果

此外，扭曲滤镜组还包括旋转扭曲、扩散亮光、置换和挤压等滤镜。

5.2.6　锐化滤镜组

锐化滤镜组通过增加相邻像素的对比度，特别是加强对画面中边缘的定义，使图像变得更清晰。

1．USM 锐化

使用 USM 锐化滤镜锐化图像时，并不检测图像中的边缘，而是按指定的阈值查找值不同于周围像素的像素，并按指定的数量增加这些像素的对比度，以达到锐化图像的目的。

以素材图像"第 5 章素材\水仙 5-01.jpg"（图 5.47）为例，【USM 锐化】滤镜的参数设置如图 5.48 所示，滤镜效果如图 5.49 所示。

● 【数量】：设置锐化量。数值越大，锐化越明显。

- 【半径】：设置边缘像素周围受锐化影响的像素的物理范围，取值范围是 0.1～1000。数值越大，受影响的边缘越宽，锐化效果越明显。通常取 1～2 之间的数值时效果较好。
- 【阈值】：确定要锐化的像素与周围像素的对比度至少相差多少时才被锐化，取值范围是 0～255。阈值为 0 时将锐化图像中的所有像素，阈值较高时仅锐化具有明显差异边缘像素。通常可采用 2～20 之间的数值。

使用 USM 锐化滤镜时，若导致图像中亮色过于饱和，可在锐化前将图像转换为 Lab 模式，然后仅对图像的 L 通道应用滤镜。这样既可锐化图像，又不至于改变图像的颜色。

图 5.47　素材图像　　　　图 5.48　【USM 锐化】滤镜的　　　图 5.49　滤镜效果
参数设置

提示

在【USM】锐化滤镜对话框的预览窗内，按住鼠标不放可查看到图像未锐化时的效果。

2. 智能锐化

智能锐化滤镜可根据特定的算法对图像进行锐化，还可以进一步调整阴影和高光区域的锐化量。仍以素材图像"第 5 章素材\水仙 5-01.jpg"为例，【智能锐化】滤镜的对话框如图 5.50 所示。

图 5.50　【智能锐化】滤镜对话框

- 【数量】：设置锐化量。数值越大，锐化越明显。
- 【半径】：设置边缘像素周围受锐化影响的像素的物理范围。数值越大，受影响的边缘越宽，锐化效果越明显。

- 【减少杂色】：消除图像上因锐化而产生的杂点（锐化程度较弱的像素）。
- 【移去】：选择锐化算法，包括"高斯模糊""镜头模糊"和"动感模糊"3种。其中"高斯模糊"是USM锐化滤镜采用的算法。
- 【角度】：设置像素运动的方向（仅对"动感模糊"算法有效）。

在【智能锐化】滤镜对话框中，单击 > **阴影/高光** 按钮，展开更多参数，可进一步控制阴影和高光区域的锐化量，如图5.51所示。

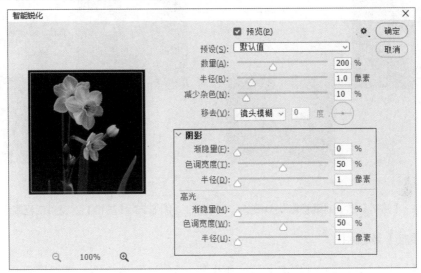

图5.51 展开【智能锐化】滤镜的【阴影/高光】参数栏

- 【渐隐量】：调整阴影或高光区域的锐化量。数值越大，锐化程度越低。
- 【色调宽度】：控制阴影或高光区域的色调修改范围。数值越大，范围越大。
- 【半径】：定义阴影或高光区域的物理修改范围。通过半径的取值，可以确定某一像素是否属于阴影或高光区域。

此外，锐化滤镜组还包括锐化、进一步锐化、锐化边缘和防抖等滤镜。

3. 防抖

用于锐化因相机抖动而产生的模糊图像，对其他原因造成的模糊图像通常也有效。其优于传统锐化技术的是，锐化后噪点增加的问题并不明显。仍以素材图像"第5章素材\水仙5-01.jpg"为例，【防抖】滤镜对话框默认参数如图5.52所示。

- 【模糊描摹边界】：先勾勒出模糊图像的大体轮廓，再利用其他参数辅助修正。取值范围为10～79，值越大，锐化效果越明显。
- 【源杂色】：原图像的质量认定（杂色的多少），有"自动""低""中"和"高"4个选项。通常选"自动"效果就比较理想。
- 【平滑】：修正因边界描摹而导致的杂色。取值范围为0%～100%，数值越大，效果越好，细节损失也越大。
- 【伪像抑制】：用于解决锐化过度的问题，取值范围为0%～100%。
- 【高级】：对要锐化的图像进行小范围取样，以提高处理速度。可设置多个取样区域并同时勾选作为共同的参照；也可选择单个取样区域作为参照，如图5.53所示。

图 5.52 【防抖】滤镜对话框默认参数　　　　图 5.53 【防抖】滤镜对话框高级参数

5.2.7 【素描】滤镜组

【素描】滤镜组用于模仿速写等多种绘画效果。该组滤镜共 14 种，重绘图像时大多使用当前前景色和背景色，并且都可以通过滤镜库调用。以素材图像"第 5 章素材\人物 5-01.jpg"为例，设置前景色为黑色，背景色为白色，素材图像及部分【素描】滤镜效果如图 5.54 所示。

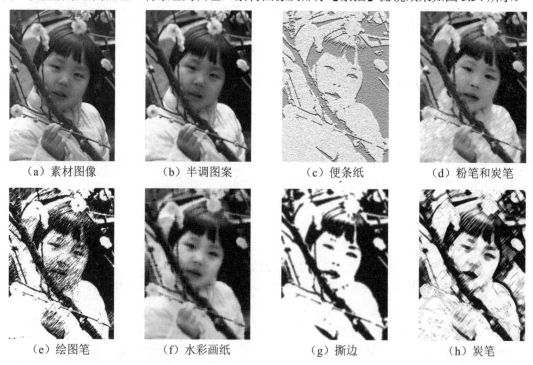

（a）素材图像　　　　（b）半调图案　　　　（c）便条纸　　　　（d）粉笔和炭笔

（e）绘图笔　　　　（f）水彩画纸　　　　（g）撕边　　　　（h）炭笔

图 5.54　素材图像及部分【素描】滤镜效果

　（i）炭精笔　　　　　（j）图章　　　　　　（k）网状　　　　　　（l）影印

图 5.54　素材图像及部分【素描】滤镜效果（续）

此外，【素描】滤镜组还包括铬黄渐变、石膏效果和炭笔等滤镜。

5.2.8　【纹理】滤镜组

【纹理】滤镜组包括纹理化、龟裂缝、颗粒、马赛克拼贴、拼缀图和染色玻璃 6 种，可以为图像添加多种纹理效果，使图像表现出深度感或物质感。该组滤镜可通过滤镜库调用。

以素材图像"第 5 章素材\人物 5-04.jpg"（图 5.55）为例，【纹理化】滤镜的参数设置及效果如图 5.56 所示。

图 5.55　素材图像　　　　　　　　图 5.56　【纹理化】滤镜的参数设置及效果

【纹理】：选择预设纹理或单击右侧的 按钮载入自定义纹理（*.psd 类型的图像文件）。

【缩放】：控制纹理的缩放比例。

【凸现】：设置纹理的凸显程度。数值越大，纹理起伏越大。

【光照】：设置画面的受光方向。

【反相】：选择该复选框，将获得一种反向光照效果。

其他纹理滤镜效果如图 5.57 所示。

    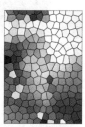

　（a）龟裂缝　　　（b）颗粒　　　（c）马赛克拼贴　　　（d）拼缀图　　　（e）染色玻璃

图 5.57　其他纹理滤镜效果

5.2.9 【像素化】滤镜组

【像素化】滤镜组可以使图像单位区域内颜色值相近的像素结成块，形成点状、晶格等特效。以素材图像"第 5 章素材\樱花 5-01.jpg"为例，素材图像及像素化滤镜的效果如图 5.58 所示。

（a）素材图像　　　（b）彩色半调　　　（c）彩块化　　　（d）点状化

（e）晶格化　　　（f）马赛克　　　（g）碎片　　　（h）铜版雕刻

图 5.58　素材图像及【像素化】滤镜的效果

5.2.10 【渲染】滤镜组

【渲染】滤镜组包括传统的云彩、分层云彩、纤维、镜头光晕和光照效果滤镜，以及新增的火焰、图片框和树滤镜。其中镜头光晕和光照效果滤镜仅对 RGB 图像有效。

1．镜头光晕

模仿拍照时因亮光照射到相机镜头上而在照片中产生的折射效果。以素材图像"第 5 章素材\人物 5-05.jpg"（图 5.59）为例，【镜头光晕】滤镜的参数设置及效果如图 5.60 所示。

图 5.59　素材图像　　　　　图 5.60　【镜头光晕】滤镜的参数设置及效果

滤镜效果预览区：在该区域的任一位置单击或拖动光标，可确定光晕中心的位置。按住 Alt 键在滤镜效果预览区单击，可精确设置光晕中心的位置。

【亮度】：控制光晕的亮度。

【镜头类型】：指定相机的镜头类型，包括【50-300 毫米变焦】【35 毫米聚焦】【105 毫米聚焦】和【电影镜头】4 种。

2. 光照效果

在 8 位 RGB 图像上创建各种光照效果。仍以"第 5 章素材\人物 5-05.jpg"为例，选择
【滤镜】|【渲染】|【光照效果】命令，从选项栏、【属性】面板和【光源】面板可以对光照
效果滤镜进行参数设置，如图 5.61 所示。另外，通过在图像上拖动控制手柄还可以改变灯
光的位置、方向和强度等属性。

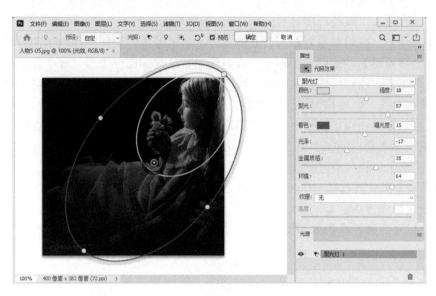

图 5.61 【光照效果】滤镜的参数设置及预览效果

选项栏主要参数如下。

- 【预设】：选择预设光照效果。可供选择的预设方案多达 17 种，部分预设方案如
  图 5.62 所示。
- 【光照】：单击 、 或 按钮可以向图像中添加聚光灯、点光或无限光（或称太
  阳光、全光源等）。
- ：单击该按钮，可重置当前光源。

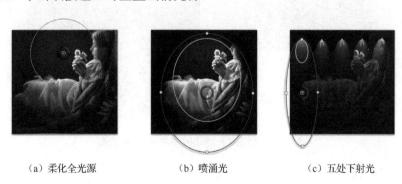

（a）柔化全光源　　　　（b）喷涌光　　　　（c）五处下射光

图 5.62 【光照效果】滤镜的部分预设方案

【属性】面板参数如下。

- 光照类型：有"点光""聚光灯"和"无限光"3 种类型可供选择。

- 【颜色】：选择灯光颜色。
- 【强度】：调整光照强度，取值范围是-100～100。数值越大，光线越强。取负值时，光源不仅不发光，还吸收光。
- 【聚光】：控制主光区（内部小光圈，光线较强。大光圈表示衰减光区，光线较弱）的大小。数值越大，主光区面积越大。
- 【着色】：选择环境光的颜色。
- 【曝光度】：取值范围是-100～100。正值增强光照，负值减弱光照。
- 【光泽】：控制对象表面反射光的多少。数值越大，光照范围内的图像越明亮。
- 【金属质感】：确定光照和光照投射到的对象（即图像本身）哪个反射率更高。
- 【环境】：控制环境光的强弱，数值越大，环境光越强。环境光是照亮整个场景的常规光线，强度均匀，无方向感。
- 【纹理】：在指定的通道（颜色通道、Alpha 通道等）范围内产生立体浮雕效果。案例参考素材图像"第 5 章素材\花语.psd"（在 Alpha 1 通道上产生纹理效果）。
- 【高度】：控制纹理的高度，数值越大，纹理越凸出。

在【光源】面板上选择一个光照，单击 🗑 按钮，可将其删除（最后一个光照无法删除）。

渲染滤镜组还包括云彩、分层云彩、火焰、图片框和树滤镜，分别可以产生云彩图案、火焰效果，以及各种各样的树和镜框效果（除分层云彩外，其他滤镜均可用于空层）。

3. 纤维

使用前景色和背景色创建纤维的外观效果，并将原图像取代。选择前景色颜色值为 #974a28，背景色颜色值为#b2613a，【纤维】滤镜的参数设置及效果如图 5.63 所示。

- 【差异】：控制纤维的长短。取值越大，条纹越短，且颜色分布变化越多。
- 【强度】：控制每根纤维的外观。低设置产生展开的纤维，高设置产生短的丝状纤维。
- 【随机化】：单击该按钮可随机更改图案的外观。可多次单击直到获得满意的效果。

图 5.63 【纤维】滤镜的参数设置及效果

5.2.11　艺术效果滤镜组

艺术效果滤镜组用于模仿在自然或传统介质上进行绘画的效果。该组滤镜包括 15 种滤镜，都可通过滤镜库调用。以素材图像"第 5 章素材\时装 5-01.jpg"为例，各滤镜的效果如图 5.64 所示。

（a）素材图像　　　　（b）壁画　　　　（c）彩色铅笔　　　　（d）粗糙蜡笔

（e）底纹效果　　　　（f）干画笔　　　　（g）海报边缘　　　　（h）海绵

（i）绘画涂抹　　　　（j）胶片颗粒　　　　（k）木刻　　　　（l）霓虹灯光

（m）水彩　　　　（n）塑料包装　　　　（o）调色刀　　　　（p）涂抹棒

图 5.64　素材图像及艺术效果滤镜效果

5.2.12　杂色滤镜组

杂色滤镜组可以为图像添加或移除杂色。

1. 添加杂色

将随机像素添加到图像上，生成均匀的杂点效果。以素材图像"第 5 章素材\建筑 5-03.jpg"（图 5.65）为例，【添加杂色】滤镜的参数设置及效果如图 5.66 所示。

- 【数量】：控制杂点数量。数值越大，杂点越多。
- 【平均分布】与【高斯分布】：杂点的两种分布方式，效果略有不同。
- 【单色】：选择该复选框，可生成单色杂点；否则，生成彩色杂点。

图 5.65　素材图像　　　　　　　　　　图 5.66　【添加杂色】滤镜的参数设置及效果

2. 减少杂色

在保留边缘的情况下减少图像中的杂色。【减少杂色】滤镜对话框如图 5.67 所示。

图 5.67　【减少杂色】滤镜对话框

- 【基本】：对图像的整体效果进行调整。
- 【高级】：从每个颜色通道对图像进行调整（图像中的杂点分为亮度杂点和颜色杂点两种。有时杂点在某个颜色通道比较明显，这时可从单个通道入手调整图像，结果可以保留更多的图像细节）。
- 【强度】：控制图像中亮度杂点的减少量。
- 【保留细节】：控制图像细节的保留程度。
- 【减少杂色】：控制移去杂点像素的多少。
- 【锐化细节】：对图像进行锐化。
- 【移去 JPEG 不自然感】：选择该选项，可移去因 JPEG 算法压缩而产生的不自然色块。

杂色滤镜组中的其他 3 个滤镜——蒙尘与划痕、去斑、中间值也是以不同的方式减少图像中的杂色的。使用这些滤镜配合历史记录画笔工具可以美化人物的肌肤。

（1）蒙尘与划痕：通过在指定的范围内调整相异像素的颜色值，减少图像中的杂色。

（2）去斑：检测图像中的颜色边缘，并将边缘外的其他区域进行模糊处理，以去除或减弱画面上的斑点、条纹等杂色，同时保留图像细节。在图像上应用一次去斑滤镜效果不太明显，往往要多次应用滤镜后才能看到明显的效果。

（3）中间值：通过混合图像的亮度减少杂色。该滤镜并不保留图像的细节。

5.2.13 其他滤镜组

其他滤镜组用于快速调整图像的色彩反差和色值，在图像中移位选区，以及自定义滤镜等方面。

1. 高反差保留

在图像中有强烈颜色变化的地方保留边缘细节，并过滤掉颜色变化平缓的其余部分。其作用与高斯模糊滤镜恰好相反。以素材图像"第 5 章素材\风景 5-03.jpg"（图 5.68）为例，【高反差保留】滤镜的参数设置及效果如图 5.69 所示。

图 5.68　素材图像　　　　　　图 5.69　【高反差保留】滤镜的参数设置及效果

● 【半径】：指定边缘附近要保留细节的物理范围。数值越大，范围越大。

高反差保留滤镜在一定程度上突出了图像的边缘轮廓。图 5.70 是对图 5.68 应用高反差保留滤镜（半径设为 70）后，再使用【阈值】命令（参阅第 3 章）调色得到的线描画效果；图 5.71 是直接使用【阈值】命令调色得到的效果。可见前者边缘细节更丰富。

图 5.70　线描画效果（一）　　　　　　图 5.71　线描画效果（二）

2. 最大值

扩展图像的亮部区域，缩小暗部区域，其对话框如图 5.72 所示。

● 【半径】：设置亮部区域扩展的距离。

3. 最小值

与最大值滤镜相反，扩展图像的暗部区域，缩小亮部区域，其对话框如图5.73所示。

● 【半径】：设置暗部区域扩展的距离。

图 5.72　【最大值】滤镜对话框　　　　　　　图 5.73　【最小值】滤镜对话框

最大值滤镜和最小值滤镜对于修改蒙版非常有用。以"第5章素材\花瓣5-01.psd"为例，对"花瓣"层的图层蒙版（图5.74）应用最大值滤镜（"半径"设为1）和最小值滤镜（"半径"设为2）后的效果分别如图5.75和图5.76所示。

图 5.74
彩图

图 5.75
彩图

图 5.76
彩图

图 5.74　选择素材图像的图层蒙版

图 5.75　最大值滤镜效果　　　　　　　图 5.76　最小值滤镜效果

此外，其他滤镜组还包括自定、位移等滤镜。使用自定滤镜可根据预定义的数学算法（卷积运算），通过更改图像中每个像素点的亮度值创建用户自己的滤镜。使用位移滤镜可按指定的数值水平或垂直移动图像，图像原位置出现的空白则根据指定的内容进行填充。

5.2.14　液化滤镜

液化滤镜是 Photoshop 修饰图像和创建艺术效果的强大工具，可对图像进行推、拉、旋转、反射、折叠和膨胀等随意变形。

打开素材图像"第 5 章素材\人物 5-10.jpg"。选择【滤镜】|【液化】命令，打开【液化】对话框，选择对话框右侧的【高级】复选框，展开所有参数，如图 5.77 所示。

图 5.77　【液化】对话框

1．工具箱

向前变形工具 ：拖动时向前推送像素。

- 重建工具 ：以涂抹的方式使涂抹处的图像恢复变形。
- 平滑工具 ：对图像中液化变形的区域进行平滑处理。
- 顺时针旋转扭曲工具 ：单击或拖动光标时顺时针旋转像素。按住 Alt 键操作，可使像素逆时针旋转。
- 褶皱工具 ：单击或拖动光标时像素向画笔中心收缩。
- 膨胀工具 ：单击或拖动光标时像素从画笔中心向外移动。
- 左推工具 ：将像素向垂直于光标拖动的方向移动挤压。按住 Alt 键操作，像素移动方向相反。
- 冻结蒙版工具 ：在需要保护的区域通过拖动光标创建蒙版，可冻结该区域的图像，这样可以免除或减弱对该区域图像的破坏。冻结程度取决于当前的画笔压力。压力越大，冻结程度越高，蒙版的颜色越深。当画笔压力取最大值 100 时，表示完全冻结。
- 解冻蒙版工具 ：在冻结区域拖动光标可以擦除蒙版，并解除涂抹区域的冻结。画笔压力对该工具的影响与冻结蒙版工具类似。

- 脸部工具 ⛭：选择该工具，图像中的人脸会被自动识别。当光标移到人的脸、眼睛、鼻子、嘴等部位时，会显示各种图标（图 5.78）。通过拖动图标上的控制点可改变人脸宽度、额头高度、下巴高度、眼睛大小、鼻子宽度与高度、嘴的宽度与嘴唇厚度、嘴角的上下弯曲度等面部特征。当然，上述改变也可以通过对话框右边的【人脸识别液化】参数栏实现，如图 5.79 所示。图像中如果存在多张人脸，也都会被识别出来。

图 5.78　被识别的人脸

图 5.79　【人脸识别液化】参数栏

2. 【人脸识别液化】栏

控制人脸各部位的变形。图像中如果存在多张人脸，都会在【选择脸部】列表中列出。【眼睛】参数区存在一些链接按钮，用来控制一只眼睛变形还是两只眼睛同时变形。

3. 【画笔工具选项】栏

- 【大小】：设置工具箱中对应工具的画笔大小。
- 【密度】：设置工具箱中对应工具边缘的强度。
- 【压力】：设置工具箱中对应工具的变形速度。压力越大，画笔越不容易控制。
- 【速率】：设置工具箱中"顺时针旋转扭曲"等工具的变形速度。

4. 【蒙版选项】栏

将原图像的选区、当前层的图层蒙版和透明区域载入图像预览区，并与图像预览区中的蒙版选区进行替代、并集、差集、交集和反转等运算。

- 【无】：清除图像预览区的所有蒙版。
- 【全部蒙住】：在图像预览区的全部区域添加蒙版。
- 【全部反相】：在图像预览区，将蒙版区域与未蒙版区域反转。

5. 【视图选项】栏

- 【显示参考线】：用来显示和隐藏图像中存在的参考线。在处理正面照片时，脸型左右不对称、高低眉、大小眼等问题常常出现，通过参考线辅助变形，就能轻松解决。
- 【显示面部叠加】：如果不选择该选项，使用脸部工具 ⛭ 时，光标移到人脸部位，不会显示各种变形图标。

- 【显示图像】：用来显示和隐藏当前层预览图像。
- 【显示网格】：在图像预览区显示和隐藏网格。
- 【网格大小】：设置网格的大小。
- 【网格颜色】：设置网格的颜色。
- 【显示蒙版】：在图像预览区显示和隐藏蒙版。
- 【蒙版颜色】：设置蒙版的颜色。
- 【显示背景】：在图像预览区显示和隐藏背景幕布（图像中的其他图层）。
- 【使用】：选择哪个图层作为背景幕布。
- 【模式】：确定背景幕布与当前图层及变形网格的叠加方式。
- 【不透明度】：通过改变不透明度值调整背景幕布与当前图层及变形网格的叠加效果。

6.【画笔重建选项】栏

- 【重建】：用于减弱图像的变形程度。
- 【恢复全部】：撤销图像（包括未完全冻结的区域）的全部变形。

使用各液化工具，适当设置工具选项栏的参数，对当前图像进行变形。

（1）使用顺时针旋转扭曲工具，适当设置画笔大小，对头发进行弯曲变形（不要忘记Alt 键的作用）。

（2）使用向前变形工具，适当设置画笔大小，向上拖动眉毛，使其更平滑。为了防止眼睛同时变形，可事先使用冻结蒙版工具将眼睛冻结。

（3）使用脸部工具，对人物脸部进行各种变形。

（4）使用膨胀工具，适当设置画笔大小，单击瞳孔中心，放大眼睛。或使用向前变形工具，适当向外拖动眼睛边框放大眼睛。切记在操作前一定要将眉毛等部位冻结保护起来。

上述操作完成后，单击对话框中的【确定】按钮，将变形效果应用到当前图像上，如图 5.80 所示。

（a）变形前

（b）变形后

图 5.80 图像液化变形前后对比

案例 5.2.15
操作演示

5.2.15　消失点滤镜

消失点滤镜可以帮助用户在编辑包含透视效果的图像时，保持正确合理的透视方向。其基本用法如下。

（1）打开素材图像"第 5 章素材\水墨荷花.jpg"，按组合键 Ctrl+A 全选图像，按组合键 Ctrl+C 复制图像。

提示

在使用消失点滤镜前，通常需要做如下所述的准备工作。

（1）将图像、文字等复制到剪贴板，以便在打开滤镜对话框后，将这些素材粘贴到指定的透视平面。

（2）在要编辑的图像中新建一个图层（并选择该图层），这样可以将消失点滤镜的处理结果放置在该图层中，避免破坏原始图像。

（3）若事先创建一个选区，可将消失点滤镜的处理结果限制在选区内。

（2）打开素材图像"第 5 章素材\画廊.jpg"。新建图层 1，并选择该图层，如图 5.81 所示。

图 5.81　选择新创建的图层

（3）选择【滤镜】|【消失点】命令，打开【消失点】对话框，如图 5.82 所示。

图 5.82　【消失点】对话框

（4）在对话框左侧的工具箱中选择创建平面工具 ⊞ 。在画面左侧展板的 4 个角上依次单击，确定平面的 4 个点，如图 5.83 所示。如果平面显示为红色或黄色，说明平面四个角的节点位置有问题，应使用编辑平面工具 ↖ 移动平面上的节点进行调整（编辑平面工具用于选择、移动、缩放和编辑平面），直至平面显示为蓝色。

图 5.83　创建平面

（5）按组合键 Ctrl+V 粘贴步骤（1）中复制的图像，形成浮动选区。使用变换工具 ▣ （类似【自由变换】命令，用于移动、缩放和旋转浮动选区内的图像）缩小图像，并将图像移动到上述平面范围内，使其呈现出透视效果。适当调整图像的宽度与高度，使其匹配整个平面的大小，如图 5.84 所示。

图 5.84　粘贴并调整图像

（6）单击【消失点】对话框中的【确定】按钮，将滤镜效果应用于图像，如图 5.85 所示。

图 5.85　应用消失点滤镜后的图像

5.3　智　能　滤　镜

智能滤镜是 Photoshop 自 CS3 版本之后的新增功能，可以在不破坏图像原始数据的情况下获得同样的滤镜效果。智能滤镜是 Photoshop 进行非破坏性编辑的重要手段。

所谓智能滤镜就是添加在智能对象上的滤镜。下面介绍智能滤镜的基本用法。

5.3.1　添加智能滤镜

打开素材图像"第 5 章素材\酒.png"，如图 5.86 所示。

图 5.86　素材图像

选择【滤镜】|【转换为智能滤镜】命令，弹出 Photoshop 提示框。单击【确定】按钮，将背景层转换为智能对象"图层 0"。

通过滤镜库为"图层 0"添加纹理化智能滤镜，参数设置如图 5.87 所示。

通过选择【滤镜】|【模糊】|【高斯模糊】命令，继续为"图层 0"添加智能滤镜，设置模糊半径为 6 像素。此时的图像效果及【图层】面板如图 5.88 所示。

图 5.87　纹理化设置　　　　　　　　　图 5.88　添加高斯模糊滤镜

5.3.2　编辑智能滤镜

1. 修改智能滤镜参数

在【图层】面板上双击高斯模糊智能滤镜右端的 ▤ 按钮，打开【混合选项（高斯模糊）】对话框。在【模式】下拉列表中选择"滤色"选项（图 5.89），单击【确定】按钮。

在【图层】面板上双击滤镜库智能滤镜，弹出 Photoshop 提示框，单击【确定】按钮后重新打开滤镜库对话框。在滤镜参数控制区的【纹理】下拉列表中选择"砂岩"选项（图 5.90），单击【确定】按钮。

智能滤镜修改后的图像效果如图 5.91 所示。

图 5.89　修改智能滤镜的混合模式　　　　　图 5.90　修改智能滤镜参数

2. 排序智能滤镜

对图层添加多个智能滤镜后，在【图层】面板上对应图层的下面会显示智能滤镜的列表。Photoshop 将按照从下向上的顺序对图层应用滤镜。

与图层的排序修改操作类似，通过上下拖动智能滤镜可以对它们进行重新排序，这也会导致图像效果的改变。

3. 显示与隐藏智能滤镜

在【图层】面板上，通过单击智能滤镜左侧的眼睛图标 ◉，可以隐藏单个智能滤镜的效果；再次单击该位置可显示隐藏的滤镜效果。滤镜效果蒙版（图 5.92）左侧的眼睛图标 ◉ 用于隐藏或显示该层的所有智能滤镜效果。

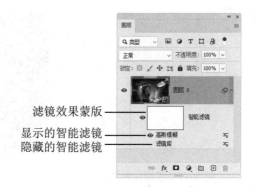

滤镜效果蒙版

显示的智能滤镜

隐藏的智能滤镜

图 5.91　智能滤镜修改后的图像效果　　　　　图 5.92　隐藏智能滤镜

4. 删除智能滤镜

在【图层】面板上，将智能滤镜拖动到删除图层按钮🗑上，可删除单个智能滤镜。拖动滤镜效果蒙版右侧的"智能滤镜"字样到删除图层按钮🗑上，可删除对应图层的所有智能滤镜。

5.4　外挂滤镜简介

前面介绍的滤镜为 Photoshop 的自带滤镜，又称内置滤镜。还有一类滤镜，种类繁多，是由 Adobe 公司外的第三方厂商开发的，称之为外挂滤镜。这类滤镜安装好之后，出现在 Photoshop 滤镜菜单的底部，和内置滤镜的使用方法一样。关于外挂滤镜的安装应注意以下几点。

（1）有些 Photoshop 外挂滤镜都带有安装程序。运行安装程序，按提示进行安装即可。

（2）在安装过程中要求选择外挂滤镜的安装位置时，请选择 Photoshop 安装路径下的 Plug-Ins 文件夹。对于 Photoshop CC 2020 来说，外挂滤镜的安装路径为"…Adobe \ Photoshop CC 2020 \ Plug-Ins"。

（3）有些外挂滤镜没有安装程序，而是一些扩展名为 8BF 的滤镜文件。对于这类外挂滤镜，直接将滤镜文件复制到 "…Adobe \ Photoshop CC 2020 \ Plug-Ins" 文件夹下即可。

图 5.93 是使用素材图像"第 5 章素材\2020HAPPY.jpg"和 flood 2.8 简体中文版及 Photoshop CC 2020 创建的倒影效果。源文件可参考"第 5 章素材\flood 2.8 简体中文版案例.psd"。

5.5　本　章　案　例

案例 5.5.1
操作演示

5.5.1　精确定位光晕中心

1. 案例说明

本案例使用镜头光晕滤镜，在图像的指定位置添加光晕效果。本案例同时也反映了智能滤镜的另一种用法。

2. 操作步骤

（1）打开素材图像"第 5 章素材\风景 5-01.jpg"。选择【图层】|【智能对象】|【转换为智能对象】命令，将背景层转换为智能对象"图层 0"。

（2）显示【信息】面板，从其面板菜中选择【面板选项…】命令（图 5.94），打开【信息面板选项】对话框。将鼠标坐标的标尺单位设为"像素"（图 5.95）。单击【确定】按钮。

图 5.93　外挂滤镜效果案例　　　　图 5.94　【信息】面板菜单　　　　图 5.95　修改标尺单位

（3）光标移到素材图像右上角如图 5.96（a）所示的位置，从【信息】面板中读取此时的光标位置坐标为（375，95）（用户读取的信息不一定与这个数值相同），如图 5.96（b）所示。记下该数值。

（4）选择【滤镜】|【渲染】|【镜头光晕】命令，打开【镜头光晕】对话框，参数设置如图 5.97 所示。

（a）定位光标　　　　　　　（b）找到光标位置坐标

图 5.96　读取图像上指针位置的坐标　　　　图 5.97　【镜头光晕】对话框参数设置

（5）按 Alt 键在【镜头光晕】对话框的滤镜效果预览区单击，弹出【精确光晕中心】对话框，输入步骤（3）记下的坐标值，如图 5.98 所示。单击【确定】按钮，返回【镜头光晕】对话框。

（6）在【镜头光晕】对话框中单击【确定】按钮。滤镜效果及【图层】面板如图 5.99所示。

图 5.98　【精确光晕中心】对话框　　　　图 5.99　　滤镜效果及【图层】面板

5.5.2　制作爆炸效果文字

案例 5.5.2
操作演示

1.　案例说明

本案例主要使用高斯模糊、曝光过度、极坐标、风和径向模糊等滤镜，以及文字工具、图层技术（图层对齐、图层混合模式和填充层等）、色阶和图像旋转等命令，编辑制作文字爆炸效果。

2.　操作步骤

（1）新建 800 像素×500 像素、72 像素/英寸、RGB 颜色/8 位、白色背景的图像。

（2）使用横排文字工具创建文本"莫让年华付水流"，设置为字体为华文琥珀，字号为 84 点，颜色设为黑色，如图 5.100 所示。

图 5.100　　创建文字

（3）将文字层与背景层同时选中，依次选择【图层】|【对齐】菜单下的【垂直居中】 和【水平居中】命令，将文字对齐到图像窗口的中央，如图 5.101 所示。

（4）在【图层】面板菜单中选择【合并图层】命令，将文字层合并到背景层。

（5）添加【滤镜】|【模糊】|【高斯模糊】滤镜（"半径"设为 2），使"文字"边缘模糊，以使最终的爆炸效果更逼真。

图 5.101 将文对齐到图像窗口的中央

（6）添加【滤镜】|【风格化】|【曝光过度】滤镜，如图 5.102 所示。

图 5.102 添加曝光过度滤镜

（7）选择【图像】|【调整】|【色阶】命令，打开【色阶】对话框，参数设置如图 5.103 所示，单击【确定】按钮。此时的图像效果如图 5.104 所示（"文字"边缘更亮）。

图 5.103 设置【色阶】对话框参数　　　　图 5.104 文字边缘的亮度提高

（8）复制背景层，得到"背景 拷贝"层。以下对"背景 拷贝"层进行处理。

（9）选择【滤镜】|【扭曲】|【极坐标】命令，在弹出的对话框中选择【极坐标到平面坐标】单选按钮，单击【确定】按钮，图像效果如图 5.105 所示。

（10）选择【图像】|【图像旋转】|【顺时针 90 度】命令。

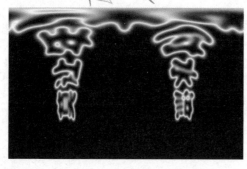

图 5.105　添加极坐标滤镜后的图像效果

（11）选择【滤镜】|【风格化】|【风】命令，弹出【风】对话框。参数设置如图 5.106 所示，单击【确定】按钮。滤镜效果如图 5.107 所示。

图 5.106　【风】对话框参数设置

图 5.107　【风】滤镜效果

（12）按组合键 Alt+Ctrl + F 一次，再次添加风滤镜，以使最终的爆炸效果更强烈。

（13）选择【图像】|【图像旋转】|【逆时针 90 度】命令。

（14）再次选择【滤镜】|【扭曲】|【极坐标】命令，在弹出的对话框中选择【平面坐标到极坐标】单选按钮，单击【确定】按钮，如图 5.108 所示。

（15）选择【滤镜】|【模糊】|【径向模糊】命令，打开【径向模糊】对话框，参数设置如图 5.109 所示。单击【确定】按钮，滤镜效果如图 5.110 所示。

图 5.108　再次添加极坐标滤镜　　　图 5.109　设置模糊参数　　　图 5.110　【径向模糊】滤镜效果

（16）将"背景 拷贝"层的混合模式设置为"滤色"，如图 5.111 所示。

（17）在【图层】面板上单击创建新的填充或调整图层按钮 ◐，从弹出菜单中选择【渐变】命令，打开【渐变填充】对话框。参数设置如图 5.112 所示［采用自定义的橙红（# f77207）

到紫色（＃5a2bb9）的两色渐变]。单击【确定】按钮，生成 "渐变填充 1" 填充层。将该图层的混合模式设置为 "叠加"，如图 5.113 所示。图像最终效果如图 5.114 所示。

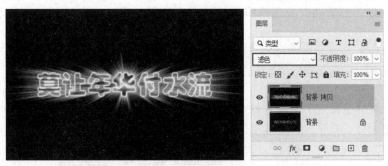

图 5.111　更改图层的混合模式

图 5.112　【渐变填充】对话框

图 5.113　设置图层混合模式

图 5.114　图像最终效果

提示

本案例步骤可做下述调整而最终结果不变。

（1）在步骤（10）中对图像进行逆时针90°旋转。

（2）步骤（11）中风滤镜的 "方向" 更改为 "从左"。

（3）在步骤（13）中对图像进行顺时针90°旋转。

5.5.3　制作月光效果

1. 案例说明

本案例使用径向模糊滤镜，配合图层的一些基本操作，制作光芒四射的效果。本案例想尽办法，避开了 Photoshop 直到 CC 2020 版都没有解决的一些问题。

案例 5.5.3
操作演示

（1）细微像素图变换时容易失真（本案例采用形状）。

（2）径向模糊滤镜不能像镜头光晕滤镜那样精确定位中心位置（本案例将模糊中心取在图像窗口中心，正是径向模糊滤镜的默认中心位置。所以操作前不可改变滤镜模糊中心的位置）。

（3）滤镜效果无法超出图像窗口的边界（本案例操作前首先扩充图像）。

2．操作步骤

（1）打开素材图像"第 5 章素材\月夜.psd"。选择【图像】|【画布大小】命令扩充画布，参数设置如图 5.115 所示。扩充画布后的图像如图 5.116 所示。

图 5.115　【画布大小】参数设置　　　　　图 5.116　扩充画布后的图像

（2）同时选择"月亮"层与"背景"层，利用【图层】|【对齐】菜单下的【垂直居中】和【水平居中】命令将"月亮"对齐到图层中心，如图 5.117 所示。

图 5.117　将"月亮"对齐到图层中心

（3）按组合键 Ctrl+R（或选择菜单命令【视图】|【标尺】）显示标尺。选择"月亮"层，按组合键 Ctrl+T 显示自由变换控制框。

（4）确保已勾选菜单命令【视图】|【对齐到】|【参考线】。将光标定位在水平标尺上，按住鼠标左键向下拖移出一条水平参考线到月亮的中心位置。同样从竖直标尺上向右拖移一条竖直参考线到月亮的中心位置。以上述两条参考线的交点作为月亮的中心，如图 5.118 所示。

（5）再次按组合键 Ctrl+R 隐藏标尺。按 Enter 键确认变换或按 Esc 键取消变换。

（6）利用直线工具（工具模式为"形状"，"填充"为白色，"描边"为无色，"粗细"为 1 像素，实线，无箭头）在月亮右侧的水平参考线上绘制一条直线段，得到"形状 1"层，如图 5.119 所示。

图 5.118 定位图层中心点

（7）确保选择了上述直线段（线段两端会显示选中的实心锚点，如图 5.119 所示。如果未选择，可使用路径选择工具 ▶ 在线段上单击将其选中）。选择线段的目的是：确保后面复制出的线段副本与原线段位于同一图层。

图 5.119 绘制水平直线段

（8）按组合键 Ctrl+Alt+T，在线段上显示"自由变换和复制"控制框。按住 Alt 键，在变换中心外围移动光标，当光标呈现 ◆ 所示的形状时，单击并拖动变换中心到参考线的交点位置。在选项栏上将旋转角度设置为 10，如图 5.120 所示。

注意

此处因为线段对象比较狭窄，所以需按住Alt键拖移变换中心。否则，使用光标直接拖移即可。

（9）按 Enter 键两次，确认旋转角度和变换复制。连续按组合键 Ctrl+Alt+Shift+T，执行变换和复制操作多次（本案例操作了 35 次），得到图 5.121 所示的效果。此时所有"直线段"位于同一图层（"形状 1"层）。

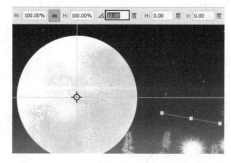

图 5.120 旋转复制出第 2 条直线段　　　　图 5.121 最终复制出 35 条直线段

（10）选择【视图】|【清除参考线】命令将参考线清除。

（11）为"形状 1"层添加径向模糊智能滤镜，参数设置如图 5.122 所示（注意模糊中心采用默认的中心，位于图层中心位置）。按组合键 Alt+Ctrl+F 重复使用滤镜，图像效果如图 5.123 所示（放射线一直延伸到黑色区域）。

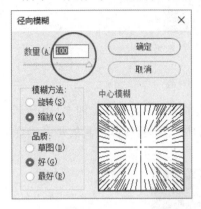

图 5.122　【径向模糊】参数设置　　　　　　　图 5.123　径向模糊效果

（12）复制"形状 1"层，得到"形状 1 拷贝"层。选择【编辑】|【自由变换】命令将拷贝层旋转 5°，并将其不透明度设置为 40%，得到如图 5.124 所示的图像效果。

图 5.124　复制并旋转放射线层

（13）同时选中"月亮"层、"形状 1"层和"形状 1 拷贝"层，使用移动工具将图中月亮及其光芒移动到如图 5.125 所示的位置（大致为素材中月亮的本来位置）。

（14）为形状 1 层添加"外发光"图层样式（"不透明度"为 80%，外发光颜色为白色，"大小"为 18，其他参数默认）。为月亮层添加"外发光"图层样式（"不透明度"为 100%，外发光颜色为白色，"大小"为 110，其他参数默认）。拼合图像，然后裁剪掉周围的黑色区域。图像最终效果如图 5.126 所示。

图 5.125　调整月亮及光芒的位置

图 5.126　图像最终效果

5.6　小　　结

本章主要讲述了以下内容。

滤镜概述。滤镜是 Photoshop 用来处理图像的一种特效工具。Photoshop 提供了 100 多个内置滤镜。要经过大量实践，不断积累经验，才能把这么多滤镜都使用好。

滤镜介绍。介绍了常用滤镜的使用方法，操作性较强。

智能滤镜。智能滤镜是指添加到智能图层上的滤镜。

外挂滤镜。该滤镜是与 Photoshop 的内置滤镜相对而言的，由 Adobe 公司之外的第三方厂商开发的滤镜。

本章案例。介绍了一些典型滤镜的实际应用，并对滤镜的使用做了必要的引申。

超出第 1～5 章理论范围的知识点如下。

（1）图层蒙版的实质及基本操作（先做了解，详细内容可参考第 7 章）。

（2）填充层的概念及创建方法（先做了解，详细内容可参考第 7 章）。

5.7　习　　题

一、选择题

1．对于 Photoshop CC 2020 来说，按组合键＿＿＿＿＿＿＿＿，可以将上一次使用的滤镜快速应用到图像中，而无须再进行参数设置（滤镜参数与上一次相同）。

  A．Alt＋Ctrl＋F   B．Alt＋Ctrl＋Z   C．Ctrl＋Y   D．Ctrl＋F

2．滤镜命令执行完毕后，使用【编辑】菜单下的【＿＿＿＿＿＿＿＿】命令，可以调整滤镜效果的作用程度及混合模式。

  A．撤销   B．重复   C．返回   D．渐隐

3．在应用某些滤镜时需要占用大量的内存，特别是将这些滤镜应用到高分辨率的图像时。在这种情况下，为了提高计算机的性能，以下说法不正确的是＿＿＿＿＿＿＿＿。

  A．首先在一小部分图像上试验滤镜效果，记下参数设置，再将同样设置的滤镜应

用到整个图像上

  B．可分别在每个图层上应用滤镜

  C．在运行滤镜之前可首先使用菜单【编辑】|【清理】中的命令释放内存

  D．应尽量退出其他应用程序，以便将更多的内存分配给 Photoshop 使用

 4．以下不属于【液化】滤镜对话框中的工具的是_____。

  A．冻结蒙版工具   B．向前变形工具

  C．边缘高光器工具   D．左推工具

 5．以下肯定不属于滤镜作用对象的是_____。

  A．图层   B．路径   C．蒙版   D．通道

 6．当图像是_____颜色模式时，所有滤镜都不能使用（假设图像是 8 位/通道）。

  A．CMYK 模式   B．灰度模式   C．Lab 模式   D．索引颜色模式

 7．在 Photoshop 中不能对_____直接添加滤镜。

  A．文字层   B．背景层   C．图层蒙版   D．通道

 8．所有的滤镜都能应用于_____模式的图像（假设图像是 8 位/通道）。

  A．索引颜色   B．位图   C．RGB 颜色   D．CMYK 颜色

 9．在使用【纹理化】滤镜时，"载入纹理"选项所载入的必须是下列_____格式的文件。

  A．PSD   B．JPEG   C．BMP   D．TIFF

 10．以下_____滤镜不属于"艺术效果"滤镜组。

  A．壁画   B．海绵   C．水彩画纸   D．水彩

二、填空题

 1．滤镜实际上是使图像中的_____产生位移或颜色值发生变化等，从而使图像中出现各种各样的特殊效果。

 2．在包含矢量元素的图层（如文本层、形状层等）上使用滤镜前，可首先对该层进行_____化，或转化为智能图层。

 3．任何滤镜都不能应用于_____和_____颜色模式的图像。

 4．在 Photoshop 中，_____是一种特效工具，可使图像瞬间产生千变万化的特殊效果。

 5．_____滤镜组可以通过增加相邻像素之间的对比度使图像变得更加清晰。

三、操作题

 1．使用素材图像"练习\第 5 章\童年.jpg"（图 5.127）制作如图 5.128 所示的艺术镜框效果。

 操作提示

 （1）打开素材图像，新建图层1。

 （2）创建矩形选区。在图层1的选区内填充黑色。

 （3）反转选区，填充白色。

 （4）取消选区。将图层1的混合模式改为"滤色"。

 （5）对图层1使用玻璃滤镜（纹理：小镜头）。

图 5.127　素材图像

图 5.128　艺术镜框效果

2. 利用"练习\第 5 章\"文件夹下的素材图像"天鹅 01.psd""天鹅 02.psd"和"山清水秀.jpg"制作如图 5.129 所示的效果（彩色效果参考"练习中的操作题参考答案\第 5 章\天鹅湖.jpg"）。

操作提示

（1）打开"练习\第5章\天鹅01.psd"。选择"天鹅"层，按组合键Ctrl+C复制图像。

（2）打开"练习\第5章\山清水秀.jpg"。按组合键Ctrl+V将"天鹅"粘贴过来，得到图层1。使用【自由变换】命令适当缩小"天鹅"，使用【色阶】命令适当增加"天鹅"的亮度（输入色阶栏的灰色滑块向左移动）。

（3）选择【编辑】|【变换】|【水平翻转】命令。

（4）复制图层1，得到图层1 拷贝。选择【编辑】|【变换】|【垂直翻转】命令。使用移动工具向下移动垂直翻转后的"天鹅"。对图层1 拷贝添加高斯模糊滤镜，并适当降低图层不透明度，得到图5.129中右侧天鹅的倒影效果。

（5）对素材图像"练习\第5章\天鹅02.psd"进行类似处理，得到图5.129中左侧天鹅及其倒影效果。

（6）在图5.129中水面漩涡（天鹅右侧上方）处创建矩形选区，并适当羽化选区。

（7）在背景层选区内添加水波滤镜。

图 5.129　天鹅戏水图

3．制作如图 5.130 所示的火焰字效果（彩色效果参考"练习中的操作题参考答案\第 5 章\火焰字.jpg"）。

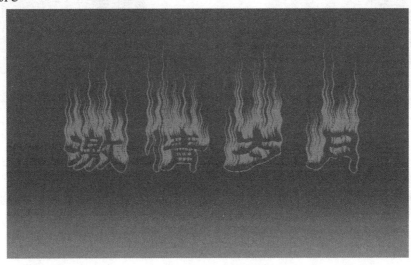

图 5.130 火焰字效果

操作提示

（1）新建图像（600像素×400像素、72像素/英寸、灰度模式/8位、黑色背景）。

（2）创建横向文本"激情岁月"（隶书、白色、96点），对齐到图像窗口中央，拼合图像。

（3）顺时针旋转图像90°，添加风（风，从左）滤镜3次。

（4）添加波浪滤镜，参数设置如图5.131所示。

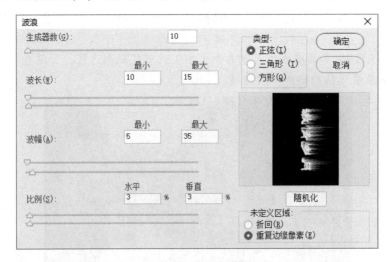

图 5.131 【波浪】对话框参数设置

（5）图像逆时针旋转90°，将图像转换为索引颜色模式。

（6）选择【图像】|【模式】|【颜色表】命令。在【颜色表】下拉列表框中选"黑体"。

（7）将图像转换为RGB颜色模式。

（8）将背景层转为一般层。新建图层1，填充橙红色（#ff6600），放置到图层0的下面。

（9）在图层0上添加图层蒙版。在蒙版上从下向上施加黑色到白色的线性渐变，如图5.132所示。

图5.132　编辑蒙版

（10）将图层0的混合模式设置为"饱和度"。

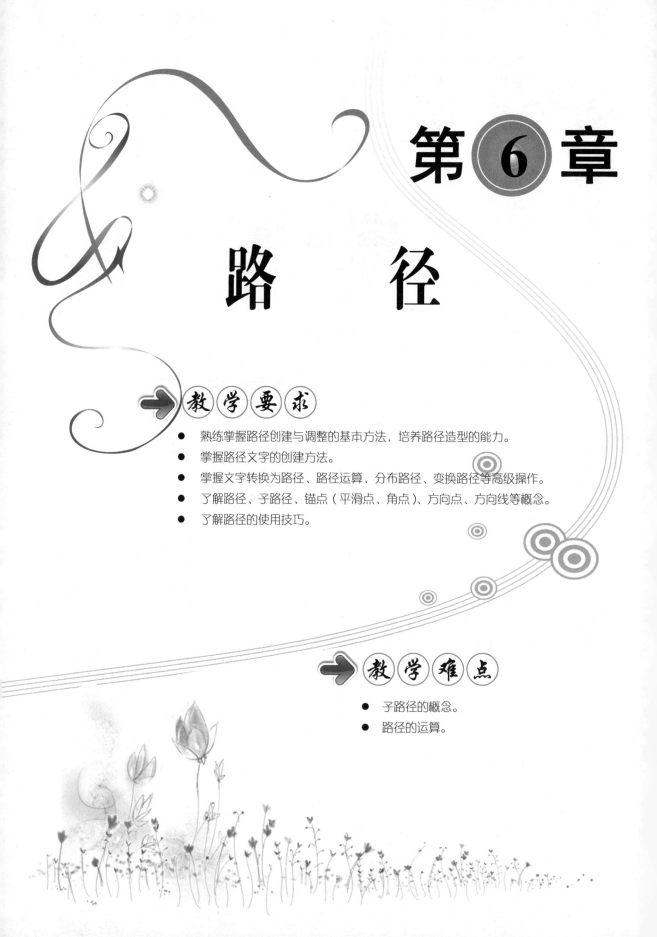

第 6 章

路　径

教　学　要　求

● 熟练掌握路径创建与调整的基本方法，培养路径造型的能力。
● 掌握路径文字的创建方法。
● 掌握文字转换为路径、路径运算、分布路径、变换路径等高级操作。
● 了解路径、子路径、锚点（平滑点、角点）、方向点、方向线等概念。
● 了解路径的使用技巧。

教　学　难　点

● 子路径的概念。
● 路径的运算。

6.1 路 径 概 述

6.1.1 路径简介

路径工具是 Photoshop 最精确的选取工具之一,擅长选择边界弯曲而平滑的对象,如人物的面部曲线、花瓣、心形等。同时,路径工具也常常用于创建边缘平滑的图形。

Photoshop 的路径工具包括钢笔工具组、路径选择工具和直接选择工具。其中,钢笔工具、自由钢笔工具、弯度钢笔工具可用于创建路径;其他工具(路径选择工具、直接选择工具和转换点工具等)可用于路径的编辑与调整。另外,使用形状工具也可以创建路径。

路径是矢量对象,不仅具有矢量图形的优点,在造型方面还具有良好的可控制性。Photoshop 不仅是公认的位图编辑大师,而且在矢量造型方面的能力几乎可以和 CorelDRAW、3ds Max 等软件媲美。

Photoshop 的 PSD、JPG、DCS、EPS、PDF 和 TIFF 等文件格式都支持路径。路径几乎不增加上述图像文件的大小。

6.1.2 路径的基本概念

在 Photoshop 中,路径是由钢笔工具、形状工具等绘制的直线或曲线。连接路径上各线段的点叫作锚点。锚点分两类:平滑锚点和角点(或称拐点、尖突点)。角点又分为含方向线的角点和不含方向线的角点两种类型。与其他相关软件(如 CorelDRAW、Illustrator、3ds Max 等)类似,Photoshop 也是通过调整方向线的长度与方向来改变路径曲线形状的。路径的组成如图 6.1 所示。

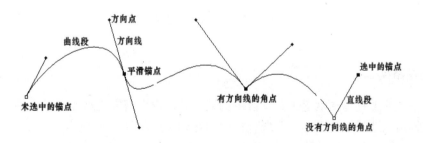

图 6.1 路径的组成

(1)平滑锚点:平滑锚点简称平滑点,具有双侧方向线,且两侧的方向线始终保持在同一方向上。通过平滑锚点的路径是光滑的,如图 6.2 所示。在改变平滑锚点单侧方向线的长度与方向时,另一侧方向线的角度会随着一起变化,而长度保持不变。因此,平滑锚点两侧的方向线的长度不一定相等。

(2)没有方向线的角点:由于两侧都没有方向线,因此不能通过调整方向线来改变通过该类锚点的路径的形状。如果与这类锚点相邻的锚点也是没有方向线的角点,则两者之间的连线为直线路径;否则,为曲线路径。如图 6.3 所示,左边两个锚点不含方向线。

（a）S 形曲线（又称双弧曲线）　　　　（b）U 形曲线（又称单弧曲线）

图 6.2　通过平滑锚点的路径

（3）有方向线的角点：此类角点两侧的方向线一般不在同一方向上，有时仅含单侧方向线。两侧方向线均可单独调整，互不影响。路径在该类锚点处形成尖突或拐角，如图 6.4 所示。

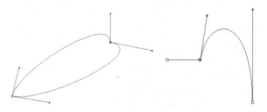

图 6.3　通过没有方向线角点的路径　　　　图 6.4　通过有方向线角点的路径

提示

方向点是实心小点，分布在方向线的两侧，它比连接路径的锚点要小。方向线用于调整路径的形状，它本身不是路径。

6.2　路径的基本操作

6.2.1　创建路径

创建路径的工具包括钢笔工具、自由钢笔工具、弯度钢笔工具和形状工具。

在工具箱上选择钢笔工具，其选项栏如图 6.5 所示。

图 6.5　钢笔工具的选项栏

钢笔工具选项栏的常用参数如下。

（1）【选择工具模式】下拉列表 路径　∨：包括"形状""路径"和"像素"3 种模式，分别用于创建路径、形状图层和位图像素。其中"像素"模式对钢笔工具、自由钢笔工具和弯度钢笔工具无效。

（2）【建立】选项：包括【选区】【蒙版】和【形状】3 个按钮，作用是基于当前路径创建选区、矢量蒙版和形状图层。

（3）【路径操作】下拉列表🗐：用于路径的运算，如图 6.6 所示（其中"新建图层"选项仅对工具的"形状"模式有效）。

（4）【橡皮带】复选框：单击选项栏上的⚙按钮，在弹出的面板（图 6.5）中选择【橡皮带】复选框。这样，在使用钢笔工具创建路径时，在最后生成的锚点和光标所在位置之间会出现一条预览线，用以协助确定下一个锚点。

（5）【自动添加/删除】复选框：选择该复选框，在路径上的锚点显示的情况下，将钢笔工具移到路径上（此时钢笔工具临时转换为添加锚点工具），单击可在路径上增加一个锚点。将钢笔工具移到路径的锚点上（此时钢笔工具临时转换为删除锚点工具），单击可删除该锚点，如图 6.7 所示。

图 6.6　路径的运算

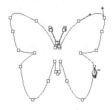

图 6.7　自动添加和删除锚点

1. 使用钢笔工具 ✒ 创建路径

1）创建直线路径

在图像窗口中单击，生成第一个锚点，移动光标再次单击生成第二个锚点，同时前后两个锚点之间由直线路径连接起来。依次下去形成折线路径。

要结束路径的创建，可按住 Ctrl 键在路径外单击，形成开放路径，如图 6.8 所示。要创建闭合路径，可在路径创建结束前，将光标定位在第一个锚点上（此时指针旁出现一个小圆圈）单击，如图 6.9 所示。

在创建直线路径时，按住 Shift 键可沿水平、竖直或 45° 角倍数的方向绘制直线路径。

构成直线路径的锚点不含方向线，又称直线角点。

图 6.8　折线开放路径

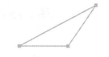

图 6.9　折线闭合路径

2）创建曲线路径

在确定路径的锚点时，若按住左键拖动光标，则前后两个锚点由曲线路径连接起来。若前后两个锚点的拖动方向相同，则形成 S 形曲线路径，如图 6.10 所示。若拖动方向相反，则形成 U 形路径，如图 6.11 所示。

结束创建曲线路径的方法与直线路径的相同。

图 6.10　S 形曲线路径 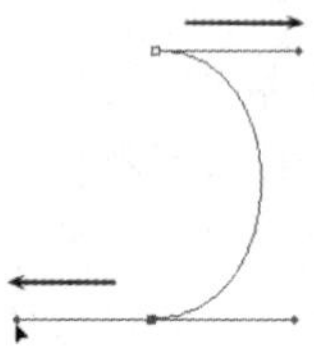　　　　　　　　　　图 6.11　U 形曲线路径

2. 使用自由钢笔工具 创建路径

使用自由钢笔工具可以通过手绘的方式创建路径。Photoshop 根据所绘路径的形状在路径的适当位置自动添加锚点。

在工具箱上选择自由钢笔工具，将工具模式设置为"路径"。在图像窗口中拖动光标，路径尾随着指针自动生成。松开鼠标按键可结束路径的绘制。

要创建封闭的路径，只要拖动光标回到路径的初始点（此时指针旁出现一个小圆圈）松开鼠标按键即可。

例如，使用钢笔工具（配合 Shift 键）从左向右创建一条直线路径，如图 6.12 所示。

图 6.12　创建一条直线路径

选择自由钢笔工具，光标定位在直线路径的左端点上（图 6.13），按下鼠标左键同时拖动光标，绘制自由路径，如图 6.14 所示。

图 6.13　光标定位在直线路径的左端点上

图 6.14　在现有路径上绘制自由路径

接着拖动光标指针到路径的右端点上，光标旁出现一个连接标志 ，松开鼠标按键，封闭路径创建完毕，如图 6.15 所示。

图 6.15　使路径闭合

将前景色设为黑色，在【路径】面板上单击用前景色填充路径按钮 ，对路径进行填色，效果如图 6.16 所示。

图 6.16　填充路径

3. 使用弯度钢笔工具 ✐ 创建路径

弯度钢笔工具是 Photoshop 自 CC 2018 版新增的工具，用于快速创建和调整弧线平滑路径。以下举例说明该工具的用法。

打开素材图像"第 6 章素材\鼠标.jpg"。选择钢笔工具组中的弯度钢笔工具 ✐，单击选项栏上的 ✿ 按钮，在弹出的面板中选择【橡皮带】复选框。

在素材图像中沿着鼠标边缘依次单击创建 3 个锚点。当第 3 个锚点产生时，通过各锚点的路径转换为平滑的弧线路径，但此时的路径与鼠标边缘不一定吻合，如图 6.17 所示。

将光标定位在第 2 个锚点的位置，沿着图中鼠标边缘拖动该锚点，直到第 1 和第 2 个锚点间的弧线路径与鼠标边缘吻合，如图 6.18 所示。

将光标移动到第 2 和第 3 个锚点之间的路径上，单击增加一个锚点。沿着鼠标边缘移动新增锚点，使路径与鼠标边缘吻合，如图 6.19 所示。

图 6.17　3 个锚点的弧线路径　　图 6.18　移动中间的锚点　　图 6.19　添加并移动锚点

将光标移到图 6.20 所示的位置，双击添加角点锚点。按上述方法继续创建并调整锚点的位置，最后回到第 1 个锚点的位置，单击使路径闭合，如图 6.21 所示。

在使用弯度钢笔工具创建的上述路径中，A、B、C 这 3 处的锚点为角点锚点，其余都是平滑锚点，如图 6.22 所示。

图 6.20　双击添加角点　　图 6.21　使用路径选择鼠标　　图 6.22　路径中的角点锚点

4. 使用形状工具创建路径

使用形状工具的"路径"模式可创建路径（注意利用自定形状工具的丰富的预设资源）。

6.2.2　显示与隐藏锚点

当路径上的锚点被隐藏时，使用直接选择工具 在路径上单击，可显示路径上的所有锚点，如图 6.23（a）所示。反之，使用直接选择工具在显示锚点的路径外单击，可隐藏路径上的所有锚点，如图 6.23（b）所示。

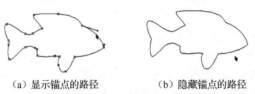

（a）显示锚点的路径　　　　　（b）隐藏锚点的路径

图 6.23　锚点的显示与隐藏

6.2.3　转换锚点

使用钢笔工具组中的转换点工具 可以转换锚点的类型，具体操作如下。

1. 将直线角点转化为平滑锚点和含方向线的角点

选择转换点工具，将光标定位于要转换的直线角点上，按下鼠标左键同时拖动光标，可将锚点上的方向线拖移出来。此时直线角点转化为平滑锚点。继续拖动平滑锚点的方向点，可将平滑锚点转化为有方向线的角点，如图 6.24 所示。此时，通过拖动方向点改变单侧方向线的长度与方向，可进一步调整锚点单侧路径的形状。

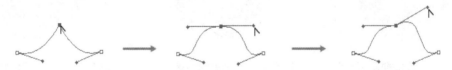

图 6.24　将直线角点转化为平滑锚点和含方向线的角点

2. 将平滑锚点或含方向线的角点转化为直线角点

对于平滑锚点或含方向线的角点，使用转换点工具在锚点上单击，此时方向线消失，锚点转化为直线角点，如图 6.25 和图 6.26 所示。

图 6.25　将平滑锚点转化为直线角点

图 6.26　将含方向线的角点转化为直线角点

在调整路径时，使用直接选择工具 拖动锚点或方向点，不会改变锚点的类型。

6.2.4　选择与移动锚点

使用直接选择工具 即可以选择锚点，也可以改变锚点的位置，方法如下（假设路径上的锚点已显示）。

（1）使用直接选择工具在锚点上单击，可选中该锚点（空心方块变成实心方块）。选中的锚点若含有方向线，方向线会显示出来，如图 6.27（a）所示。

（2）使用直接选择工具拖动锚点可改变单个锚点的位置，如图 6.27（b）所示。

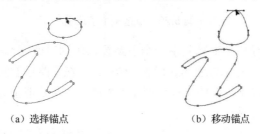

（a）选择锚点　　　　　　　　　（b）移动锚点

图 6.27　选择和移动单个锚点

（3）使用直接选择工具选中单个锚点后，按住 Shift 键在其他锚点上单击，可继续加选锚点。也可以通过框选的方式选择多个锚点。

（4）使用直接选择工具选中多个锚点后，拖动其中的一个锚点，可同时改变选中的所有锚点的位置。当然，通过这种方式也可以移动与所选锚点相关的部分路径。

6.2.5　添加与删除锚点

添加与删除锚点的常用方法如下。

（1）选择钢笔工具，在选项栏上选择【自动添加/删除】复选框。

（2）将光标移到路径上要添加锚点的位置（光标变成 形状），单击可添加锚点。当然，也可以使用添加锚点工具 在路径上单击添加锚点。添加锚点并不会改变路径的形状。

（3）将光标移到要删除的锚点（不包括路径上的端点锚点）上，光标变成 形状，单击可删除锚点。当然，也可以使用删除锚点工具 删除锚点。删除锚点后，路径的形状将重新调整，以适合其余的锚点，如图 6.28 所示。

图 6.28　删除锚点

6.2.6　选择与移动路径

选择与移动路径的常用方法如下。

（1）选择路径选择工具 。

（2）在路径上单击可选择路径，拖动路径可改变路径的位置。

（3）若路径由多个子路径（又称路径组件）组成，在路径上单击可选中对应的子路径。

按住 Shift 键在其他子路径上单击，可加选其他子路径。也可以通过框选的方式选择多个子路径，如图 6.29 所示。

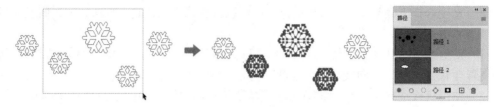

图 6.29　框选多个子路径

（4）选中多个子路径后，拖动其中一个子路径，可同时改变选中的所有子路径的位置。

（5）在 Photoshop CC 中，配合 Shift 键或 Ctrl 键，在【路径】面板上可同时选择多个路径记录。此时在图像窗口中，使用路径选择工具就可以像处理子路径那样，选择和移动单个或多个路径，如图 6.30 所示。

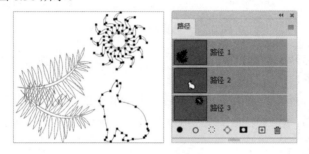

图 6.30　选择多个路径

6.2.7　存储工作路径

如果事先没有在【路径】面板上选择路径记录，使用钢笔工具等创建的路径，以临时工作路径的形式存放于【路径】面板，如图 6.31 所示。在未选择任何路径记录的情况下，再次创建工作路径，新的工作路径将取代原有的工作路径。有时为了防止重要信息丢失，必须将工作路径存储起来，常用方法有以下两种。

（1）在【路径】面板上将工作路径拖动到创建新路径按钮上，松开鼠标按键。

（2）在【路径】面板上双击工作路径（或在【路径】面板菜单中选择【存储路径】命令），弹出【存储路径】对话框，如图 6.32 所示。输入路径名称，单击【确定】按钮。

图 6.31　【路径】面板

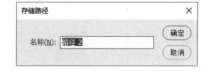

图 6.32　【存储路径】对话框

6.2.8　删除路径

要想删除路径，可在图像窗口中选择路径后，按 Delete 键（删除子路径）；或在【路径】面板菜单中选择【删除路径】命令（删除整个路径）。也可以在【路径】面板上，将要删除

的路径记录直接拖动到【删除当前路径】按钮 🗑 上。

6.2.9　显示与隐藏路径

在【路径】面板底部的灰色空白区域单击，可取消路径记录的选择。这样图像窗口中就隐藏了对应的路径，如图 6.33 所示。在【路径】面板上单击选择要显示的路径的记录，可以在图像窗口中显示该路径，如图 6.34 所示。

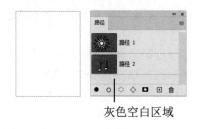

灰色空白区域

图 6.33　隐藏路径　　　　　　　　　　图 6.34　显示路径

6.2.10　重命名已存储的路径

在【路径】面板上双击已存储的路径的记录，进入名称编辑状态。在名称编辑框内输入新的名称，按 Enter 键或在名称编辑框外单击。

6.2.11　复制路径

1. 在图像内部复制路径

在图像内部复制路径包括复制子路径和复制全路径两种情况。其中复制子路径的操作是在图像窗口中进行的，方法如下。

（1）选择路径选择工具 ▶。

（2）将光标移动到图像中要复制的子路径上，按住 Alt 键同时拖动光标，可复制出子路径的副本，如图 6.35 所示。

复制全路径的操作是在【路径】面板上进行的，方法如下。

在【路径】面板上，将要复制的路径拖动到面板底部的创建新路径按钮 ⊞ 上，松开鼠标按键，即可复制出原路径的一个副本，如图 6.36 所示。

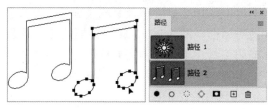

图 6.35　复制子路径　　　　　　　　　图 6.36　复制全路径

2. 在不同图像间复制路径

在不同图像间复制路径的常用方法如下。

（1）使用路径选择工具 ▶ 将要复制的路径从一个图像窗口拖动到另一个图像窗口。

（2）将要复制的路径从当前图像的【路径】面板直接拖动到另一个图像窗口。

（3）使用路径选择工具▶在当前图像窗口中选择要复制的路径或子路径，选择【编辑】|【拷贝】命令。切换到目标图像，选择【编辑】|【粘贴】命令。

重要提示

掌握路径工具的以下快速切换技巧，可以显著提高路径编辑的效率。

（1）在使用钢笔工具❤时，按住Ctrl键不放，可切换到直接选择工具▶；按住Alt键不放，将光标移动到锚点上，可切换到转换点工具卜。

（2）在使用路径选择工具▶时，按住Ctrl键不放，可切换到直接选择工具▶。

（3）在使用直接选择工具▶时，按住Ctrl键不放，可切换到路径选择工具▶。

（4）在使用直接选择工具▶或路径选择工具▶时，将光标移动到锚点或方向点上，按住Ctrl+Alt键不放，可切换到转换点工具卜。

（5）在使用转换点工具卜时，将光标移到锚点上，按住Ctrl键不放，可切换到直接选择工具▶。

（6）在使用转换点工具卜时，按住Alt键不放，在含有双侧方向线的锚点上单击，可去除锚点在路径正方向一侧的方向线；按住Alt键不放，在上述锚点上拖动光标，可将去除的方向线重新拖移出来。

（7）在使用转换点工具卜时，按住Alt键不放，在不含方向线的角点上拖动，可将锚点在路径正方向一侧的方向线拖移出来。

6.2.12　描边路径

可以使用 Photoshop 基本工具的当前设置，沿任意路径创建绘画描边的效果。操作方法如下。

（1）选择路径。在【路径】面板上选择要描边的路径的记录，或使用路径选择工具▶在图像窗口中选择要描边的子路径。

（2）选择并设置描边工具。在工具箱上选择用于描边的工具，并对工具的选项进行必要的设置。

图 6.37　【描边路径】对话框

（3）描边路径。在【路径】面板上单击用画笔描边路径按钮○，可使用当前工具对路径或子路径进行描边。也可以从【路径】面板菜单中选择【描边路径】或【描边子路径】命令，弹出相应的对话框（图 6.37），在对话框的【工具】下拉列表中选择描边工具，单击【确定】按钮。

上述操作中，步骤（1）和步骤（2）可以颠倒。

描边路径的目标图层是当前图层，操作前应注意选择合适的图层。

6.2.13　填充路径

可以将指定的颜色、图案等内容填充到指定的路径区域。操作方法如下。

（1）选择路径。在【路径】面板上选择要填充的路径的记录，或使用路径选择工具▶在图像窗口中选择要填充的子路径。

（2）在【路径】面板上单击用前景色填充路径按钮●，可使用当前前景色填充所选路径

或子路径。也可以从【路径】面板菜单中选择【填充路径】命令或【填充子路径】命令，为路径填充单色、图案或历史记录等内容。

填充路径是在当前图层上进行的，操作前应注意选择合适的图层。

6.2.14 路径和选区的相互转化

1. 路径转化为选区

在 Photoshop 中，有时需要将创建的路径转化为同样形状的选区，以便对选区内图像进行处理。路径转化为选区的常用方法如下。

（1）在【路径】面板上选择要转化为选区的路径的记录，或使用路径选择工具在图像窗口中选择特定的子路径。

（2）单击【路径】面板底部的将路径作为选区载入按钮（载入的选区将取代图像中的原有选区）。也可以从【路径】面板菜单中选择【建立选区】命令，弹出如图 6.38 所示的对话框，根据需要设置好参数，单击【确定】按钮。

- 【羽化半径】：指定选区的羽化值。
- 【消除锯齿】：在选区边缘生成平滑的过渡效果。
- 【操作】：指定由路径转化的选区和图像中原有选区的运算关系。

路径转化为选区后，有时图像中会出现选区和路径同时显示的状态，这往往会影响选区的正常编辑。此时，应注意将路径隐藏起来。

2. 选区转化为路径

通过任何方式获得的选区都可以转化为路径。但是，边界平滑的选区往往不能按原来的形状转化为路径。如图 6.39 所示，圆形选区转化为路径时出现了偏差。

选区转化为路径的常用方法有以下两种（假设选区已存在）。

（1）在【路径】面板上单击从选区生成工作路径按钮。

（2）在【路径】面板菜单中选择【建立工作路径】命令，在弹出的对话框中输入容差值，单击【确定】按钮。

图 6.38 【建立选区】对话框

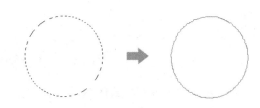

图 6.39 由圆形选区转化的路径

提示

容差的取值范围为0.5像素～10像素，用于设置【建立工作路径】命令对选区形状微小变化的敏感程度。取值越高，转化后的路径上锚点越少，路径也越平滑。另外，不论采用哪一种方法，选区转化为工作路径时都无法保留原有选区上的羽化效果。

6.3 路径高级操作

6.3.1 文字沿路径排列

路径文字可以产生一种优雅而活泼的视觉效果，常见于以儿童或女性消费为题材的广告作品。沿路径创建文字的具体操作如下。

（1）根据需要创建路径。

（2）选择文字工具，光标定位在路径上，当显示 ⌶ 指示符的时候单击，此时路径上出现插入点，输入文字内容，如图 6.40 所示。

（3）选择路径选择工具 ▶ 或直接选择工具 ▷，将光标置于路径文字上，当出现 ▶ 指示符的时候单击并沿路径拖动文字，可改变文字在路径上的位置。若拖动时跨过路径，文字将翻转到路径的另一侧，如图 6.41 所示。

图 6.40　创建路径文字　　　　　　　　图 6.41　将文字翻转到路径对侧

（4）当选择路径文字所在图层的时候，在【路径】面板上会显示对应的临时文字路径。使用路径选择工具改变该路径的位置，或使用直接选择工具等调整路径的形状，文字也随着一起变化，如图 6.42 所示。

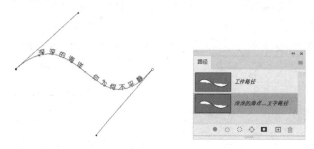

图 6.42　路径文字随路径的变化而变化

路径文字的内容和格式的编辑与普通文字完全相同。

打开素材图像"第 6 章素材\雨季 6-01.jpg"，使用钢笔工具等创建图 6.43 所示的 4 条子路径。使用横排文字工具在每条子路径上创建文字，效果如图 6.44 所示。

对于闭合路径，文字除了能够沿路径曲线排列，还可以在路径区域内创建文字，具体操作如下。

（1）创建封闭的路径。

（2）选择文字工具，在封闭路径内单击，确定插入点，输入文字内容，如图 6.45（a）所示。完成后的效果如图 6.45（b）所示。

图 6.43 创建 4 条子路径

图 6.44 子路径上的文字效果

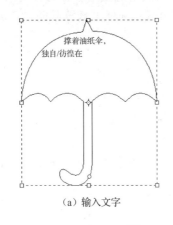

（a）输入文字

（b）文字输入完成后的效果

图 6.45 在路径内排列文字

6.3.2 文字转换为路径

Photoshop 的文字转路径功能，为艺术工作者进行字体设计带来了很大的方便。具体操作如下。

（1）使用横排文字工具或直排文字工具创建文字。

（2）选择文字图层，选择【文字】|【创建工作路径】命令，Photoshop 便基于当前文字的轮廓创建了工作路径，如图 6.46 所示。

（3）使用钢笔工具 、直接选择工具 和转换点工具 等对文字路径进行调整，如图 6.47 所示。

图 6.46 将文字转为路径

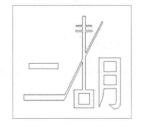

图 6.47 调整文字路径

图 6.48 所示是常见的字体设计效果，可使用上述方法实现。

图 6.48　常见的字体设计

6.3.3　路径运算

Photoshop 升级到 CC 2020 版，路径运算仍旧限于子路径之间的运算。虽然通过【路径】面板可以同时选择多个路径记录，但这些不同路径之间不能直接进行运算。

路径的运算方式包括以下 4 种，位于钢笔工具和路径选择工具等路径工具选项栏的【路径操作】下拉列表中。

- 合并形状：将选中的多个子路径进行并集运算。
- 减去顶层形状：将选中的多个子路径进行差集运算。
- 与形状区域相交：将选中的多个子路径进行交集运算。
- 排除重叠形状：从子路径的并集中排除交集部分。

有关路径运算的具体操作方法，举例如下。

（1）使用形状工具先创建圆形子路径，再创建动物子路径，如图 6.49 所示。此处，后创建的动物子路径位于顶层。

图 6.49　创建两个子路径

（2）使用路径选择工具 在图像窗口选择圆形子路径，在【路径操作】下拉列表中选择"合并形状"选项。

（3）使用路径选择工具 选择动物子路径。从【路径操作】下拉列表中分别选择不同的运算方式，在【路径】面板上得到不同的显示结果，如图 6.50 所示。

（a）合并形状　　　　（b）减去顶层形状　　　　（c）与形状区域相交　　　　（d）排除重叠形状

图 6.50　【路径】面板上不同的显示结果

（4）使用路径选择工具 在图像窗口中框选 2 个子路径，从选项栏上的【路径操作】下拉列表中选择"合并形状组件"选项。对应上述动物子路径的不同运算方式，2 个子路径

合并为 1 个子路径的结果如图 6.51 所示。对于运算结果（4），路径封闭区域内的白色区域为运算结果，即路径的有效区域。

（a）运算结果（1）　　（b）运算结果（2）　（c）运算结果（3）　　（d）运算结果（4）

图 6.51　合并子路径

6.3.4　子路径的对齐与分布

子路径的对齐与分布和图层的对齐与分布类似，操作步骤如下。

（1）选择路径选择工具▶，选择要参与对齐或分布操作的子路径。

（2）在选项栏上单击路径对齐方式按钮，打开【对齐和分布】面板，利用其中的对齐或分布按钮，对上述子路径进行对齐或分布操作。

6.3.5　变换路径

路径的变换与图层或选区的变换类似，操作方法如下。

（1）选择路径选择工具▶，选择要进行变换的路径或子路径。

（2）使用【编辑】|【自由变换路径】命令，或【编辑】|【变换路径】命令组，对选中的路径或子路径进行变换（注意选项栏参数）。

6.4　本 章 案 例

案例 6.4.1
操作演示

6.4.1　创建心形对称路径

1. 案例说明

本案例首先使用钢笔工具、转换点工具和直接选择工具，创建左半心形路径（运算方式为"合并形状"）。然后从上述路径复制出副本路径，对副本路径水平翻转后，通过组合运算，将两个子路径合并为心形路径。最后基于心形路径创建填充层，并对填充层添加斜面和浮雕、描边、投影等图层样式；再对心形路径进行描边，并在路径上创建文本，得到最终的立体心形效果。

2. 操作步骤

（1）新建图像（600 像素×600 像素，72 像素/英寸，RGB 颜色模式/8 位，白色背景）。

（2）按组合键 Ctrl+R 显示标尺，勾选【视图】|【对齐到】|【参考线】命令。

（3）按组合键 Ctrl+A 全选图像，按组合键 Alt+S+T 变换选区，从竖直标尺拖移出一条参考线定位在变换中心的位置，如图 6.52 所示。

（4）按 Esc 键取消选区变换，按组合键 Ctrl+D 取消选区。

（5）选择钢笔工具（工具模式设置为"路径"），如图 6.53 所示，按 A→B→C→A 的顺序创建封闭三角形路径。其中 A、C 两点单击在竖直参考线上。

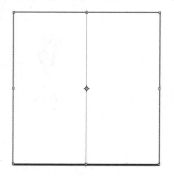

图 6.52　定位竖直参考线

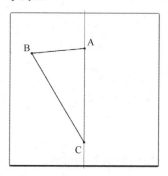

图 6.53　创建三角形封闭路径

（6）选择转换点工具，将光标定位在锚点 A 上，按住 Alt 键同时向左上方向拖动光标，拖出锚点 A 在路径正向一侧的方向线（图 6.54）。通过向左下方向拖动锚点 B，将锚点 B 转换为平滑锚点。通过向右下方向拖动锚点 C，先将其转换为平滑锚点；再按住 Alt 键单击锚点 C，清除其在路径正向一侧的方向线。

（7）选择直接选择工具，通过拖移方向点，调整通过各锚点的方向线的长度与方向，得到图 6.54 所示的路径形状（左半心形）。如果锚点上的方向线未显示，可使用直接选择工具单击锚点使其显示。

（8）选择路径选择工具。在路径上单击选择整个路径。在选项栏上将"路径操作"设置为合并形状 。

（9）按组合键 Ctrl+C 复制路径，按组合键 Ctrl+V 原位置粘贴路径。按组合键 Ctrl+T 显示自由变换路径控制框，选择【编辑】|【变换路径】|【水平翻转】命令，按 Enter 键确认变换。

（10）按键盘向右方向键，沿水平方向向右移动翻转后的副本子路径，直至与左半心形路径并拢（使两条竖直边重合，可通过缩放工具放大一定倍数后调整），如图 6.55 所示。如果两条竖直边无法重合，就向左移动右半心形，使两个子路径重合一部分，重合部分尽量控制在最少。

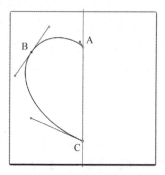

图 6.54　路径造型

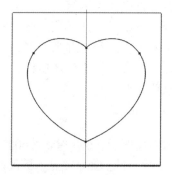

图 6.55　水平翻转并移动副本子路径

（11）使用路径选择工具框选两个子路径，从选项栏的【路径操作】下拉列表中选择" 合并形状组件"选项，将两个子路径合并为一个心形子路径，如图 6.56 所示（已将工作路

径存储）。选择【视图】|【清除参考线】命令。

（12）在图像窗口路径显示的情况下，选择【图层】|【新建填充图层】|【纯色…】命令，打开【新建图层】对话框，单击【确定】按钮。在随后弹出的【拾色器】对话框中选择纯红色（#ff0000），单击【确定】按钮，如图 6.57 所示。

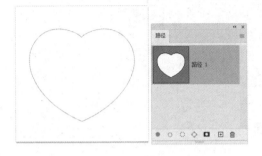
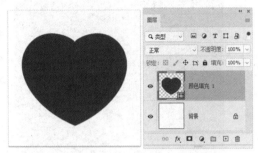

图 6.56　合并路径　　　　　　　　　　　　图 6.57　基于路径创建填充层

（13）将背景层填充为暗红色（#cc0000）。为心形填充层依次添加【斜面和浮雕】【描边】【投影】图层样式，参数设置可参考图 6.58。此时的图像如图 6.59 所示。

（a）【斜面和浮雕】参数设置　　　　（b）【描边】参数设置　　　　（c）【投影】参数设置

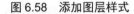

图 6.58　添加图层样式

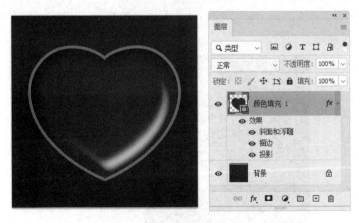

图 6.59　添加图层样式后的图像

（14）在心形图层上新建图层 1，确保选择图层 1。选择画笔工具，选择常规画笔，画笔大小设置为 3 像素，硬度 100%。将前景色设置为白色。在【路径】面板上选择心形路径记录，单击【路径】面板底部的用画笔描边路径按钮○，隐藏路径，如图 6.60 所示。

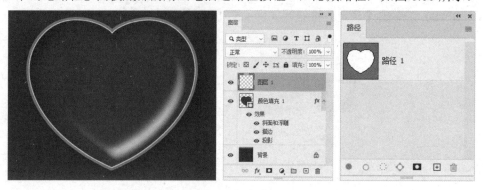

图 6.60　描边路径

（15）复制图层 1，得到图层 1 拷贝，将拷贝层的不透明度设置为 37%。选择【编辑】|【自由变换】命令并配合 Alt 键，保持中心不变等比例缩小拷贝层（注意此时心形路径是隐藏的），得到如图 6.61 所示的效果。

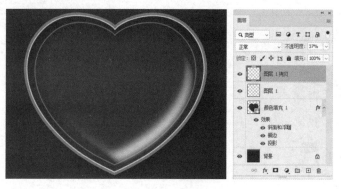

图 6.61　编辑修改图层 1 拷贝层

（16）在图像中显示心形路径，沿路径创建路径文字"艺术美高于自然美，因为艺术美是由心灵产生和再生的美。"，如图 6.62 所示，在【字符】面板上设置字体大小为 24 点，字间距为 400，基线偏移为 20。

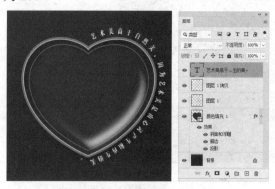

图 6.62　创建路径文字

6.4.2　为紫砂壶换背景

1．案例说明

本案例主要练习如何使用钢笔工具、直接选择工具、转换点工具等进行抠图。路径适合精确选取边缘平滑的图像。

2．操作步骤

（1）打开素材图像"第 6 章素材\紫砂壶 6-01.jpg"，如图 6.63 所示。

（2）使用缩放工具将图像放大到 200%。使用钢笔工具沿紫砂壶的外围边界创建封闭的多边形路径，如图 6.64 所示。

案例 6.4.2
操作演示

图 6.63　素材图像

图 6.64　创意封闭的多边形路径

提示

上述封闭路径中每两个锚点之间的对象边缘线条应是一条直线段、C 形曲线（即单弧曲线）或者 S 形曲线（即双弧曲线）。若两个锚点之间的边缘线条是比上述情况更复杂的多弧曲线，或由直线段与曲线段连接而成的复合线段等，就不能通过调整两端的锚点使该段路径与对象边缘吻合。锚点的确立是否适当，是能否准确选择对象的关键所在。另外，并不是说锚点越多越好。锚点过多，不但增加了路径调整的难度，而且难以保证路径的平滑性。

（3）通过进一步放大图像局部，观察每一个锚点是否在茶壶边缘上，位置是否合适。若不合适，通过直接选择工具调整其位置。

（4）放大图像观察时，如果发现两个锚点之间的对象边缘实际上比预想的复杂，难以使路径与对象边缘吻合，可在此处的路径上添加新的锚点，并使用直接选择工具将其移动到对象边缘的适当位置。当然，对于路径上多余的锚点要删除。

（5）使用转换点工具依次将各直线锚点转化为平滑锚点，也就是将各锚点的方向线拖移出来。接着使用转换点工具或直接选择工具，通过改变各锚点方向线的长度与方向，使各段路径与对象边缘吻合，如图 6.65 所示。

提示

若通过锚点的对象边缘是平滑的，则使用直接选择工具调整该锚点的方向线，这样不会改变锚点的性质，可保证路径的平滑性。

（6）同样沿茶壶把手内侧边缘创建多边形路径，并调整为与把手内侧边缘吻合的曲线路径，如图 6.66 所示。

（7）选择路径选择工具，在茶壶外围子路径上单击将其选中，在选项栏的【路径操作】

下拉列表中选择"合并形状"选项。在茶壶把手内侧子路径上单击，在选项栏的【路径操作】下拉列表中选择"减去顶层形状"选项。

图 6.65　调整路径使其与对象边缘吻合

图 6.66　创建把手内测子路径

（8）使用路径选择工具在图像窗口框选 2 个子路径。从【路径操作】下拉列表中选择"合并形状组件"选项。此时 2 个子路径按指定算法合并为 1 个子路径。

（9）按组合键 Ctrl+Enter 将路径转化为选区，如图 6.67 所示。

图 6.67　路径转选区后，路径在图像中隐藏

（10）按组合键 Ctrl+C 复制选区内图像。打开"第 6 章素材\茶园.jpg"，按组合键 Ctrl+V 粘贴图像，将紫砂壶移动到图像的右下角。

（11）对紫砂壶层添加描边图层样式（2 像素，白色，外部）。对背景层添加高斯模糊智能滤镜（模糊半径 30 像素）。

（12）打开素材图像"第 6 章素材\书法 6-01.jpg"，按组合键 Ctrl+A 全选图像，按组合键 Ctrl+C 复制图像。切换到"茶园"图像，选择下面的图层，按组合键 Ctrl+V 粘贴图像。

（13）对书法层执行【图像】|【调整】|【反相】命令，将其图层混合模式设置为"变亮"。

（14）将书法层转换为智能对象，等比例缩小并调整位置。图像最终合成效果及【图层】面板如图 6.68 所示。

图 6.68　图像最终合成效果及【图层】面板

6.4.3 利用路径和非破坏性编辑手段设计胶片

1. 案例说明

案例 6.4.3
操作演示

本案例利用分布、路径运算、填充层、智能对象、矢量蒙版等矢量技术与非破坏性编辑手段，设计胶片效果。所用 3 张素材上的画面，都发生在不寻常的 2020 年，具有特别重要的纪念意义。

2. 操作步骤

（1）新建一个 1050 像素×380 像素，72 像素/英寸，RGB 颜色模式，白色背景的图像。

（2）在形状工具组中选择矩形工具，在选项栏上将【工具模式】设置为"路径"。在图像中创建如图 6.69 所示的矩形路径。通过属性面板设置其宽度为 1020 像素，高度为 300 像素，将【路径操作】设置为"合并形状"。

图 6.69　创建运算方式为"合并形状"的矩形路径

（3）在形状工具组中选择圆角矩形工具，在选项栏上将【工具模式】设置为"路径"。在矩形路径的左上角创建如图 6.70 所示的圆角矩形路径（利用【属性】面板将宽和高分别设置为 21 像素和 15 像素，将【半径】设置为 2，将【路径操作】设置为"减去顶层形状"）。

图 6.70　创建运算方式为"减去顶层形状"的圆角矩形路径

（4）确保选中圆角矩形路径。如未选中，可使用路径选择工具单击选择。按组合键 Ctrl+C 复制圆角矩形路径，按组合键 Ctrl+V 35 次（这样可在原位置粘贴圆角矩形路径 35 个）。使用路径选择工具将其中一个圆角矩形路径水平向右移至矩形路径的右上角。

（5）使用路径选择工具框选所有的圆角矩形路径（此时矩形路径也被选中，可按住 Shift 键单击矩形路径的边框取消其选择状态）。在选项栏上单击路径对齐方式按钮，打开对齐并分布面板，单击其中的"水平分布"按钮，效果如图 6.71 所示（取消路径选择后的效果）。如果分布后的圆角矩形路径过于密集，可删除中间若干个，然后对剩余的圆角矩形路径重新水平分布，直至间隔合适为止。相反，如果太过稀疏，可选择其中一个圆角矩形路径，在原位置复制出若干个，然后重新选择所有圆角矩形路径，水平分布，直至间隔合适为止。

图 6.71　水平分布圆角矩形路径

（6）再次使用路径选择工具 选择所有的圆角矩形路径，按组合键 Ctrl+C 复制，按组合键 Ctrl+V 粘贴 1 次，使用向下方向键将粘贴出来的路径竖直向下移至图 6.72 所示的位置（取消路径选择后的效果）。

图 6.72　复制并向下移动副本圆角矩形路径

（7）使用路径选择工具 框选所有的子路径（包括矩形路径）。在选项栏的"路径操作"下拉菜单中选择"合并形状组件"选项，将所有子路径合并为 1 个子路径。

（8）在图像窗口路径显示的情况下，选择【图层】|【新建填充图层】|【纯色…】命令，打开【新建图层】对话框，单击【确定】按钮。在弹出的【拾色器】对话框中选择黑色，单击【确定】按钮，如图 6.73 所示。

图 6.73　基于路径创建填充层

（9）显示标尺，在图 6.74 所示的位置定位两条水平参考线（上下对称）。选择【视图】|【对齐到】|【参考线】命令。

图 6.74　创建水平参考线

（10）在图层面板上选择背景层。在路径面板上将临时工作路径以"路径 1"为名存储，单击面板右下角的创建新路径按钮⊞，新建空白路径 2。在图 6.75 所示的位置创建圆角矩形路径（运算方式为"合并形状"，圆角半径为 5，上下两条边分别与对应位置的参考线重合，利用【属性】面板将其宽度设置为 325 像素）。

图 6.75　在路径 2 上创建圆角矩形路径

（11）使用路径选择工具选择路径 2 中的圆角矩形子路径。按组合键 Ctrl+C 复制，按组合键 Ctrl+V 粘贴两次。将其中 1 个子路径水平向右移动到图 6.76 所示的位置。

图 6.76　设置水平分布的范围

（12）使用路径选择工具，框选路径 2 中的所有的圆角矩形路径（共 3 个），水平分布，如图 6.77 所示（已取消路径选择状态）。

图 6.77　水平分布子路径 2 的子路径

（13）使用路径选择工具单击选择路径 2 中间的那个子路径，按组合键 Ctrl+X 剪切。在【路径】面板上新建路径 3，（在确保路径 3 选中的情况下）按组合键 Ctrl+V 将子路径粘贴到路径 3 的同一位置。同样，选择路径 2 中右边那个子路径，按组合键 Ctrl+X 剪切；新建路径 4，按组合键 Ctrl+V 将子路径粘贴到路径 4 的同一位置。此时的【路径】面板如图 6.78 所示。

（14）打开素材图像"第 6 章素材\洁白的屏障.jpg"，按组合键 Ctrl+A 全选图像，按组合键 Ctrl+C 复制图像。切换到"胶片"图像，选择填充层，按组合键 Ctrl+V 粘贴图像，生成图层 1，将图层 1 转换为智能对象。

（15）在【图层】面板上选择图层 1。在【路径】面板上选择路径 2。选择【图层】|【矢量蒙版】|【当前路径】。这样就为图层 1 添加了基于路径 2 的矢量蒙版。

（16）在【图层】面板上取消图层 1 与矢量蒙版的链接，并选择图层 1 的图层缩览图（取消选择矢量蒙版缩览图）。在图像中隐藏所有路径。按组合键 Ctrl+T 成比例缩小图层 1，并调整图层 1 的位置，使图像充满矢量蒙版的圆角矩形区域，并尽可能显示更多的图像内容，如图 6.79 所示。

图 6.78　将子路径转移到新建路径

图 6.79　处理胶片上的左侧图像

（17）同理，将素材图像"第 6 章素材\RCEP.jpg"复制过来，转换为智能对象，基于路径 3 添加矢量蒙版，调整图像大小和位置，使其充满路径 3 并尽可能显示更多的内容。

（18）对素材图像"第 6 章素材\胖五发射.jpg"进行类似的处理。清除参考线。在填充层（胶片所在图层）上添加投影图层样式。图像最终效果及【图层】面板组成如图 6.80 所示。

图 6.80　图像最终效果及【图层】面板组成

6.4　小　　结

本章主要讲述了以下内容。

路径的基本概念。路径是由钢笔工具、形状工具等创建的直线段或曲线段。路径是矢量图形。路径的主要作用是创建边缘平滑的图形，或者选择边缘平滑的图像。

路径的基本操作。包括创建路径、转换锚点、调整方向线、添加与删除锚点、存储路径、描边路径、填充路径、路径转化为选区等操作。

路径的高级操作。包括文字沿路径排列、文字转换为路径、路径运算、子路径的对齐与分布、变换路径等操作。

超出第 1～6 章理论范围的知识点如下。

（1）按组合键 Alt+S+T 变换选区，对应菜单命令【选择】|【变换选区】（尽量掌握）。

（2）填充层的概念及创建方法（先作了解，详细内容可参考第 7 章）。

（3）基于路径创建矢量蒙版（先作了解，详细内容可参考第 7 章）。

6.5　习　　　题

一、选择题

1．在 Photoshop CC 2020 中，可以对_____个或_____个以上的子路径进行对齐操作。

    A．1、1   B．2、2   C．3、3   D．4、4

2．在 Photoshop CC 2020 中，可以对_____个或_____个以上的子路径进行分布操作。

    A．1、1   B．2、2   C．3、3   D．4、4

3．_____不是直接选择工具的功能。

    A．显示和隐藏锚点   B．选择和移动锚点

    C．调整方向线   D．转换锚点的类型

4．下列有关路径工具使用技巧的说法中不正确的是_____。

    A．在使用钢笔工具时，按住 Ctrl 键不放，可切换到转换点工具

    B．在使用直接选择工具时，按住组合键 Ctrl+Alt 不放，将光标移到锚点或方向点上，可切换到转换点工具

    C．在使用路径选择工具时，按住 Ctrl 键可切换到直接选择工具

    D．在使用转换点工具时，将光标移到路径上，可切换到直接选择工具；当光标在锚点上时，按住 Ctrl 键可切换到直接选择工具

5．下面关于路径的描述不正确的是_____。

    A．工作路径如果不存储则容易丢失   B．形状与路径不同，不属于矢量图

    C．路径被存储在【路径】面板中   D．路径本身不会出现在打印的图像中

6．下面关于路径的描述正确的是_____。

    A．可将当前选区转换为路径   B．利用铅笔工具可创建曲线路径

    C．不能对开放路径填充颜色   D．删除路径后方可建立选区

7. 下面关于平滑锚点的描述正确的是_____。

    A. 平滑锚点的方向线在路径的同一侧

    B. 平滑锚点的方向线长度不一定相等

    C. 平滑锚点的方向线长度一定相等

    D. 路径的起点与终点处的锚点一定不是平滑锚点

8. 以下不能创建路径的工具是_____。

    A. 钢笔工具   B. 自由钢笔工具   C. 矩形工具   D. 直接选择工具

9. 要想使用直接选择工具在路径上单击 1 次就选中整条路径（或子路径），可以在操作时按住_____键。

    A. Alt   B. Ctrl   C. Shift   D. Enter

10. 下列操作中，可以在图像窗口中隐藏路径的是_____。

    A. 在【路径】面板上单击当前路径左侧的眼睛图标

    B. 按 Shift 键在【路径】面板上单击当前路径

    C. 按 Alt 键在【路径】面板上单击当前路径

    D. 单击【路径】面板上的空白区域

二、填空题

1. 在 Photoshop 中，由钢笔工具和形状工具等创建的一个或多个直线段或曲线段称为_____，它是_____（填"位图"或"矢量图"）。

2. 连接路径上各线段的点叫作_____。它分为两类：_____和_____（或称拐点、尖突点）。

3. 在使用钢笔工具绘制路径时，要结束开放路径，可按住_____键在路径外单击。要创建封闭的路径，只要将钢笔工具定位在第一个锚点上单击。

4. 要使用钢笔工具在已绘制的路径上添加或删除锚点，可以选择其选项栏上的【_____】选项。

5. 在使用转换点工具时，将光标移到有双侧方向线的锚点上，按住_____键单击，可清除锚点在路径正向一侧的方向线。

6. 路径选择工具和直接选择工具相互切换的快捷键是_____键。

三、操作题

1. 打开素材图像"练习\第 6 章\紫砂壶.jpg"，如图 6.81（a）所示。利用路径工具选择图中的紫砂壶，并将紫砂壶周围的背景更改为白色，如图 6.81（b）所示。

（a）素材图像

（b）效果图

图 6.81　选择紫砂壶并更改背景色

2．利用路径工具和素材图像"练习\第 6 章\企业标志建筑.jpg"，设计制作图 6.82 所示的企业信封效果（彩色效果参照"练习中的操作题参考答案\第 6 章\企业信封.jpg"）。

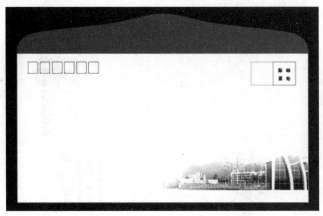

图 6.82　企业信封

重要提示

（1）"贴邮票处"左边的虚线框可利用定义画笔预设和路径描边完成。

（2）6 个小方框可利用子路径的复制（或分布）和路径描边完成。

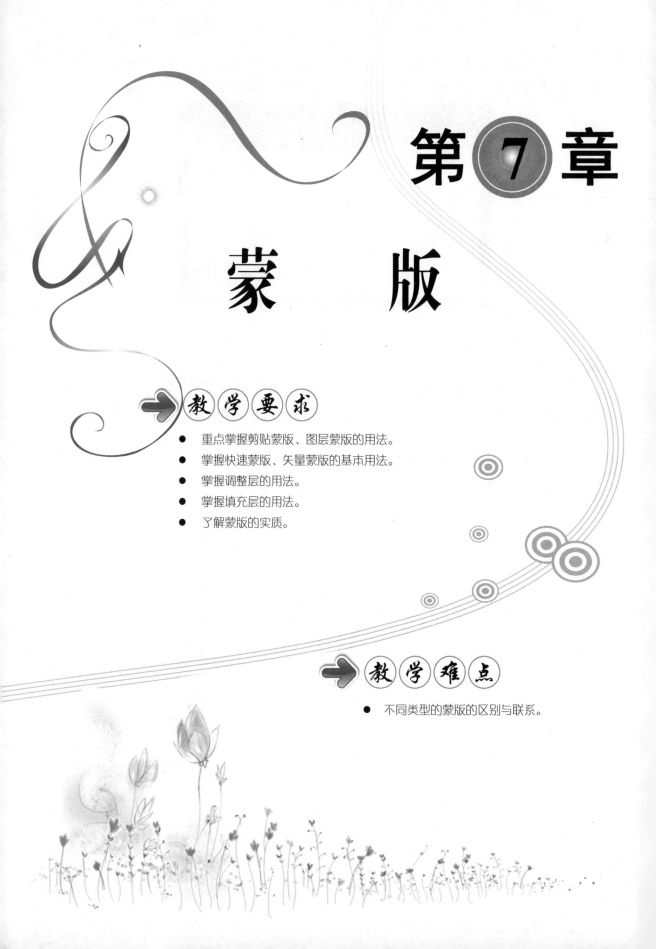

第 7 章

蒙　版

教　学　要　求

- 重点掌握剪贴蒙版、图层蒙版的用法。
- 掌握快速蒙版、矢量蒙版的基本用法。
- 掌握调整层的用法。
- 掌握填充层的用法。
- 了解蒙版的实质。

教　学　难　点

- 不同类型的蒙版的区别与联系。

7.1　蒙　版　概　述

　　"蒙版"一词来源于传统的绘画和摄影领域。为了控制画面的编辑区域，画家往往根据需要将硬纸片或塑料板的部分区域挖空，做成一个称为"蒙版"的工具，覆盖在画面上。这样，可以描绘和修改显示的画面，同时保护被"蒙版"遮罩的其他区域。同样，摄影师在冲洗底片前，常常将部分挖空的蒙版置于底片与感光纸之间，对底片进行局部曝光。

　　在 Photoshop 中，根据用途和存在形式的不同，可将蒙版分为快速蒙版、剪贴蒙版、图层蒙版和矢量蒙版等。蒙版的主要作用有：创建与编辑选区、控制图层的显示范围与显示程度、控制调整层的作用范围与作用强度等。

　　蒙版也称遮罩。蒙版不是 Photoshop 特有的工具，诸如 CorelDRAW、Flash、Illustrator、Premiere 等软件中也都有蒙版技术的使用。蒙版是 Photoshop 进行非破坏性编辑的重要手段。

7.2　快　速　蒙　版

案例 7.2.1
操作演示

7.2.1　使用快速蒙版编辑选区

　　快速蒙版主要用于创建、编辑与修补选区，其用法举例如下。

　　（1）打开素材图像"第 7 章素材\蜜蜂.jpg"（图 7.1）。将前景色设为黑色，背景色设为白色。

　　（2）单击工具箱底部的以快速蒙版模式编辑按钮▣（或按 Q 键），进入快速蒙版编辑模式。

　　（3）选择画笔工具，选择常规画笔，设置画笔大小为 20 像素，硬度、不透明度与流量都设为 100%。用黑色涂抹蜜蜂的身体，将其用蒙版覆盖，如图 7.2 所示。身体的边缘、触角、腿脚等细微的地方以及透明的翅膀先不要涂抹。默认设置下，Photoshop 用不透明度为 50%的红色表示蒙版覆盖的区域，代表选区外部。

图 7.1　素材图像

图 7.2　用快速蒙版覆盖蜜蜂身体

图 7.1 彩图

图 7.2 彩图

　　（4）使用缩放工具将图像放大到 300%。将画笔大小修改为 7 像素，其他参数不变。用黑色涂抹蜜蜂身体的边缘（使这部分图像也被蒙版覆盖）。对于毛茸茸的边缘（如翅膀根部上下两侧附近），可使用软边画笔涂抹。若不小心涂抹到了蜜蜂身体的外部，可按 X 键将前景色与背景色对换，改用白色涂抹以擦除多余的蒙版，如图 7.3 所示。

（5）将前景色设置为浅灰色（#999999），用硬边画笔涂抹蜜蜂的翅膀。这样可以创建半透明的选区（默认设置下，灰色越浅，选区越不透明，而反选后越透明），如图 7.4 所示。如果不小心涂抹到了翅膀的外部，可改用白色涂抹以擦除多余的半透明蒙版。

提示

在涂抹翅膀时，用不透明的灰色和半透明的黑色涂抹都可以创建半透明的选区。但是，使用半透明的黑色涂抹时，新旧笔迹交叉的区域，会使得整个翅膀选区的透明度变得不均匀。

图 7.3 彩图

图 7.3 在蜜蜂身体边缘涂抹覆盖蒙版　　图 7.4 用半透明蒙版覆盖翅膀

（6）将前景色设置为黑色，用 3 像素的小号硬边画笔涂抹蜜蜂的触角和未被翅膀覆盖的腿。必要时可按] 键或 [键以增大或减小画笔的直径。翅膀覆盖部分的腿和翅膀上深色的翅脉则用深灰色（#666666）或更深的灰色涂抹，如图 7.5 所示。

（7）在工具箱底部单击以标准模式编辑按钮（或按 Q 键）可退出快速蒙版模式，返回标准编辑模式。按组合键 Shift+Ctrl+I 反转选区，得到蜜蜂的选区，如图 7.6 所示。

图 7.5 彩图

图 7.6 彩图

图 7.5 用小号画笔涂抹触角、腿和翅脉　　图 7.6 最终得到的蜜蜂选区

（8）按组合键 Ctrl+C 复制选区内的图像。打开"第 7 章素材\花卉 7-02.jpg"，按组合键 Ctrl+V 粘贴图像，生成图层 1。使用【自由变换】命令适当缩小和旋转图层 1，得到如图 7.7 所示的效果。

（9）选择【图像】|【调整】|【可选颜色】命令，参数设置如图 7.8 所示（仅供参考），单击【确定】按钮。这样可去除蜜蜂上特别是翅膀部位从原图像中带来的绿色成分。

图 7.7　粘贴并变换图像

图 7.8　【可选颜色】对话框

（10）使用套索工具圈选蜜蜂的翅膀（尽量不要将其他部位选进来），如图 7.9 所示。

（11）选择【图像】|【调整】|【色阶】命令，参数设置如图 7.10 所示（仅供参考），单击【确定】按钮。这样可提高翅膀的亮度与对比度，增加真实感。

图 7.9　圈选翅膀

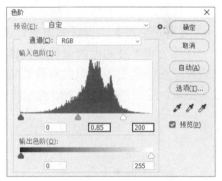

图 7.10　【色阶】对话框

（12）按组合键 Ctrl+D 取消选区。图像最终效果及【图层】面板如图 7.11 所示。

图 7.11　图像最终效果及【图层】面板

7.2.2　修改快速蒙版选项

　　双击工具箱底部的以快速蒙版模式编辑按钮或以标准模式编辑按钮，打开【快速蒙版选项】对话框，如图 7.12 所示。对话框中各项参数的作用如下。

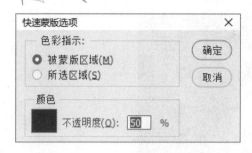

图 7.12 【快速蒙版选项】对话框

- **【被蒙版区域】**：选择该单选按钮，工具箱上的以标准模式编辑按钮显示为 。同时，在图像中用黑色涂抹可扩大蒙版区域（选区外部），用白色涂抹可扩大选区。
- **【所选区域】**：选择该单选按钮，工具箱上的以标准模式编辑按钮显示为 。同时，在图像中用黑色涂抹可扩大选区，用白色涂抹可扩大蒙版区域（选区外部）。
- **【颜色】框**：单击打开【拾色器（快速蒙版颜色）】对话框，以设置快速蒙版在图像中的指示颜色（默认红色）。
- **【不透明度】**：设置图像中快速蒙版指示颜色的不透明度，默认值为 50%。

上述颜色和不透明度的设置仅仅影响快速蒙版的外观，对其作用不产生任何影响。颜色的选取须使快速蒙版与图像本身的颜色对比分明；不透明度为 50% 时，蒙版以半透明方式覆盖图像。这些都使快速蒙版的编辑变得更加方便。

7.3 剪 贴 蒙 版

剪贴蒙版通过一个图层中包含像素的区域及像素的不透明度，控制其上面图层（可以是多个）的显示范围和显示程度。Photoshop 的剪贴蒙版与 Flash 中遮罩层的用法比较类似，只是图层的排列顺序恰恰相反。而且在 Photoshop 中利用剪贴蒙版也可以制作类似 Flash 遮罩动画的动画。

7.3.1 创建剪贴蒙版

打开素材图像"第 7 章素材\荷花 7-01.psd"，如图 7.13 所示。采用下述方法之一创建剪贴蒙版，控制荷花层的显示范围。

图 7.13 素材图像

（1）按住 Alt 键，将光标移至【图层】面板上荷花层与笔刷层的分隔线上，当光标变成
↓□形状时单击。

（2）选择荷花层，选择【图层】|【创建剪贴蒙版】命令（或按组合键 Ctrl+Alt+G）。

剪贴蒙版创建完成后，带有↓图标并向右缩进的图层（此处荷花层）称为内容图层。内
容图层可以有多个（但必须是连续的）。所有内容图层下面的一个图层（此处笔刷层）都称
为基底图层（图层名称上带有下划线）。基底图层充当了内容图层的蒙版，其中包含像素的
区域决定了内容图层的显示范围，如图 7.14 所示。

图 7.14　创建了剪贴蒙版的图像

基底图层中像素区域的填充内容（单色/渐变色/图案等）对剪贴蒙版的效果无任何影响，
而像素的不透明度却控制着内容图层的显示程度。不透明度越高，显示程度越高。

选择笔刷层。选择油漆桶工具，通过设置选项栏参数，在笔刷层的透明区域填充不透
明度为 20%的前景色（颜色任意），效果如图 7.15 所示。

图 7.15　利用基底图层的不透明度控制内容图层的显示程度

打开素材图像"第 7 章素材\小鱼 7-01.psd"，按组合键 Ctrl+A 全选图像，按组合键 Ctrl+C
复制图像。切换到"荷花 7-01.psd"，选择荷花层，按组合键 Ctrl+V 粘贴图像，调整"小鱼"
的位置，如图 7.16 所示。

图 7.16　添加"小鱼"素材

用橡皮擦工具擦除中间的两条小鱼，并将图层1的不透明度设置为70%。

按住 Alt 键，在【图层】面板上荷花层与图层1的分隔线上（当光标变成↓□形状时）单击，将图层1转化为内容图层，最终效果如图7.17所示。

图7.17　含有多个内容图层的剪贴蒙版

7.3.2　释放剪贴蒙版

释放剪贴蒙版的常用方法如下。

（1）选择剪贴蒙版中的某一内容图层，选择【图层】|【释放剪贴蒙版】命令可释放该内容图层。如果该图层上面还有其他内容图层，这些图层也会同时释放出来。

（2）按住 Alt 键在内容图层与其下面图层的分隔线上单击。

案例7.3.3
操作演示

7.3.3　剪贴蒙版应用案例

1.　案例说明

本案例设计制作图像拼图效果。涉及的技术除剪贴蒙版外，还有形状层、图层基本操作、图层组、路径变换等。

2.　操作步骤

（1）打开素材图像"第7章素材\偷偷长大.png"。选择形状工具组中的矩形工具，在选项栏上设置【工具模式】为"形状"，【填充】为白色，【描边】为无。在图7.18所示的位置创建白色矩形，并通过【属性】面板设置矩形的宽高分别为100像素和130像素。

（2）（在图层面板上）复制形状层，得到形状层拷贝。通过属性面板将拷贝层中的矩形填充修改为黑色，宽、高分别修改为96像素和126像素。

（3）在图层面板上同时选中两个形状层。选择移动工具，在选项栏上依次单击水平居中按钮╋和垂直居中按钮╫。此时，黑白两个矩形居中对齐。

（4）确保在【属性】面板上同时选中两个形状层。使用路径选择工具在图像窗口框选两个矩形，使用【编辑】|【自由变换路径】命令将其旋转-17°左右，如图7.19所示。

（5）在【图层】面板上复制背景层，将背景拷贝层拖移到形状拷贝层的上面，添加剪贴蒙版，如图7.20所示。

（6）在白色矩形图层上添加投影图层样式（投影颜色为黑色，不透明度为70%，角度为135°，距离为2，大小为4，其他参数默认）。

（7）同时选中两个形状层和背景拷贝层，从【图层】面板菜单中选择"从图层新建组"命令，弹出对话框，采用默认组名"组1"，单击【确定】按钮。

图 7.18　创建白色矩形

图 7.19　旋转形状图层

（8）复制组 1，得到组 1 拷贝。展开组 1 拷贝，同时选中其中的两个形状层。使用路径选择工具在图像窗口框选两个矩形，拖动矩形边框改变其位置。选择【编辑】|【自由变换路径】命令将其旋转一定角度，如图 7.21 所示。

图 7.20　添加剪贴蒙版

图 7.21　变换拷贝组中的矩形

（9）折叠并复制组 1 拷贝，得到组 1 拷贝 2。仿照步骤（8）对组 1 拷贝 2 进行类似的操作，得到图 7.22 所示的效果。

图 7.22　继续复制图层组并变换其中的形状层

（10）折叠并复制组 1 拷贝 2，得到组 1 拷贝 3。仿照步骤（8）对组 1 拷贝 3 进行类似的操作……，这样一直操作下去，最终得到类似图 7.23 所示的拼图效果。

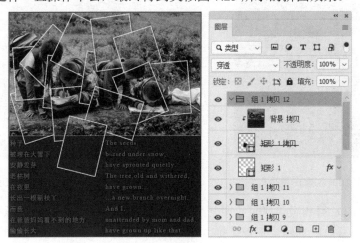

图 7.23　最终拼图效果

7.4　图　层　蒙　版

图层蒙版附着在图层上，可以在不破坏图层的情况下控制图层上不同区域像素的显隐程度。图层蒙版是以灰度图像的形式存储的，其中的黑色区域表示所附着图层的对应位置完全透明，白色表示完全不透明，介于黑白之间的灰色表示半透明，灰度越深越透明。

借助图层蒙版，可以创建一些普通方法难以实现的图像特效，如图像的无缝对接、将滤镜效果逐渐应用于图像等。

Photoshop 允许使用所有的绘画与填充工具、图像修整工具以及相关的菜单命令对图层蒙版进行编辑和修改。

7.4.1　图层蒙版的基本操作

1．添加图层蒙版

选择要添加蒙版的图层，采用下述方法之一添加图层蒙版。

（1）单击【图层】面板上的添加图层蒙版按钮▢，或选择【图层】|【图层蒙版】|【显示全部】命令，可以创建一个白色的图层蒙版（图层缩览图右边的附加缩览图表示图层蒙版），如图 7.24 所示。白色蒙版会全部显示对应图层的内容。

（2）按住 Alt 键单击【图层】面板上的添加图层蒙版按钮▢，或选择【图层】|【图层蒙版】|【隐藏全部】命令，可以创建一个黑色的图层蒙版，如图 7.25 所示。黑色蒙版隐藏了对应图层的所有内容。

（3）在存在选区的情况下（图 7.26），单击【图层】面板上的添加图层蒙版按钮▢，或选择【图层】|【图层蒙版】|【显示选区】命令，将基于选区创建蒙版，如图 7.27 所示。此时，在蒙版上选区内被填充白色，选区外填充黑色。按住 Alt 键单击【图层】面板上的添加图层蒙版按钮▢，或选择【图层】|【图层蒙版】|【隐藏选区】命令，所产生的蒙版恰恰相反。

图 7.24　显示全部的蒙版

图 7.25　隐藏全部的蒙版

图 7.26　存在选区的图像

图 7.27　显示选区的蒙版

在 Photoshop CC 中，全部锁定的图层不能添加图层蒙版。

2. 启用和停用图层蒙版

按住 Shift 键，在【图层】面板上单击图层蒙版的缩览图，可停用图层蒙版。此时，图层蒙版的缩览图上出现红色"×"号，图层蒙版对图层暂时不起作用，如图 7.28 所示。

按住 Shift 键，在已停用的图层蒙版的缩览图上单击，红色"×"号消失，图层蒙版重新被启用，如图 7.29 所示。

也可在选择图层蒙版后，通过选择【图层】|【图层蒙版】下的【停用】和【启用】命令，达到相同的目的。

图 7.28　停用图层蒙版

图 7.29　启用图层蒙版

3. 删除图层蒙版

在【图层】面板上选择图层蒙版的缩览图，单击面板上的 🗑 按钮，弹出如图 7.30 所示的提示框。单击【应用】按钮，在删除图层蒙版的同时，蒙版效果应用在图层上（图层遭到破坏）。单击【删除】按钮，则在删除图层蒙版后蒙版效果不会应用到图层上。也可以通过选择【图层】|【图层蒙版】|【删除】命令，直接删除图层蒙版而不应用蒙版效果。

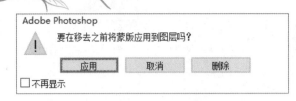

图 7.30　删除图层蒙版提示框

4. 在蒙版与图层之间切换

在【图层】面板上选择添加了图层蒙版的图层后，若图层蒙版缩览图的周围显示有选择边框（图 7.31），表示当前层处于蒙版编辑状态，所有的编辑操作都作用在图层蒙版上，当前图层在蒙版的保护下可免遭破坏。此时，若单击图层缩览图可切换到图层编辑状态。

若图层缩览图的周围显示有选择边框（图 7.32），表示当前层处于图层编辑状态，所有的编辑操作针对的都是当前图层，对蒙版没有任何影响。此时，若单击图层蒙版缩览图可切换到蒙版编辑状态。

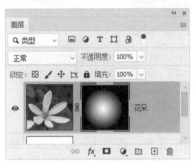

图 7.31　蒙版编辑状态

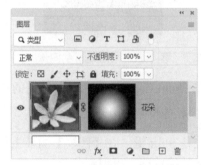

图 7.32　图层编辑状态

在默认设置下，当图层处于蒙版编辑状态时，工具箱上的【前景色/背景色】按钮仅显示所取颜色的灰度值，这也是辨别图层是否处于蒙版编辑状态的一种方法。

5. 蒙版与图层的链接

在默认设置下，图层蒙版与对应的图层是链接的，如图 7.33 所示。移动或变换其中的一方，另一方必然跟着一起变动。

在图层面板上，单击图层缩览图和图层蒙版缩览图之间的链接图标 ⛓，取消链接关系（⛓图标消失）。此时移动或变换其中的任何一方，另一方均不会受影响，如图 7.34 所示。再次在图层缩览图和图层蒙版缩览图之间单击，可恢复链接关系。

图 7.33　图层与蒙版的链接

图 7.34　取消链接后调整图层位置

6. 在图像窗口查看图层蒙版

按住 Alt 键单击图层蒙版的缩览图，可以在图像窗口查看图层蒙版的灰度图像，如图 7.35 和图 7.36 所示。要在图像窗口中恢复显示图层图像，可按住 Alt 键再次单击图层蒙版的缩览图。

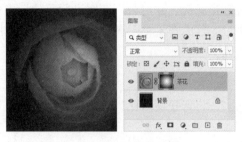 

图 7.35　素材图像　　　　　　　　　图 7.36　查看蒙版灰度图

7. 将图层蒙版转换为选区

按住 Ctrl 键，在【图层】面板上单击图层蒙版缩览图，可在图像窗口中载入蒙版选区，该选区会取代图像中的原有选区（如果存在的话）。

按住组合键 Ctrl+Shift，单击图层蒙版缩览图；或从图层蒙版的右键菜单中选择【添加蒙版到选区】命令，可将载入的蒙版选区与图像中的原有选区进行并集运算。

按住组合键 Ctrl+Alt，单击图层蒙版缩览图；或从图层蒙版的右键菜单中选择【从选区中减去蒙版】命令，可从图像的原有选区中减去载入的蒙版选区。

按住组合键 Ctrl+Shift+Alt，单击图层蒙版缩览图；或从图层蒙版的右键菜单中选择【蒙版与选区交叉】命令，可将载入的蒙版选区与图像中的原有选区进行交集运算。

上述操作同样适用于通道和路径。

8. 解除图层蒙版对图层样式的影响

虽然图层蒙版仅仅是从外观上影响图层内容的显示，但在带有图层蒙版的图层上添加图层样式时，所产生的效果也受到了蒙版的影响，就像图层上被遮罩的内容根本不存在一样，如图 7.37 所示。有时，这种影响是负面的，如本书第 4 章的 4.7.2 节，在处理奥运五环的交叉区域时。要解除图层蒙版对图层样式的影响，只要打开【图层样式】|【混合选项】对话框，在【高级混合】选项区选择【图层蒙版隐藏效果】复选框即可，如图 7.38 所示。

图 7.37　投影效果　　　　　　　　　图 7.38　解除图层蒙版的影响

7.4.2　图层蒙版应用案例

案例一：制作雾气效果

1. 案例说明

本案例通过在图层蒙版上添加云彩滤镜，并对云彩图案进行色阶调整来制作浓雾或薄雾效果。本案例的学习，目的在于揭示图层蒙版的实质：蒙版上的像素越暗，图层的对应区域越透明。

2. 操作步骤

（1）打开素材图像"第7章素材\竹林7-01.jpg"，将背景层转化为普通层，命名为"竹林"。

（2）新建图层，填充白色。选择【图层】|【新建】|【图层背景】命令，将新图层转化为背景层，如图7.39所示。

图 7.39　将新图层转化为背景层

（3）为"竹林"图层添加显示全部的图层蒙版。

（4）将前景色和背景色分别设为黑色与白色。确保"竹林"层处于蒙版编辑状态，选择【滤镜】|【渲染】|【云彩】命令，得到类似图7.40所示的效果。

图 7.40　在图层蒙版上添加云彩滤镜

（5）确保"竹林"层处于蒙版编辑状态。选择【图像】|【调整】|【色阶】命令，弹出【色阶】面板，参数设置如图7.41所示［由于云彩滤镜所生成的图案是随机的，此处参数设置仅供参考，步骤（6）同理］。此时图像中呈现出薄雾效果，如图7.42所示。

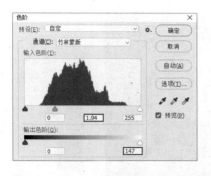

图 7.41 【色阶】面板参数设置（一）

图 7.42 薄雾效果

（6）若设置【色阶】面板参数如图 7.43 所示，可得到类似图 7.44 所示的浓雾效果。

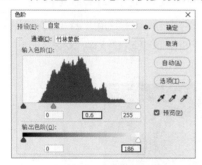

图 7.43 【色阶】面板参数设置（二）

图 7.44 浓雾效果

案例二：使用图层蒙版合成图像

案例二
操作演示

1．案例说明

本案例通过图层蒙版合成图像"最可爱的人"，致敬 2020 中国抗疫的过程中以钟南山、李兰娟为代表的中流砥柱，和千千万万奋战在一线的医护人员、军人等。

2．操作步骤

（1）新建图像（710 像素×1020 像素，72 像素/英寸，RGB 颜色模式/8 位，黑色背景）。按组合键 Ctrl+R 显示标尺，从竖直标尺拖移出一条参考线，定位在图像水平方向的中央位置。

（2）打开素材图像"第 7 章素材\钟南山院士.png"，按组合键 Ctrl+A 全选图像，按组合键 Ctrl+C 复制图像。切换到新建图像，按组合键 Ctrl+V 粘贴图像（生成图层 1）。选择【编辑】|【自由变换】命令适当缩小图层 1，调整图层 1 的位置，得到图 7.45 所示的效果。

（3）为图层 1 添加全部显示的图层蒙版。将前景色设置为黑色。选择渐变工具，渐变类型设置为"线性渐变"，渐变色设置为"前景色到透明渐变"，其他参数默认。

（4）按住 Shift 键，从图层 1 人物图像的左边界水平向右拖动光标，在图层蒙版上创建从黑色到透明的线性渐变，注意控制光标拖动的距离（可以操作多次），如图 7.46 所示。

（5）类似地，从人物图像的上边界竖直向下拖动光标，在图层蒙版上施加渐变；从人物图像的下边界竖直向上拖动光标，在图层蒙版上施加渐变；从参考线位置水平向左拖动光标，在图层蒙版上施加渐变。最终效果如图 7.47 所示。在上述操作中，控制光标拖动的距离很关键。

图 7.45　变换图层 1　　　　　　　　　　　图 7.46　隐藏人物图像的左边界

（6）接下来分别从人物图像的左上角、左下角、右上角、右下角，甚至其他点向图像内部方向施加渐变。注意光标拖动的方向和距离，目的是尽量隐藏人物背景，而将人物凸显出来，如图 7.48 所示。

图 7.47　隐藏图像的上下和右边界　　　　　图 7.48　图层 1 的最终处理效果

（7）打开素材图像"第 7 章素材\李兰娟院士.jpg"。仿照步骤（2）～步骤（6），将其复制到新建图像（生成图层 2）。适当缩小图层 2，调整图层 2 的位置。为图层 2 添加图层蒙版，通过在蒙版上施加黑色到透明的线性渐变，隐藏图像边界。必要的时候，也可以用黑色半透明软边画笔在蒙版上单击或涂抹，以隐藏背景或控制背景的显示程度。最终效果如图 7.49 所示。

（8）打开素材图像"第 7 章素材\抗疫中的医护人员.jpg"，复制到新建图像（生成图层 3，位于最上层）。将图层 3 的不透明度设置为 40%，并与背景层底对齐和右对齐。（从图像左上角向右下方向）成比例缩小图层 3 至其宽度与新建图像一致。为图层 3 添加图层蒙版，通过在蒙版上施加黑色到透明的线性渐变，或使用黑色半透明软边画笔涂抹，隐藏图像边界并控制图像的显示程度。最终效果如图 7.50 所示。

（9）打开素材图像"第 7 章素材\抗疫中的解放军战士.jpg"，复制到新建图像（生成图层 4，放置在背景层的上面）。将图层 4 的不透明度设置为 45%，适当缩小并调整其位置。为图层 4 添加图层蒙版，通过上述类似手段控制其中图像的显示程度。最终效果如图 7.51 所示。

图 7.49　用图层蒙版控制图层 2 显示

图 7.50　将医护人员素材合成到新图像

（10）在所有图层的上面创建图层 5。在图层 5 上沿参考线绘制 1 个像素粗细的白色竖直线段（高度约 740 像素，在图像窗口沿垂直方向居中），然后清除参考线。为图层 5 添加图层蒙版，从线段的上端点竖直向下拖动光标，在图层蒙版上创建黑色到透明的线性渐变。同样，从线段的下端点竖直向上拖动光标，在图层蒙版上创建黑色到透明的线性渐变。注意控制光标拖动的距离，得到图 7.52 所示的效果。

图 7.51　将解放军战士素材合成到新图像

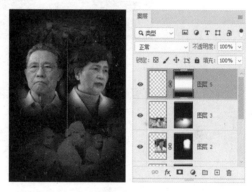

图 7.52　创建两端渐隐的竖直线效果

（11）在如图 7.53 所示的位置分别创建文本。其中"大爱精诚"为直排文本、微软雅黑 Light、54 点、白色、字间距 300；"国士无双"为直排文本、微软雅黑 Light、72 点、白色、字间距 300；"钟南山/李兰娟"为直排文本、微软雅黑 Regular、24 点、白色、字间距 300；"把论文写在祖国的大地上 写在人民的心中"为横排文本、微软雅黑 Regular、24 点、字间距 300，除"祖国"和"人民"为红色外其他都是白色；"最可爱的人"为横排文本、草檀斋毛泽东字体、24 点、灰色（#999999）、字间距 300。

（12）在图层 5 的上面新建图层 6。仿照步骤（10），在如图 7.53 所示的位置创建两端渐隐的白色水平线效果。蒙版处理前的线段粗细为 1 像素，长度约 450 像素，水平居中。

（13）打开素材图像"第 7 章素材\标志.gif"，复制到新建图像（生成图层 7，位于图层 6 的上面，移到新建图像左上角）。用矩形选框工具选择其中的白色"+"字图形，按组合键 Ctrl+C 复制选区图像，按组合键 Ctrl+V 粘贴选区图像，得到图层 8。

（14）用魔棒工具选择图层 7 上的所有白色区域，然后为图层 7 添加"隐藏选区"的图层蒙版。同时选中图层 7 和图层 8，从【图层】面板菜单中选择【从图层新建组】命令，在弹出的对话框中将组名设为"医护标志"，单击【确定】按钮。

（15）成比例缩小"医护标志"组，将组的不透明度设置为40%。移动到"最可爱的人"的左边，如图7.53所示。

图 7.53　图像最终合成效果及【图层】面板

（16）以"最可爱的人"为名存储合成图像，关闭所有素材文件（不保存更改）。

7.5　矢量蒙版

矢量蒙版被用来限制图层的显示范围，创建边界清晰的图形和图像。这种图形和图像易于修改，特别是缩放后依然能够保持清晰平滑的边界。

7.5.1　矢量蒙版的基本操作

1. 添加矢量蒙版

选择要添加矢量蒙版的图层，采用下述方法之一添加矢量蒙版。

（1）按住 Ctrl 键，单击【图层】面板上的▣按钮，或选择【图层】|【矢量蒙版】|【显示全部】命令，可以创建显示图层全部内容的白色矢量蒙版，如图7.54所示。

（2）按住组合键 Ctrl+Alt，单击【图层】面板上的▣按钮，或选择【图层】|【矢量蒙版】|【隐藏全部】命令，可以创建隐藏图层全部内容的灰色矢量蒙版，如图7.55所示。

（3）在路径面板上选择某个路径记录，按住 Ctrl 键单击【图层】面板上的▣按钮，或选择【图层】|【矢量蒙版】|【当前路径】命令，将基于当前路径在图层上创建矢量蒙版，如图7.56所示。

在 Photoshop CC 2020 中，全部锁定的图层和形状图层不能添加矢量蒙版。

图 7.54　白色矢量蒙版

图 7.55　灰色矢量蒙版

图 7.56　基于路径创建的矢量蒙版

2. 编辑矢量蒙版

对矢量蒙版的编辑实际上就是对矢量蒙版中路径的编辑。在【图层】面板上选择矢量蒙版，可在图像窗口对矢量蒙版中的路径进行编辑修改。

3. 删除矢量蒙版

在【图层】面板上选择矢量蒙版的缩览图，单击 🗑 按钮，弹出提示对话框，单击【确定】按钮。也可以通过选择【图层】|【矢量蒙版】|【删除】命令，或按 Delete 键，直接删除矢量蒙版。

4. 停用或启用矢量蒙版

与停用或启用图层蒙版类似。可参阅 7.4.1 节中的对应内容。

5. 将矢量蒙版转化为图层蒙版

选择包含矢量蒙版的图层，选择【图层】|【栅格化】|【矢量蒙版】命令，可将矢量蒙版转化为图层蒙版。

案例 7.5.2
操作演示

7.5.2 矢量蒙版应用案例

1. 案例说明

本案例使用基于路径的矢量蒙版和图层样式等技术设计圆形金属镜框效果。

2. 操作步骤

（1）打开素材图像"第 7 章素材\竹林穿雨.jpg"。选择形状工具组中的椭圆工具，在选项栏上设置【工具模式】为"路径"，【路径操作】为"合并形状"。在图像上创建圆形路径，通过【属性】面板将其宽高都设置为 793 像素。通过路径选择工具调整其位置，刚好与素材的圆形画面重合。

（2）在【路径】面板菜单中选择"存储路径"命令，打开对话框，采用默认名称"路径 1"，单击【确定】按钮，如图 7.57 所示。

（3）使用路径选择工具单击选择图像窗口中的路径，按组合键 Ctrl+C 复制路径，按组合键 Ctrl+V 原位置粘贴路径。使用【编辑】|【自由变换路径】命令，配合 Alt 键中心不变等比例缩小副本子路径至原来的 93.5%（操作时观察选项栏上的宽高百分比变化）。

（4）在选项栏上将副本子路径的【路径操作】选项设置为"减去顶层形状"。此时的【路径】面板如图 7.58 所示。

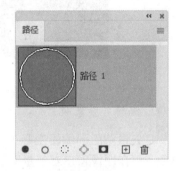

图 7.57 创建圆形路径　　　　　　　　　图 7.58 复制出子路径

（5）确保副本子路径（内圈小的圆形路径）处于选择状态，按组合键 Ctrl+C 复制副本子路径。单击【路径】面板上的创建新路径按钮，新建路径 2，按组合键 Ctrl+V 将副本子路径粘贴在路径 2 上，通过选项栏将其【路径操作】选项设置为"合并形状"，如图 7.59 所示。

（6）在【图层】面板上双击背景层缩览图将其转化为普通层，命名为"素材图像"。在【路径】面板上选择路径 2。选择【图层】|【矢量蒙版】|【当前路径】命令，为"素材图像"层添加基于路径 2 的矢量蒙版，如图 7.60 所示。

（7）打开素材图像"第 7 章素材\无缝图案.jpg"。使用【编辑】|【定义图案】命令将其定义图案。关闭素材图像"无缝图案.jpg"。

（8）（回到"竹林穿雨"图像）新建图层，填充任意颜色。将新图层命名为"图案"。为"图案"层添加"图案叠加"图层样式［所用图案即步骤（7）中自定义的图案，其他参

数默认]。将"图案"层拖移到"素材图像"层的下面，如图 7.61 所示。

（9）在"素材图像"层的上面新建图层，填充任意颜色。将新图层命名为"镜框"，并为该图层添加基于路径 1 的矢量蒙版［可参考步骤（6）］。

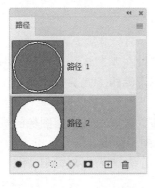

图 7.59　修改路径 2 的运算方式　　　　　图 7.60　为"素材图像"层添加矢量蒙版

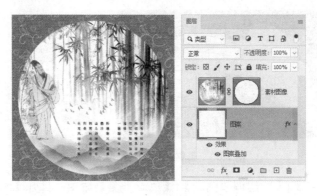

图 7.61　创建图案图层

（10）打开【样式】面板，在"旧版样式"中找到"Web 样式"。为"镜框"层添加"Web 样式"中的"铬黄"样式。图像最终效果及【图层】面板，如图 7.62 所示。

图 7.62　图像最终效果及【图层】面板

7.6 与蒙版相关的图层：调整层与填充层

7.6.1 调整层

调整层是一种带有图层蒙版或矢量蒙版的特殊图层，可以在不破坏图像原始数据的情况下对其下面的图层进行颜色调整，属于典型的非破坏性图像编辑方式。使用调整层的另一个好处是，在任何时候都可以修改颜色调整参数。

调整层是一个独立的图层，它本身不包含任何像素，却承载着对其下层图像的颜色调整参数。通过调整层上的蒙版还可以控制颜色调整的作用范围和强度。

调整层的使用范围很广，绝大多数颜色调整命令都能够借助调整层发挥其作用。

下面以"色彩平衡"为例介绍调整层的用法。

（1）打开素材图像"第7章素材\书7-01.psd"，选择"插画"图层，如图7.63所示。

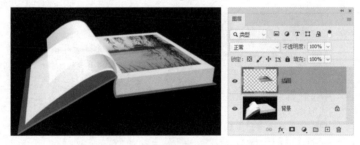

图7.63　素材图像及【图层】面板

（2）选择【图层】|【新建调整图层】|【色彩平衡】命令，打开【新建图层】对话框，参数设置如图7.64所示。

图7.64　【新建图层】对话框

● 【使用前一图层创建剪贴蒙版】：将下一图层作为基底图层创建剪贴蒙版，使得颜色调整作用限制在下一图层的像素范围内，而不影响下面的其他图层。

● 【模式】：为调整层选择不同的混合模式，以改善颜色调整结果或制作特殊效果，也可以直接在【图层】面板上为调整层选择图层混合模式。

● 【不透明度】：改变调整层的不透明度，以控制颜色调整的强度，也可以直接在图层面板上设置。

（3）单击【确定】按钮，生成名称为"色彩平衡1"的调整图层，同时显示【属性】面板。参数设置如图7.65所示（仅调整中间调区域）。此时的图像效果及【图层】面板如图7.66所示。

提示

也可以通过在【图层】面板上单击创建新的填充或调整图层按钮 ，从弹出菜单中选择调色命令来创建调整层。

图 7.65 【属性】面板

图 7.66 添加调整层后的图像

（4）按住 Ctrl 键，在【图层】面板上单击"插画"层的缩览图，载入选区。

（5）确保调整层处于图层蒙版编辑状态。使用渐变工具，在图像窗口从选区右下角到选区左上角，创建一个由白色到黑色的线性渐变，使得"插画"层图像的颜色调整效果从右下角到左上角逐渐减弱。取消选区，结果如图 7.67 所示。

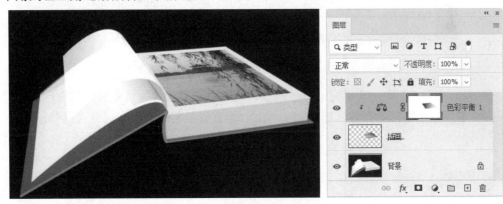

图 7.67 利用图层蒙版控制调整强度

在调整层的图层蒙版上，黑色表示调整层对下层图像无任何调整效果，白色表示调整效果最强，灰色区域的调整程度由灰色的深浅决定，灰度越深，调整强度越小。所以，图层蒙版不仅能够像剪贴蒙版那样控制调整层的作用范围，还可以形成淡入或淡出的调整效果（改变调整层的不透明度只能平均改变调整强度）。

（6）在【图层】面板上双击调整层上的 ⚙ 图标，打开【属性】面板，可随时修改颜色调整参数。

提示

若在创建调整层前选择了某个路径，则可以基于该路径创建带有矢量蒙版的调整层。此时，调整层对下层图像的调色效果被限制在路径的有效范围内。

7.6.2 填充层

在默认设置下，填充层是一种带有图层蒙版的特殊图层。填充层上的填充内容包括纯色、渐变色和图案 3 种。通过填充层的图层蒙版可以控制填充效果的强弱和填充范围。

下面以图案填充为例介绍填充层的创建方法。

（1）打开素材图像"第 7 章素材\木纹.jpg"。通过【编辑】|【定义图案】命令将其定义为图案。

（2）打开素材图像"第 7 章素材\留言.psd"，选择背景层。在【图层】面板上单击创建新的填充或调整图层按钮，从弹出菜单中选择【图案】命令，打开【图案填充】对话框，选择步骤（1）中定义的木纹图案，单击【确定】按钮。此时在背景层的上面生成图案填充层，如图 7.68 所示。

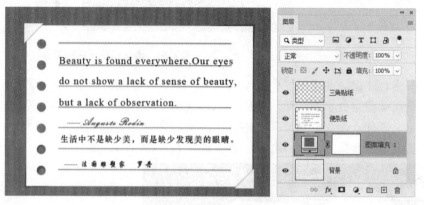

图 7.68　创建图案填充层

在 Photoshop CC 中，若事先选择了路径，则可以创建带有矢量蒙版的填充层。此时，填充内容被限制在路径的有效区域内。实际上，带有矢量蒙版的填充层就是形状层。

7.7　小　　结

本章主要讲述了以下内容。

蒙版概述。蒙版的引入，蒙版的分类，蒙版的作用与重要性。蒙版是实现非破坏性编辑的重要工具。

快速蒙版。快速蒙版用于创建与编辑选区。

剪贴蒙版。剪贴蒙版用于控制图层的显示范围与显示程度，或控制调整层的作用范围与作用强度。

图层蒙版。图层蒙版用于控制图层的显示范围和显示程度，并保护相应的图层免遭破坏。在图层蒙版上，黑色表示透明，白色表示不透明，灰色表示半透明，透明的程度由灰色的深浅决定。

矢量蒙版。矢量蒙版用于在图层上创建边界清晰的图形。

与蒙版有关的图层：调整层、填充层。

（1）调整层是一种带有图层蒙版或矢量蒙版的特殊图层，可以在不破坏图像原始数据的情况下进行颜色调整，而且在任何时候都可以修改颜色调整参数。通过调整层上的蒙版可以控制调整层的作用范围和强度。

（2）填充层也是一种带有蒙版的特殊图层，填充的内容包括纯色、渐变色和图案。

7.8 习 题

一、选择题

1. 以下关于蒙版的说法，不正确的是_____。

    A. 剪贴蒙版用于控制图层的显示范围，或控制调整层的作用范围

    B. 快速蒙版用来创建和编辑选区

    C. 图层蒙版用来控制图层中不同区域的图像的显隐状况

    D. 要想使图层蒙版不起作用，唯一的办法就是将其删除

2. 以下关于蒙版的说法，不正确的是_____。

    A. 在 Photoshop 中，图层蒙版是以 8 位（256 阶）彩色图像形式存储的

    B. 在 Photoshop 中，可以使用所有的绘画与填充工具、图像修整工具以及相关的菜单命令对图层蒙版进行编辑和修改

    C. 可使用相关的菜单命令将选区作为蒙版存储在 Alpha 通道中

    D. 选区实际上就是一种临时性的蒙版

3. 将蒙版与图层建立链接的作用是_____。

    A. 可将蒙版与图层进行对齐

    B. 可将蒙版与图层同时进行编辑

    C. 可将蒙版与图层一起移动和变换

    D. 可将蒙版与图层一起删除

4. 以下关于矢量蒙版的说法，不正确的是_____。

    A. 使用矢量蒙版可以在图层上创建边界清晰的图形

    B. 图层蒙版不能转换为矢量蒙版，同样，矢量蒙版也不能转换为图层蒙版

    C. 对矢量蒙版的编辑实际上是对矢量蒙版中路径的编辑

    D. 使用矢量蒙版创建的图形易于修改，特别是缩放后依然保持清晰平滑的边界

5. 以下对图层蒙版的描述，错误的是_____。

    A. 按住 Alt 键单击图层蒙版的缩览图，可在图像窗口中查看图层蒙版的灰度图像

    B. 选择带有蒙版的图层后，在【通道】面板上会出现一个临时的 Alpha 通道

    C. 在图层上添加的蒙版只能是白色的

    D. 图层蒙版相当于一个 8 位灰阶的 Alpha 通道（假设图像是 8 位/通道）

6. 按字母键_____可以使图像进入快速蒙版编辑状态。

    A. M   B. Q   C. T   D. K

7. 以下关于蒙的描述，错误的是_____。

    A. 快速蒙版主要用于创建、编辑与修补选区

    B. 图层蒙版和矢量蒙版是不同类型的蒙版，两者之间是无法转换的

    C. 图层蒙版可转化为浮动的选择区域

    D. 在快速蒙版或图层蒙版编辑状态，在【通道】面板上可看到与蒙版相对应的临时 Alpha 通道

8．以下对图层蒙版的描述，不正确的是_____。

    A．图层蒙版相当于一个 8 位灰阶的 Alpha 通道（假设图像是 8 位/通道）

    B．在图层蒙版中，不同程度的灰色表示图像以不同程度的透明度进行显示

    C．按 Esc 键可以取消图层蒙版的显示

    D．在全部锁定的图层上是不能建立图层蒙版的

9．以下不能添加图层蒙版的是_____。

    A．图层组   B．文字图层   C．透明图层   D．全部锁定的图层

10．在图层上添加一个蒙版后，要想单独移动蒙版，以下操作正确的是_____。

    A．首先选择图层上的蒙版，然后选择移动工具就可以移动了

    B．首先选择图层上的蒙版，然后使用选择工具在图像中拖动即可

    C．首先解除图层与蒙版的链接，然后使用移动工具就可以移动了

    D．首先解除图层与蒙版的链接，再选择蒙版，然后使用移动工具就可以移动了

二、填空题

1．根据用途和存在形式的不同，蒙版可分为_____、_____、_____和矢量蒙版等多种。

2．在图层蒙版上，_____表示透明，_____表示不透明，灰色表示_____，透明的程度由灰色的深浅决定。

3．在编辑带有图层蒙版的图层时，存在_____编辑状态和_____编辑状态两种情况。

4．调整层是一种特殊的图层，通过它可以对图像进行_____调整，但不会破坏原始图像数据。

5．在默认设置下，填充层也是一种带有蒙版的图层。填充层上的内容可以是_____、_____或_____。

三、操作题

1．利用对象选择工具、快速蒙版、高斯模糊滤镜等技术将素材图像"练习\第 7 章\白玉兰花.jpg"（图 7.69）处理成如图 7.70 所示的效果（即对背景进行模糊处理）。

图 7.69　素材图像　　　　　　　　　　图 7.70　处理效果

参考步骤如下。

（1）复制背景层得到"背景 拷贝"层。

（2）使用对象选择工具选择拷贝层上的白玉兰花及枝干。

（3）使用快速蒙版修补选区。

（4）添加显示选区的图层蒙版。

（5）在背景层上应用高斯模糊滤镜。

2．利用图层蒙版和"练习\第 7 章"文件夹下的素材图像"云雾.jpg"与"瀑布.jpg"（图 7.71）合成如图 7.72 所示的无缝对接效果。

图 7.71　素材图像

图 7.72　蒙版合成效果

参考步骤如下。

（1）使用【图像】|【画布大小】命令将"瀑布"图像向上扩充（扩充后的图像高度为 18 厘米左右，宽度不变）。

（2）将"云雾"图像复制到"瀑布"图像，得到图层 1。将图层 1 与背景层顶边对齐。

（3）在图层 1 上添加显示全部的图层蒙版。

（4）将图层 1 的不透明度设置为 80%。

（5）确保图层 1 处于图层蒙版编辑状态，在图 7.73 所示的 A 点向 B 点做白色到黑色的垂直线性渐变。其中 A 点向上靠近但不能超出原"瀑布"图像的上边界，B 点向下靠近但不能超出原"云雾"图像的下边界。

（6）将图层 1 的不透明度恢复为 100%。图像合成后的【图层】面板如图 7.74 所示。

图 7.73　由 A 点向 B 点做线性渐变

图 7.74　最终【图层】面板

3．利用图层蒙版将"练习\第 7 章"文件夹下的素材图像"舞蹈.jpg"（图 7.75）处理成如图 7.76 所示的影子效果。

图 7.75　素材图像

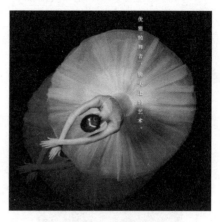

图 7.76　合成效果

参考步骤如下。

（1）使用魔棒工具和【选择】|【反选】命令选择图中人物（必要时可使用快速蒙版修补选区）。

（2）复制并粘贴选区图像，得到图层 1。复制图层 1，得到图层 1 拷贝层。

（3）将图层 1 向左下角方向移动约 60 个像素，并添加显示全部的图层蒙版。

（4）确保图层 1 处于图层蒙版编辑状态，在图 7.77 所示的 A 点向 B 点做白色到黑色的线性渐变。

（5）创建文本"最美的舞者，脚尖上的艺术。"并添加投影效果。操作完成后的【图层】面板如图 7.78 所示。

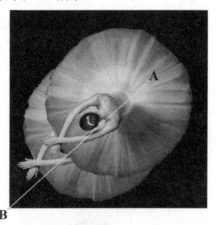

图 7.77　由 A 点向 B 点做线性渐变

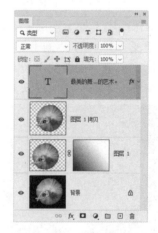

图 7.78　【图层】面板

4．利用剪贴蒙版、调整层和图层混合模式等技术，将"练习\第 7 章"文件夹下的素材图像"人物.jpg"与"青花瓷布料.jpg"（图 7.79）合成如图 7.80 所示的效果。

参考步骤如下。

（1）打开人物图像，建立白色衣服的选区。将选区内图像复制粘贴到图层 1。

（2）在图层 1 上面添加色阶调整层，先不要调整参数。为色阶调整层添加剪贴蒙版。

（3）将素材图像"青花瓷布料.jpg"复制到色阶调整层上。适当缩小、调整位置，刚好覆盖下面图层的白色衣服。为"青花瓷布料"层添加剪贴蒙版。

图 7.79　素材图像

图 7.80　合成效果

（4）将"青花瓷布料"层的图层混合模式设置为"正片叠底"。设置色阶调整层参数如图 7.81 所示。操作完成后的【图层】面板如图 7.82 所示。

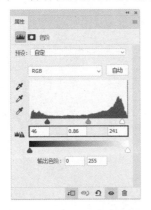

图 7.81　设置色阶调整层参数

图 7.82　最终【图层】面板

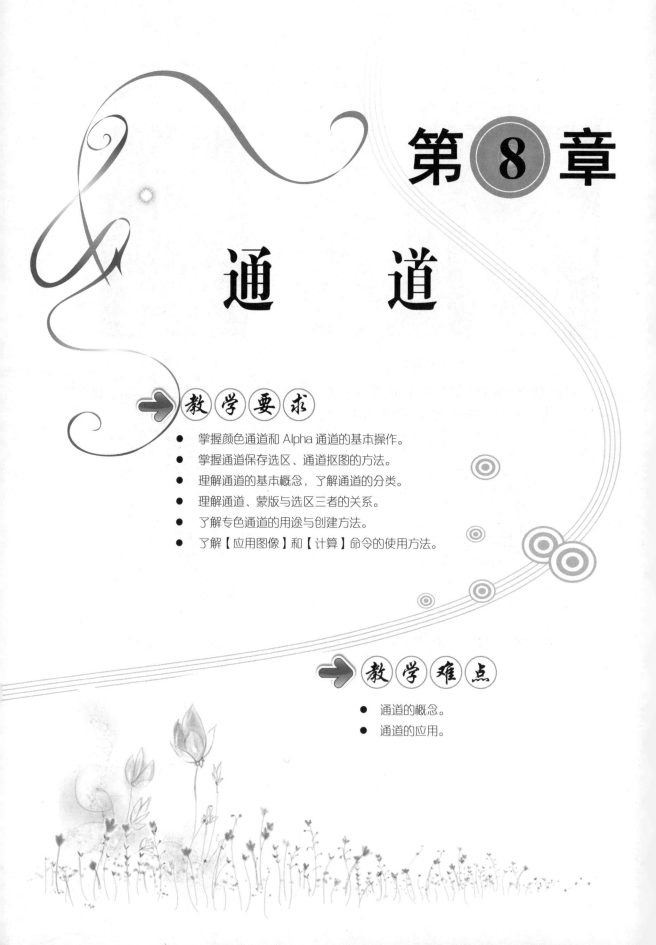

第 8 章

通 道

教学要求

- 掌握颜色通道和 Alpha 通道的基本操作。
- 掌握通道保存选区、通道抠图的方法。
- 理解通道的基本概念，了解通道的分类。
- 理解通道、蒙版与选区三者的关系。
- 了解专色通道的用途与创建方法。
- 了解【应用图像】和【计算】命令的使用方法。

教学难点

- 通道的概念。
- 通道的应用。

8.1　通道原理与工作方式

通道是 Photoshop 最核心的功能之一，也是 Photoshop 最难理解和掌握的内容。只有攻克了通道这道难关，才能真正掌握 Photoshop 技术的精髓。通道是普通用户成为 PS 高手必须翻越的障碍。

8.1.1　通道概述

简而言之，通道是存储图像的颜色信息或选区信息的一种载体。用户可以将临时选区转换为灰度图像，存放在通道中，并且可以对灰度图像进一步处理，以获得符合需要的复杂选区。

Photoshop 包含 3 种类型的通道：颜色通道、Alpha 通道和专色通道。打开图像时，Photoshop 分析图像的颜色信息，自动创建颜色通道。在 RGB、CMYK 或 Lab 颜色模式的图像中，不同的颜色分量分别存放于不同的颜色通道中。在【通道】面板顶部列出的是复合通道，由各颜色分量通道混合而成，其中的彩色图像就是在图像窗口中显示的图像。图 8.1 所示的是一幅 RGB 图像的颜色通道组成。

颜色通道用于存储图像的颜色信息。图像的颜色模式决定了颜色通道的数量。例如，RGB 图像包含红（R）、绿（G）、蓝（B）3 个单色通道和一个复合通道，CMYK 图像包含青（C）、洋红（M）、黄（Y）、黑（K）4 个单色通道和一个复合通道，Lab 图像包含 L 明度通道、a 颜色通道、b 颜色通道和一个复合通道。灰度、位图、双色调和索引颜色模式的图像都只有一个颜色通道。

图 8.1　RGB 图像的颜色通道组成

除了 Photoshop 自动生成的颜色通道，用户还可以根据需要，在图像中另外添加 Alpha 通道和专色通道。其中 Alpha 通道用于存放和编辑选区，专色通道则用于存放印刷中的专色油墨。位图模式的图像不能额外添加通道。

8.1.2　颜色通道

颜色通道用于存储图像中的颜色信息——颜色的含量高低与分布情况。下面以 RGB 图像为例进行说明。

打开素材图像"第 8 章素材\樱桃 8-01.jpg"，如图 8.2 所示。在【通道】面板上单击选择红色通道，如图 8.3 所示。

图 8.2 彩图

图 8.3 彩图

图 8.2　素材图像　　　　　　　图 8.3　红色通道的灰度图

从图像窗口中查看红色通道的灰度图像。亮度越高的区域，表示彩色图像对应区域的红色含量越高，亮度越低的区域表示红色含量越低。黑色区域表示不含红色，白色区域表示红色含量达到最大值。

根据上述分析可知，修改颜色通道将影响图像的颜色。仍以"樱桃 8-01.jpg"为例加以说明。

在【通道】面板上单击选择绿色通道，同时单击复合通道（RGB 通道）缩览图左侧的灰色方框 □，显示眼睛图标 ，如图 8.4 所示。这样可以在编辑绿色通道的同时，从图像窗口中查看彩色图像的变化情况。

选择【图像】|【调整】|【亮度/对比度】命令，弹出【亮度/对比度】对话框，参数设置如图 8.5 所示，单击【确定】按钮。

图 8.4　选择绿色通道　　　　　图 8.5　【亮度/对比度】参数设置

图 8.6 彩图

提高绿色通道的亮度，等于在彩色图像中增加绿色的混入量，结果如图 8.6 所示。

将前景色设为黑色。在【通道】面板上单击选择蓝色通道，按组合键 Alt+Delete 在蓝色通道上填充黑色。这样相当于将彩色图像中每个像素点的蓝色分量都设置为 0，整幅图像仅由红色和绿色混合而成，如图 8.7 所示。

图 8.7 彩图

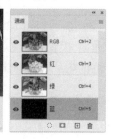

图 8.6　图像中绿色更浓　　　　图 8.7　清除图像中的蓝色混入量

由此可见，通过改变颜色通道的亮度可校正色偏，或制作具有特殊色调效果的图像。

选择绿色通道，通过滤镜库添加【纹理化】滤镜，参数设置如图 8.8 所示，单击【确定】按钮。效果如图 8.9 所示。

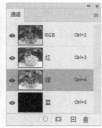

图 8.9 彩图

图 8.8　设置【纹理化】滤镜参数　　　　图 8.9　在绿色通道上添加滤镜效果

纹理滤镜效果主要出现在彩色图像中绿色含量较高的区域，红色樱桃上的滤镜效果十分微弱。如果将滤镜效果添加在红色通道上，情况正好相反。

在通道面板上单击选择复合通道，返回图像的正常编辑状态。

上述对颜色通道的分析是针对 RGB 图像而言的。对于其他颜色模式的图像，情况就不同了。打开 CMYK 颜色模式的素材图像"第 8 章素材\桃花 8-01.jpg"，如图 8.10 所示。在通道面板上单击选择洋红通道。

选择【图像】|【调整】|【色阶】命令，【色阶】参数设置如图 8.11 所示，单击【确定】按钮。效果如图 8.12 所示。

图 8.10
彩图

图 8.10　素材图像

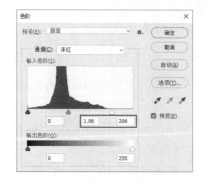

图 8.12
彩图

图 8.11　【色阶】参数设置　　　　图 8.12　图像调整效果

在上述操作中，提高洋红通道的亮度，等于在彩色图像中降低洋红的混入量。CMYK图像的其他颜色通道也是如此。这与 RGB 图像恰恰相反。

总之，对于颜色通道，可以得出以下结论。

（1）颜色通道是存储图像颜色信息的载体。

（2）调整颜色通道的亮度，可以改变图像中各原色成分的含量，使图像色彩发生变化。

8.1.3　Alpha 通道

Alpha 通道用于保存选区信息，也是编辑选区的重要场所。在 Alpha 通道中，白色代表选区，黑色表示未被选择的区域。灰色表示羽化的半透明选区。灰色越深，选区越弱。

打开素材图像"第 8 章素材\天空 8-01.psd"，如图 8.13 所示。在通道面板上单击选择Alpha 1 通道，如图 8.14 所示，在图像窗口中查看 Alpha1 通道的灰度图。

图 8.13　素材图像　　　　　　　　　图 8.14　查看 Alpha 1 通道的灰度图

按住 Ctrl 键，在【通道】面板上单击 Alpha 1 通道的缩览图，载入 Alpha 1 通道中的选区。单击选择复合通道，并切换到图层面板，如图 8.15 所示。按组合键 Ctrl+C 复制背景层选区内的图像。

图 8.15　载入 Alpha 1 通道中的选区

新建一个 580 像素×350 像素，72 像素/英寸，RGB 颜色模式的空白文档。将背景层填充为蓝色（#3449a2）。

按组合键 Ctrl+V 粘贴图像，效果如图 8.16 所示。由于从 Alpha 1 通道的灰色区域载入的是半透明的选区，因此从该选区复制出来的云彩图像是半透明的。

用白色涂抹 Alpha 1 通道，或增加 Alpha 1 通道的亮度，可扩展选区的范围；用黑色涂抹 Alpha 1 通道或降低 Alpha 1 通道的亮度，则缩小选区的范围。

图 8.16　粘贴半透明的云彩图像效果

8.1.4 专色通道

专色是印刷中特殊的预混油墨，用于替代或补充印刷色（CMYK）油墨。常见的专色包括金色、银色和荧光色等，仅使用青、洋红、黄和黑四色油墨打印不出这些特殊的颜色。要印刷带有专色的图像，需要在图像中创建存放专色的通道，即专色通道。

打开要添加专色的素材图像"第 8 章素材\野花 8-01.psd"，如图 8.17 所示。

按住 Ctrl 键，在【通道】面板上单击 Alpha 1 通道的缩览图，载入 Alpha 1 通道中的选区。选择【选择】|【反选】命令，以确定图像中要添加专色的区域，如图 8.18 所示。

图 8.17　素材图像

图 8.18　确定添加专色的区域

选择【通道】面板菜单中的【新建专色通道】命令，打开【新建专色通道】对话框，如图 8.19 所示。各参数作用如下。

- 【名称】：输入专色通道的名称。选择自定义颜色时，Photoshop 将自动采用所选专色的名称，以便其他应用程序能够识别。
- 【颜色】：单击【颜色】按钮■，打开 Photoshop 拾色器。单击其中的颜色库按钮，打开【颜色库】对话框，从中可选择 PANTONE 或 HKS 等颜色系统中的颜色，如图 8.20 所示。

图 8.19　【新建专色通道】对话框

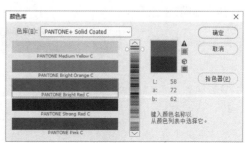

图 8.20　【颜色库】对话框

- 【密度】：该选项用于在屏幕上模拟印刷后专色的密度，并不影响实际的打印输出，取值范围为 0%～100%。数值越大表示颜色越不透明。输入 100% 时，模拟完全覆盖下层油墨的油墨（如金属质感油墨）；输入 0% 则模拟完全显示下层油墨的透明油墨（如透明光油）。另外，也可以使用该选项查看其他透明专色（如光油）的显示位置。

本例选择专色 PANTONE 444C，单击【确定】按钮。所创建的专色通道如图 8.21 所示。

专色通道中存放的也是灰度图像，其中黑色表示不透明度为 100%的专色，灰度的深浅表示专色的浓淡。可以像编辑 Alpha 通道那样，使用 Photoshop 的有关工具和命令对其进行修改。但与【新建专色通道】对话框的【密度】选项不同的是，在对专色通道进行修改时，绘画工具或菜单选项中的【不透明度】选项表示用于打印输出的实际油墨浓度。

为了输出专色通道，应将图像存储为 DCS 2.0 格式或 PDF 格式。如果要使用其他应用程序打印含有专色通道的图像，并且将专色通道打印到专色印版，必须首先以 DCS 2.0 格式存储图像。DCS 2.0 格式不仅保留专色通道，而且被 Adobe InDesign、Adobe PageMaker 等应用程序支持。

图 8.21　创建专色通道

8.2　通道的基本操作

8.2.1　选择通道

在通道面板上，采用鼠标单击的方式可选择任何一个通道。按住 Shift 键单击可加选多个通道，如图 8.22 所示。

图 8.22　选择多个通道

按 Ctrl+数字键可快速选择通道。以 RGB 图像为例，按组合键 Ctrl+2 选择复合通道,按组合键 Ctrl+3 选择红色通道，按组合键 Ctrl+4 选择绿色通道，按组合键 Ctrl+5 选择蓝色通道，按组合键 Ctrl+6 选择第一个 Alpha 通道或专色通道，按组合键 Ctrl+7 选择第二个 Alpha通道或专色通道……。这样一来，不必切换到【通道】面板即可选择单个通道。

8.2.2　通道的显示与隐藏

通道的显示与隐藏和图层类似，通过单击通道缩览图左侧的眼睛图标 👁 实现。

（1）在 Alpha 通道中编辑选区时，常常需要参考整个图像的内容。这时可在选择 Alpha通道的同时显示复合通道，如图 8.23 所示。

（2）要想查看单个通道，只需显示该通道并隐藏其他通道即可。

（3）在查看多个颜色通道时，图像窗口显示这些通道的彩色混合效果，如图 8.24 所示。

（4）在显示复合通道时，所有单色通道自动显示。也就是说，只要显示了所有的单色通道，复合通道也将自动显示。

图 8.23　参考复合通道

图 8.24　查看多个颜色通道

8.2.3　将颜色通道显示为彩色

在默认设置下，单色通道是以灰度图像显示的。选择【编辑】|【首选项】|【界面（I）…】命令，打开【首选项】对话框，选择【用彩色显示通道】复选框（图 8.25），单击【确定】按钮。此时，所有颜色通道均以彩色显示，如图 8.26 所示。

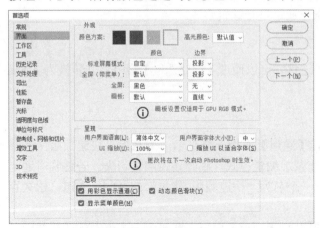
图 8.25　【首选项】对话框

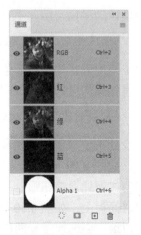
图 8.26　以彩色显示通道

8.2.4　创建 Alpha 通道

在图像处理中，根据不同的用途，可以从多种渠道创建 Alpha 通道。

1. 创建空白 Alpha 通道

在【通道】面板上单击创建新通道按钮⊞，可使用默认设置创建一个 Alpha 通道。如图 8.27 所示。若选择【通道】面板菜单中的【新建通道】命令，或按住 Alt 键单击新建通道按钮⊞，则打开【新建通道】对话框，如图 8.28 所示。

输入通道名称，设置色彩指示区域、颜色和不透明度，单击【确定】按钮按指定参数创建 Alpha 通道。对话框的参数设置仅影响通道的预览效果，对通道中的选区无任何影响。

图 8.27　新建空白 Alpha 通道

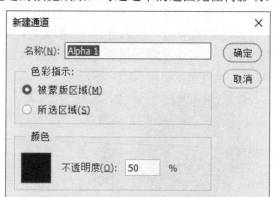

图 8.28　【新建通道】对话框

2. 从颜色通道创建 Alpha 通道

将颜色通道拖动到创建新通道按钮⊞上，可以得到 Alpha 通道。该 Alpha 通道虽然是原颜色通道的拷贝，但二者之间除灰度图像相同外，没有任何其他的联系。

该操作常用于通道抠图，一般做法是：寻找一个合适的颜色通道→复制颜色通道得到副本通道→对副本通道中的灰度图像做进一步修改，以获得所需选区。由于修改颜色通道会影响图像的颜色，因此不宜直接对颜色通道进行编辑修改。

3. 从选区创建 Alpha 通道

对于使用选择等工具等创建的临时选区，可以通过【存储选区】命令将其转换为 Alpha 通道。具体操作可参阅 8.2.9 节。

4. 从蒙版创建 Alpha 通道

图像处于快速蒙版编辑模式时，其【通道】面板上会显示一个名为"快速蒙版"的临时通道，如图 8.29 所示。一旦退出快速蒙版编辑模式，临时通道随之消失。若将临时通道拖动到创建新通道按钮⊞上，可以得到一个名为"快速蒙版 拷贝"的 Alpha 通道，永久存储在通道面板上，如图 8.30 所示。

类似地，当选择带有图层蒙版的图层时，【通道】面板上会显示一个临时的图层蒙版通道，如图 8.31 所示。将临时图层蒙版通道拖动到创建新通道按钮⊞上，可以得到一个名称为"××蒙版 拷贝"的 Alpha 通道，永久存放在通道面板上，如图 8.32 所示。

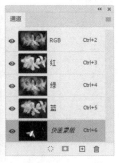

图 8.29　快速蒙版通道

图 8.30　存储快速蒙版通道

图 8.31　图层蒙版通道

图 8.32　复制图层蒙版通道

8.2.5　重命名 Alpha 通道

在【通道】面板上可采用下述方法之一，重新命名 Alpha 通道。

（1）双击 Alpha 通道的名称，输入新名称，按 Enter 键或在名称编辑框外单击。

（2）双击 Alpha 通道的缩览图，打开【通道选项】对话框（图 8.33），输入新名称，单击【确定】按钮。

（3）选择要重新命名的 Alpha 通道，在【通道】面板菜单中选择【通道选项】命令，打开【通道选项】对话框，输入新名称，单击【确定】按钮。

专色通道的重命名方式类似。Photoshop 禁止对颜色通道重新命名。

8.2.6　复制通道

1. 使用鼠标方式复制通道

在【通道】面板上，将要复制的通道拖动到创建新通道按钮田上，可得到该通道的一个拷贝通道。若将当前图像的某一通道拖动到其他图像的窗口中，则可实现通道在不同图像间的复制。在这种操作方式下，相关两个图像的像素尺寸可以不相同。

2. 使用菜单命令复制通道

在【通道】面板上选择要复制的通道，从【通道】面板菜单中选择【复制通道】命令，打开【复制通道】对话框，如图 8.34 所示。

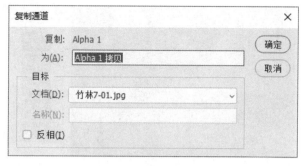

图 8.33 【通道选项】对话框　　　　　图 8.34 【复制通道】对话框

在【文档】下拉列表中选择当前文件（默认选项），可将通道复制到当前图像。若选择其他文件（这些都是已经打开并且与当前图像具有同样像素大小的文件），可将通道复制到该文件中。如果选择"新建"选项，则将通道复制到新建文件（一个仅包含单个通道的多通道图像）中。

提示

Photoshop禁止将其他图像的通道复制到位图模式的图像中。

8.2.7　删除通道

在通道面板上，可采用下述方法之一删除通道。

（1）将要删除的通道拖动到删除当前通道按钮🗑上。

（2）选择要删除的通道，在通道面板菜单中选择【删除通道】命令。

（3）选择要删除的通道，单击删除当前通道按钮🗑，打开 Photoshop 提示框，单击【是】按钮。

如果删除的是颜色通道，则图像自动转换为多通道模式。由于多通道模式不支持图层，图像中所有的可见图层会合并为一个图层（隐藏的图层被自动丢弃）。

8.2.8　替换通道

打开素材图像"第 8 章素材\宠物 8-02.JPG"，在通道面板上选择红色通道。按组合键 Ctrl+A 选择通道灰度图像，如图 8.35 所示。按组合键 Ctrl+C 进行复制。

打开素材图像"第 8 章素材\野花 8-02.PSD"，在通道面板上选择绿色通道（同时显示复合通道），如图 8.36 所示。按组合键 Ctrl+V 用"宠物"的红色通道覆盖"野花"的绿色通道。

图 8.35　复制"宠物"的红色通道　　　　图 8.36　选择"野花"的绿色通道

由于"野花 8-02.PSD"的颜色通道被修改，所以整个图像效果发生了变化，如图 8.37 所示。

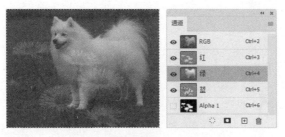

图 8.37　替换通道后的图像效果

替换通道操作也可以在同一图像内部进行。打开素材图像"第 8 章素材\芍药 8-01.JPG"（图 8.38），使用绿色通道替换蓝色通道，结果如图 8.39 所示（花瓣由紫红色变成红色）。

图 8.38　素材图像　　　　　　　图 8.39　替换通道后的图像

当然，也可以使用颜色通道替换 Alpha 通道，或用 Alpha 通道替换颜色通道。实际上，可以从任意的图层、蒙版或通道复制出图像内容，替换指定的颜色通道或 Alpha 通道。

图 8.38 彩图　图 8.39 彩图

8.2.9　存储选区

将临时选区存储于 Alpha 通道中，可以实现选区的多次重复使用，还可以通过编辑通道获得更加复杂的选区。

1. 使用默认设置存储选区

当图像中存在选区时，在通道面板上单击将选区存储为通道按钮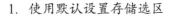，可将选区存储于新建 Alpha 通道中，如图 8.40 所示。

2. 使用【存储选区】命令

利用【存储选区】命令可将现有选区存储于新建 Alpha 通道，或图像的原有通道中。

当图像中存在选区时，选择【选择】|【存储选区】命令，打开【存储选区】对话框，如图 8.41 所示。按要求设置对话框参数。

- 【文档】：选择要存储选区的目标文档。其中列出的都是已经打开且与当前图像具有相同的像素大小的文档。若选择"新建"选项，可将选区存储在新文档的 Alpha 通道中。新文档与当前图像的像素大小相同。
- 【通道】：选择要存储选区的目标通道。默认选项为"新建"，可将选区存储在新建 Alpha 通道中。也可以选择图像现有的 Alpha 通道、专色通道或蒙版通道，将选区存储其中，并与其中的原有选区进行运算，如图 8.42 所示。

图 8.40　按默认设置存储选区　　　　　　图 8.41　【存储选区】对话框

- 【名称】：在【通道】下拉列表中选择"新建"选项时，输入新通道的名称。
- 【操作】：将选区存储于已有通道时，确定现有选区与通道中原有选区的运算关系，包括【替换通道】【添加到通道】【从通道中减去】和【与通道交叉】4 种运算。
  ➢ 【替换通道】：用当前选区替换通道中的原有选区。
  ➢ 【添加到通道】：将当前选区添加到通道的原有选区。
  ➢ 【从通道中减去】：从通道的原有选区中减去当前选区。
  ➢ 【与通道交叉】：将当前选区与通道的原有选区进行交集运算。

参数设置完成后，单击【确定】按钮。

图 8.42　将选区存储于原有通道

8.2.10　载入选区

可采用下述方法之一，载入存储于通道的选区。

（1）按住 Ctrl 键，在【通道】面板上单击要载入选区的通道的缩览图。

（2）在【通道】面板上，选择要载入选区的通道，单击将通道作为选区载入按钮。

（3）通过选择【选择】|【载入选区】命令也可以载入通道中的选区。如果当前图像中存在临时选区，则载入的选区还可以与现有选区进行并集、差集或交集运算。

案例 8.2.11
操作演示

8.2.11　分离与合并通道

分离与合并通道操作有着重要的应用。例如，存储图像时，许多文件格式不支持 Alpha 通道和专色通道。这时，可将 Alpha 通道和专色通道从图像中分离出来，单独存储为灰度图像。必要时再将它们合并到原有图像中。另外，将图像的各个通道分离出来单独保存，可以有效地减少单个文件所占用的磁盘空间，便于移动存储和网上传输。

1. 分离通道

利用通道面板菜单中的【分离通道】命令，可将颜色通道、Alpha 通道和专色通道依次从文档中分离出来，形成各自独立的灰度图像。通道分离后，原图像文件自动关闭。

2. 合并通道

利用通道面板菜单中的【合并通道】命令，可以将多个处于打开状态且具有相同的像素大小的灰度图像合并为一个图像。

（1）打开素材图像"第 8 章素材\长城.psd"（图 8.43）与"第 8 章素材\幕布.jpg"（图 8.44）。

图 8.43　素材图像及通道一　　　　　　　图 8.44　素材图像及通道二

（2）选择"长城.psd"，在通道面板菜单中选择【分离通道】命令，将该图像的 4 个通道（包括一个 Alpha 通道）分离出来。

（3）关闭从 Alpha 通道分离出来的灰度图像（文件标签上标有"长城.psd_Alpha1"字样）。其他 3 个灰度图像的文件标签上分别包含"长城.psd_红""长城.psd_绿"和"长城.psd_蓝"字样，依次来自原图像的红色、绿色和蓝色通道。

（4）选择"幕布.jpg"，同样将其 3 个单色通道分离出来。

（5）在通道面板菜单中选择【合并通道】命令，打开【合并通道】对话框。从【模式】下拉列表中选择合并后图像的颜色模式（本例选择"RGB 颜色"），在【通道】文本框中输入所需通道的数目（本例输入 3），如图 8.45 所示。

（6）单击【确定】按钮，接着弹出【合并 RGB 通道】对话框，要求为新图像的每个单色通道选择灰度图像。本例参数设置如图 8.46 所示。

图 8.45　【合并通道】对话框　　　　　　图 8.46　为单色通道选择灰度图像

（7）单击【确定】按钮，参与合并的灰度图像自动关闭。合并后的 RGB 图像效果如图 8.47 所示。

（8）将其余 3 个灰度图像也合并为 RGB 图像，设置每个单色通道所对应的灰度图像如图 8.48 所示。合并后的 RGB 图像如图 8.49 所示。

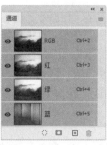

图 8.47　合并后的 RGB 图像效果

图 8.48　合并剩余的 3 个灰度图像

图 8.49　合并后的 RGB 图像

案例 8.3.1
操作演示

8.3　本 章 案 例

8.3.1　通道抠图——抠选透明对象与细微对象

1. 案例说明

　　本案例主要利用通道技术抠选透明对象（沙滩上的水）和细微对象（乐器的弦），并借助图层蒙版对选出的图像进行合成。

2. 操作步骤

　　（1）打开素材图像"第 8 章素材\海滩.jpg"，如图 8.50 所示。依次按组合键 Ctrl+3、Ctrl+4 和 Ctrl+5，观察图像的红、绿、蓝 3 个颜色通道，发现蓝色通道中沙滩上的水比较清晰。

　　（2）在通道面板上复制蓝色通道，得到"蓝 拷贝"通道，如图 8.51 所示。

图 8.50　素材图像

图 8.51　复制蓝色通道

（3）选择【图像】|【调整】|【色阶】命令，打开【色阶】对话框，对"蓝 拷贝"通道中的灰度图像进行调整，参数设置和调整效果如图 8.52 所示。调整后单击【确定】按钮。

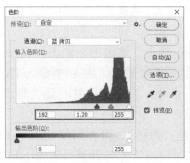

图 8.52　调整"蓝 拷贝"通道的色阶

（4）将前景色设为黑色。选择画笔工具，设置画笔大小 150 像素左右、硬度 0%（其他参数保持默认），将"蓝 拷贝"通道灰度图像中的天空、远处的水面及海岸全部涂抹成黑色，如图 8.53 所示。

（5）按组合键 Ctrl+2 选择复合通道，并显示图层面板。

（6）打开素材图像"第 8 章素材\人物 8-01.jpg"，如图 8.54 所示。通过按组合键 Ctrl+3、Ctrl+4 和 Ctrl+5，发现绿色通道中人物和乐器与背景颜色的差别较大。

图 8.53　清除通道中多余的选区　　　　　　　　图 8.54　素材图像

（7）在通道面板中复制绿色通道，得到"绿 拷贝"通道。

（8）选择【图像】|【调整】|【色阶】命令，对"绿 拷贝"通道进行调整。参数设置如图 8.55 所示，调整效果如图 8.56 所示。

图 8.55　【色阶】对话框参数设置　　　　　　　图 8.56　通道调整效果

（9）将灰度图像适当放大，使用画笔工具将人物上的灰色区域全部涂抹成黑色，如图 8.57 所示。在涂抹过程中，按住空格键不放可临时切换到抓手工具，拖动查找图像中的灰色区域。根据灰色区域的大小，还可以按]键或[键以调整画笔的大小。

（10）选择【图像】|【调整】|【反相】命令，得到如图 8.58 所示的效果。

（11）按住 Ctrl 键在通道面板上单击"绿 拷贝"通道的缩览图，载入通道选区。

（12）按组合键 Ctrl+2 返回复合通道。显示图层面板，为人物图层添加显示选区的图层蒙版。通过图层面板菜单中的"复制图层"命令，将该图层复制到"海滩"图像，得到图层 1，调整人物的位置如图 8.59 所示。

（13）如果发现人物边缘上带有背景杂色（白色），可使用黑色画笔在图层蒙版上涂抹白色杂边，将人物选区修整得更准确。操作时根据需要可调整画笔大小和不透明度。

图 8.57　将人物全部涂成黑色

图 8.58　反相效果

图 8.59　将带有图层蒙版的人物图层复制到"海滩"图像并调整位置

（14）将带有图层蒙版的图层 1 转化为智能对象，并在智能对象层上添加显示全部的图层蒙版。

（15）按住 Ctrl 键在通道面板上单击"蓝 拷贝"通道的缩览图，载入通道选区。

（16）将前景色设置为黑色。确保图层 1（智能对象层）处于蒙版编辑状态，按组合键 Alt+Backspace（回格）将前景色填充到蒙版的选区内（图 8.60）。按组合键 Ctrl+D 取消选区。

（17）确保图层 1 处于蒙版编辑状态。将前景色设置为黑色，使用画笔工具（设置画笔大小 110 像素左右、硬度 0%、不透明度 15%左右），在"浸"在水中的人物衣服的下边缘涂抹使其更朦胧。也可以涂抹水中衣服的其他位置或乐器没入水中的部分，以控制水的清澈度。

图 8.60　将案例开始创建的波浪选区应用到图层蒙版

（18）在图层 1 的上面添加"可选颜色"调整层，并为调整层添加剪贴蒙版。参数设置如图 8.61 所示。

（19）在图层 1 的上面添加"色阶"调整层，并为调整层添加剪贴蒙版。参数设置如图 8.62 所示。

图 8.61　减弱人物衣服上的暖色　　　　　图 8.62　提高人物的亮度和对比度

（20）图像最终效果和【图层】面板如图 8.63 所示。存储合成后的图像。关闭素材文件，不保存改动。

图 8.63　图像最终效果和【图层】面板

8.3.2　通道抠图——抠选透明区域（婚纱和鲜花上的薄绢）

1．案例说明

本案例素材图像中，婚纱和鲜花上的薄绢都具有一定的透明度，不宜采用选择工具、路径工具等进行选取。下面介绍如何使用通道将透明婚纱恰到好处地抠选出来。

2．操作步骤

（1）打开素材图像"第 8 章素材\人物 8-02.jpg"，如图 8.64 所示。

（2）使用对象选择工具或磁性套索工具选择除婚纱和鲜花上的薄绢之外的整个人物。若局部选区不精确，可使用套索工具、快速蒙版等进行修补，如图 8.65 所示。

图 8.64　素材图像

图 8.65　选择人物

（3）在通道面板上单击将选区存储为通道按钮 ▣，将选区存储于 Alpha 1 通道，如图 8.66 所示。按组合键 Ctrl+D 取消选区。

（4）用磁性套索工具选择婚纱和鲜花上的薄绢。其中与背景接触的边界应精确选取，与人物接触的边界可粗略选取（但要包括婚纱和鲜花上的薄绢的所有部分），如图 8.67 所示。

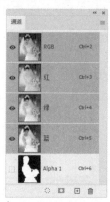

图 8.66　存储选区

图 8.67　创建婚纱和薄绢的粗略选区

（5）选择【选择】|【载入选区】命令，打开【载入选区】对话框，参数设置如图 8.68 所示。单击【确定】按钮，结果得到婚纱和鲜花上的薄绢的精确选区，如图 8.69 所示。也可以尝试使用对象选择工具选择婚纱和鲜花上的薄绢，取代步骤（4）与步骤（5）的操作。

图 8.68　【载入选区】对话框　　　　　图 8.69　选区运算结果

（6）依次按组合键 Ctrl+3、Ctrl+4 和 Ctrl+5，观察图像的红、绿、蓝 3 个颜色通道，发现蓝色通道中的婚纱和鲜花上的薄绢比较清晰。

（7）显示【通道】面板，复制蓝色通道，得到"蓝 拷贝"通道。选择【选择】|【反选】命令，使选区反转。

（8）使用【编辑】|【填充】命令在选区内填充黑色。按组合键 Ctrl+D 取消选区，如图 8.70 所示。

（9）用矩形选框工具框选右侧的婚纱和鲜花上的薄绢，如图 8.71 所示。选择【图像】|【调整】|【色阶】命令，打开【色阶】对话框。参数设置如图 8.72 所示，单击【确定】按钮。此处色阶调整的目的，在于为当前选区内的婚纱确定一个合适的不透明度与对比度。

图 8.70　在通道中初步创建婚纱选区　　　　图 8.71　选择右侧婚纱

（10）选择【选择】|【反选】命令，使选区反转。使用【色阶】命令对左侧婚纱的灰度图像进行调整。参数设置及图像效果如图 8.73 所示。按组合键 Ctrl+D 取消选区。

（11）按组合键 Ctrl+2 选择复合通道。显示【图层】面板，将背景层转化为普通层，命名为"婚纱"。复制"婚纱"层，更改"婚纱 拷贝"层的名字为"人物"。"人物"层位于"婚纱"层的上面。

（12）载入 Alpha 1 通道中的人物选区。为"人物"层添加显示选区的图层蒙版。载入"蓝 拷贝"通道中的婚纱选区。为"婚纱"层添加显示选区的图层蒙版，如图 8.74 所示。

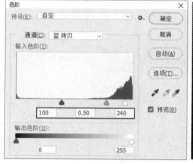

图 8.72　【色阶】参数设置　　　　　　图 8.73　调整左侧婚纱的灰度图像

图 8.74　添加图层蒙版

（13）打开"第 8 章素材\背景.jpg"。切换到"人物 8-02.jpg"，使用【图层】面板菜单中的【复制图层】命令将"人物"层和"婚纱"层一起复制到"背景.jpg"中。

（14）如果在婚纱与人物接界处存在透明缝隙，可首先断开"婚纱"层蒙版与图层的链接，然后使用矩形选框工具框选左侧婚纱。选择移动工具，在图层蒙版编辑状态下，按向右方向键几次将缝隙弥合。使用同样的方法处理右侧婚纱的缝隙。

（15）适当调整人物图层的位置，图像最终合成效果及【图层】面板如图 8.75 所示。

图 8.75　图像最终合成效果及【图层】面板

8.4 通道高级应用

8.4.1 【应用图像】命令的使用

案例 8.4.1
操作演示

使用【应用图像】命令可以将通道与图层、通道与通道进行混合，制作图像合成效果，或创建特定的选区。下面举例说明。

1. 准备工作

（1）打开"第 8 章素材\文字.jpg"，如图 8.76 所示。

（2）在通道面板上复制红、绿、蓝任一颜色通道（3 个通道完全相同），将复制出的通道更名为 Alpha1，如图 8.77 所示。

图 8.76 文字素材图像

图 8.77 复制通道

（3）在 Alpha1 通道上添加【高斯模糊】滤镜，设置模糊半径为 1.4 像素。

（4）选择【滤镜】|【风格化】|【浮雕效果】命令，参数设置如图 8.78 所示。单击【确定】按钮。此时 Alpha1 通道的效果如图 8.79 所示。

图 8.78 【浮雕效果】对话框

图 8.79 添加滤镜后的 Alpha1 通道

2. 使用【应用图像】命令合成图像

（1）打开"第 8 章素材\背景 02.jpg"（该图像的宽、高与"第 8 章素材\文字.jpg"具有相同的像素大小），如图 8.80 所示。

（2）选择【图像】|【应用图像】命令，打开【应用图像】对话框，如图 8.81 所示。

图 8.80　"背景 02" 素材图像

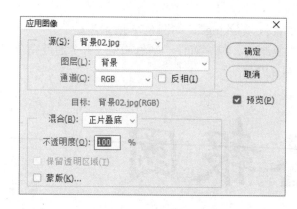

图 8.81　【应用图像】对话框

（3）选择【预览】复选框，以便参数更改后的效果能实时反馈到图像窗口。对话框中其他参数的作用如下。

- 【源】：选择参与混合的源图像。默认选项为当前图像（目标图像）。该下拉列表中列出的，都是已经打开且与当前图像的宽、高具有相同的像素大小的文档。

- 【图层】：选择参与混合的源图像的某一图层（源图层）。当源图像中存在多个图层时，可选择某一图层与目标图像进行混合。若要使用源图像的所有图层进行混合，应在列表中选择"合并图层"选项。

（1）【通道】：选择参与混合的源图层的某个颜色通道或 Alpha1 通道（源通道）。若选择 Alpha 通道，则在上面的【图层】列表中选择哪个图层就无所谓了。选择右侧的【反相】复选框，可使用源通道的负片进行混合。

（2）【混合】：设置源通道与目标图层（或通道）的混合方式。

（3）【不透明度】：设置混合的强度。数值越大，混合效果越强。

（4）【保留透明区域】：选择该复选框，混合效果仅应用到目标图层（即当前图像的被选图层）的不透明区域。若目标对象为背景层或通道，则该选项无法使用。

本例中对话框参数设置如图 8.82 所示。此时的图像效果如图 8.83 所示。

（5）在【应用图像】对话框中选择【蒙版】复选框，并设置蒙版参数如图 8.84 所示。其中【通道】参数可从"灰色""红""绿""蓝"选项中任选一个。扩展参数包括 3 个下拉列表和一个复选框，用于在当前的混合效果上添加一个蒙版，以控制混合效果的显隐区域。若选择后面的【反相】复选框，则使用所选通道的负片作为蒙版。

图 8.82　设置对话框参数

图 8.83　初步合成效果

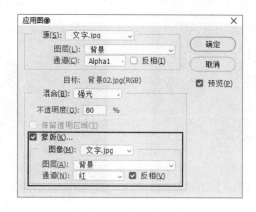

图 8.84　设置蒙版参数

使用蒙版后的图像混合效果如图 8.85 所示。

图 8.85　凹雕效果

（6）在对话框中选择源通道 Alpha1 右侧的【反相】复选框，其他设置不变。图像混合效果如图 8.86 所示。

图 8.86　浮雕效果

案例 8.4.2
操作演示

（7）参数设置完成后，单击【确定】按钮得到混合后的图像。

8.4.2 【计算】命令的使用

使用【计算】命令可以将来自相同或不同源图像的两个通道进行混合，并将混合的结果存储到新文档、新通道或直接转换为当前图像的选区。参与计算的各源图像必须具有相同的像素大小（宽度像素数相同、高度像素数相同）。下面举例说明。

（1）打开素材图像"第 8 章素材\百合.jpg"与"第 8 章素材\人物 8-04.jpg"，如图 8.87 所示。

（a）百合　　　　　　　　　　　　　　　　　（b）人物

图 8.87　素材图像

（2）选择【图像】|【计算】命令，打开【计算】对话框，如图 8.88 所示。

（3）在【源 1】栏选择第一个源图像及其图层和通道。

① 对于多图层图像来说，要使用源图像的所有图层进行混合，可在【图层】下拉列表中选择"合并图层"选项。

② 在【通道】下拉列表中选择"灰色"选项，将使用所选图层的灰度图像作为要混合的通道。

（4）在【源 2】栏选择第二个源图像及其图层和通道。

（5）在【混合】栏指定混合模式、混合强度及蒙版。

（6）在【结果】下拉列表中指定混合结果的存放途径（新图像、新通道还是直接在当前图像中生成选区）。

① "新建文档"：将计算结果存放到多通道颜色模式的新图像。

② "新建通道"：将计算结果存放到当前图像的一个新建 Alpha 通道中。

③ "选区"：将计算结果直接转换为当前图像的临时选区。

本例中对话框参数设置如图 8.88 所示，单击【确定】按钮，生成多通道颜色模式的新图像，如图 8.89 所示。

（7）将多通道颜色模式的新图像先转换为灰度模式，再转换为双色调模式，可得到如图 8.90 所示的色调效果图像。

（8）将色调图像转化为 RGB 颜色模式，并以 JPG 或 PNG 格式进行保存。

图 8.88 【计算】对话框

图 8.89 多通道颜色模式的新图像

（a）蓝色调（＃3333ff）

（b）紫色调（＃cc33ff）

图 8.90 进一步制作色调图像

8.5 小 结

本章主要讲述了以下内容。

通道的概念与分类。通道是存储图像颜色信息或选区信息的灰度图像。它包括颜色通道、Alpha 通道和专色通道等几种类型。

通道的基本操作。包括选择通道、显示与隐藏通道、新建通道、重命名通道、复制通道、删除通道、替换通道、存储选区与载入选区、分离与合并通道等。熟练地掌握这些基本操作，是学会使用通道的前提条件。

通道的应用。介绍了使用通道抠选细微对象与透明对象的基本方法。比较实用，应掌握。

通道的高级应用。介绍了【应用图像】命令和【计算】命令的用法。可先做了解，然后慢慢掌握。

通过本章和前面相关章节的学习不难得出以下结论：选区、图层蒙版和 Alpha 通道三者之间的关系非常密切。其相互转换关系如图 8.91 所示。

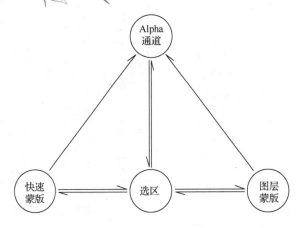

图 8.91　选区、蒙版与通道的联系

Alpha 通道是选区的载体，可以将其中的选区载入图像中。

快速蒙版用于创建和编辑选区，图层蒙版用于控制图层的显示。按住 Ctrl 键单击图层蒙版的缩览图可载入其中的选区。另外，通过复制快速蒙版通道和图层蒙版通道，可将快速蒙版和图层蒙版转换为 Alpha 通道。

选区可以看作是一种临时性的蒙版，用户只能修改选区内的像素，选区外的像素被保护起来；一旦取消选区，这种所谓的临时蒙版也就不存在了。要实现选区的多次重复使用，可以将选区存储在 Alpha 通道中。另外，可以基于选区创建图层蒙版。

本章理论部分未提及的知识点有：按住组合键 Ctrl+Shift 单击通道的缩览图，可将载入的选区添加到图像的原有选区。当然，也可以通过【载入选区】命令达到同样的目的（掌握）。

8.6　习　　题

一、选择题

1. 图像中颜色通道的多少由图像的_____决定。

　　A．图层个数　　　B．颜色模式　　　　　C．图像大小　　　　　D．色彩种类

2. 在印刷中，有一些特殊的颜色如金色、银色和荧光色等，不能由青、洋红、黄和黑四色油墨简单地混合而成，印刷上将这类特殊的颜色称为_____。

　　A．有彩色　　　　B．专色　　　　　　　C．无彩色　　　　　　D．灰色

3. 在 Photoshop CC 中，下列颜色模式的图像只能有一个通道的是_____。

　　A．双色调模式　　B．索引颜色模式　　　C．位图模式　　　　　D．灰度模式

4. 以下对通道的叙述，错误的是_____。

　　A．通道用于存储图像的颜色信息或选区信息

　　B．可以在通道面板上创建颜色通道、Alpha 通道和专色通道

　　C．Alpha 通道一般用于存储选区和编辑选区

　　D．Alpha 通道与蒙版和选区有着密切的关系

5. 以下从 Alpha 通道载入选区的叙述错误的是_____。

    A. 按住组合键 Ctrl+Shift，单击通道缩览图，可将载入的选区添加到图像的原有选区

    B. 按住组合键 Ctrl+Alt，单击通道缩览图，可从图像的原有选区减去载入的通道选区

    C. 按住组合键 Ctrl+Shift+Alt，单击通道缩览图，可将载入的选区与原有选区进行交集运算

    D. 按住 Ctrl 键单击通道缩览图，可将载入的选区添加到图像的原有选区

6. CMYK 模式的图像有_____个颜色通道。

    A. 1　　　　　　　　B. 2　　　　　　　　C. 3　　　　　　　　D. 4

7. 当图像是_____模式时，所有的滤镜都不可以使用（假设图像是 8 位/通道）。

    A. CMYK　　　　　　B. 灰度　　　　　　C. 多通道　　　　　　D. 索引颜色

8. 一幅 CMYK 图像，其通道名称分别为 CMYK、青色、洋红、黄色、黑色，当删除黄色通道后【通道】面板中的各通道名称分别为_____。

    A. 青色、洋红、黑色　　　　　　　　B. ～1、～2、～3

    C. CMYK、青色、洋红、黑色　　　　D. ～1、～2、～3、～4

9. 下面对通道的描述不正确的是_____。

    A. 在灰度模式、索引颜色模式和双色调模式的图像中除了颜色通道外，还可以创建新的 Alpha 通道

    B. 可将通道复制到位图模式的图像中

    C. 可以将多个像素大小相同的灰度图像合并为一个图像的通道

    D. 当新建文件时，颜色信息通道已经自动建立了

10. _____模式的图像转换为多通道模式时，所产生的通道的名称均包含 Alpha

    A. CMYK　　　　　　B. RGB　　　　　　C. Lab　　　　　　D. 灰度

二、填空题

1. 通道是存储不同类型信息的灰度图像。它分为_____通道、_____通道和专色通道等几种，分别用来存放图像中的_____信息、_____信息和专色信息。

2. RGB 图像的颜色通道包括_____通道、_____通道、_____通道和复合通道。

3. _____是指印刷中 C（青）、M（洋红）、Y（黄）、K（黑）四色油墨之外的特殊的预混油墨，其作用是替代或补充印刷色（CMYK）油墨。

4. 使用【图像】菜单下的【_____】命令可以将其他图像的图层和通道（源）与当前图像的图层和通道（目标）进行混合，制作特殊效果的图像。

5. 使用【图像】菜单下的【_____】命令可以将来自相同或不同图像的两个通道进行混合，并将混合的结果存储到新文档、新通道或直接转换为当前图像的选区。

6. 通过【选择】菜单下的【_____】命令，可以将现有选区存储到 Alpha 通道中，从而实现选区的多次复用。

7. 按住组合键_____单击通道的缩览图，可将载入的选区添加到图像的原有选区。

8. 利用【通道】面板菜单中的【_____】命令，可将颜色通道、Alpha 通道和专色通道依次从文档中分离出来，形成各自独立的灰度图像。

9. 利用【通道】面板菜单中的【_____】命令，可以将多个处于打开状态且宽高具有相同的像素大小的灰度图像合并为一个图像。

三、操作题

1. 打开素材图像"练习\第8章\素材 8-01.jpg"（图 8.92），查看颜色通道，分析红、绿、蓝各原色在图像中的含量与分布情况。

图 8.92
彩图

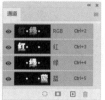

图 8.92　素材图像及【通道】面板

2. 利用"练习\第 8 章"文件夹下的素材图像"幻境.jpg""天坛.jpg"［图 8.93（a）］和【应用图像】命令制作如图 8.93（b）所示的效果［彩色效果图可参考"练习中的操作题参考答案\第 8 章\幻境（合成）.jpg"］。

（a）素材图像　　　　　　　　　　　　　　（b）合成效果

图 8.93　利用"应用图像"命令合成图像

操作提示

（1）将"天坛.jpg"的绿色通道复制到"幻境.jpg"中，形成Alpha 1通道。

（2）移动Alpha 1通道中灰度图像的位置，适当放大，并使"天坛"恰好位于"球体"正中。

（3）选择复合通道，切换到【图层】面板。使用椭圆选框工具选择图像中的"球体"。

（4）按组合键Ctrl＋J，将"球体"从背景层复制到图层1。

（5）确保图层1为当前层。使用【应用图像】命令将Alpha 1通道应用到图层1。【应用图像】对话框的参数设置如图8.94所示。

（6）在图层1上添加图层蒙版，并在图层蒙版上从下向上做黑白线性渐变，如图8.95所示。

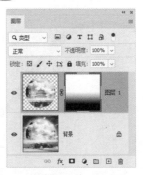

图 8.94 【应用图像】参数设置　　　　　　图 8.95 添加图层蒙版

3. 仿照本章透明婚纱的抠图方法，抠选素材图像"练习\第 8 章\酒杯.jpg"（图 8.96）中的玻璃杯。抠图效果如图 8.97 所示（以"练习\第 8 章\芍药.jpg"为背景）。

图 8.96 素材图像

图 8.97 抠图效果

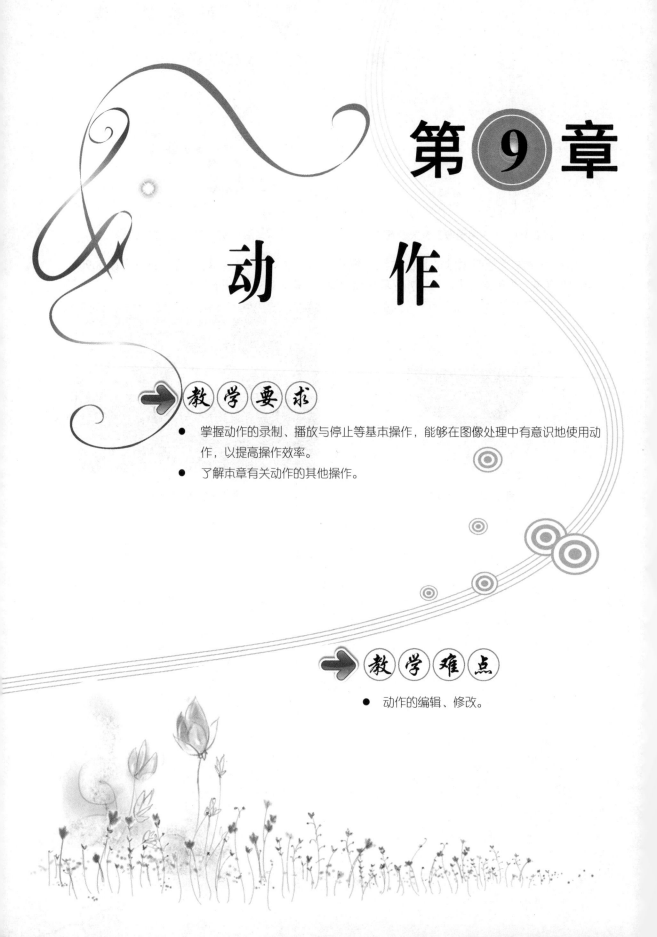

第 9 章

动　作

教　学　要　求

- 掌握动作的录制、播放与停止等基本操作，能够在图像处理中有意识地使用动作，以提高操作效率。
- 了解本章有关动作的其他操作。

教　学　难　点

- 动作的编辑、修改。

9.1 动 作 概 述

动作是一系列操作的集合。利用动作可以将一些连续的操作记录下来。当再次执行相同的操作时，只需播放相应的动作即可。这样可以避免重复劳动，提高工作效率。

通常为了便于动作的组织管理，同类的动作应放在同一个动作组中。动作的录制、编辑和播放都是通过【动作】面板完成的。【动作】面板如图9.1所示。

动作面板有两种显示模式：列表模式（默认模式，图9.1）和按钮模式（图9.2）。通过动作面板菜单中的【按钮模式】命令开关，可以在上述两种模式之间切换。按钮模式比较直观，单击动作按钮就可以播放相应的动作，但不能对动作进行编辑。本章在动作面板的列表模式下介绍动作的基本操作和应用。

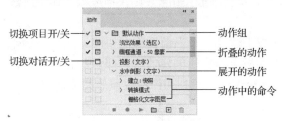

图9.1 【动作】面板

图9.2 【动作】面板的按钮模式

9.2 动作的基本操作

9.2.1 新建动作组

在【动作】面板上单击创建新组按钮，或在【动作】面板菜单中选择【新建组】命令，打开【新建组】对话框（图9.3），输入组名称，单击【确定】按钮。

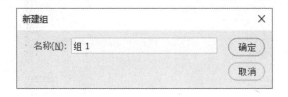

图9.3 【新建组】对话框

9.2.2 新建和录制动作

在【动作】面板上单击创建新动作按钮，或在【动作】面板菜单中选择【新建动作】命令，打开【新建动作】对话框，如图9.4所示。

在对话框中输入新动作名称，选择动作所在的组，单击【记录】按钮。此时动作面板上的开始记录按钮自动被选中且呈现红色，表示进入动作录制状态。此后执行的命令会依

次记录在该新建动作中，到单击【动作】面板上的停止播放/记录按钮■，或在动作面板菜单中选择【停止记录】命令为止。

图 9.4　【新建动作】对话框

9.2.3　播放动作

打开目标图像，在【动作】面板上选择要播放的动作，单击播放按钮▶，即可播放选定的动作。若选择的是动作中的单个命令（图 9.5），单击播放按钮▶，则仅播放该动作中所选命令及其后面的所有命令。

在播放动作之前，最好在【历史记录】面板上建立一个当前图像的快照。这样，动作播放后，若想撤销动作，只需在【历史记录】面板上选择所创建的快照即可。否则，动作中包含的命令一般很多，撤销起来比较麻烦，甚至无法恢复到动作播放前的图像状态。

提示

在动作中每一条命令左侧的【切换项目开/关】处，有"√"标记的表示会被执行的命令，无"√"标记表示命令不被执行。通过单击【切换项目开/关】处可在两者之间切换。

9.2.4　设置回放选项

当一个长的、复杂的动作不能够正确播放，又找不出问题的所在时，可以通过【回放选项】命令设置动作的播放速度，以便找出问题。操作方法如下。

选择要播放的动作，在动作面板菜单中选择【回放选项】命令，打开【回放选项】对话框（图 9.6）。设置好参数，单击【确定】按钮。

图 9.5　选择动作中单个命令

图 9.6　【回放选项】对话框

- 【加速】：以正常的速度进行播放，该选项为默认选项。
- 【逐步】：逐条执行动作中的命令，播放速度较慢。
- 【暂停】：可以设置动作中每个命令执行后的停顿时间。

9.2.5 在动作中插入新的命令

在动作中插入新的命令方法如下。

（1）选择动作中的某个命令。

（2）单击●按钮或在动作面板菜单中选择【开始记录】命令。

（3）执行要添加的命令或操作。

（4）单击■按钮或在动作面板菜单中选择【停止记录】命令。则步骤（3）中执行的命令或操作被记录在动作中所选命令的后面。

若插入命令前选择的是某个动作，则插入的命令或操作被记录在该动作的最后。

9.2.6 复制动作

在【动作】面板上，可以采用下述方法之一复制动作。

（1）选择要复制的动作，在动作面板菜单中选择【复制】命令。

（2）将要复制的动作拖动到创建新动作按钮⊞上并松开鼠标按键。

9.2.7 删除动作

在【动作】面板上，可以采用下述方法之一删除动作。

（1）选择要删除的动作，在【动作】面板菜单中选择【删除】命令，弹出警告框，单击【确定】按钮。

（2）选择要删除的动作，单击删除按钮📷，弹出警告框，单击【确定】按钮。

（3）将要删除的动作拖动到删除按钮📷上并松开鼠标按键。

也可以使用类似的方法删除动作组和动作中的单个命令。

9.2.8 在动作中插入菜单项目

在录制动作时，有些菜单命令（如【视图】【窗口】菜单中的绝大多数命令）是无法记录的。但是，在动作录制完成后，可以使用【插入菜单项目】命令将这些不能被记录的菜单命令插入动作的相应位置。具体操作如下。

（1）选择动作中的某个命令。

（2）在【动作】面板菜单中选择【插入菜单项目】命令，打开【插入菜单项目】对话框，如图 9.7 所示。

（3）选择要插入动作中去的菜单命令。单击【确定】按钮，则该菜单命令被记录在所选命令的后面。

图 9.7 【插入菜单项目】对话框

插入菜单项目时，所选择的菜单命令当时并不会被执行，命令的任何参数也不会被记录在动作中。只有当播放动作时，插入的命令才被执行。也就是说，如果插入的菜单命令包含对话框，插入菜单项目时对话框并不会打开。只有播放动作时，对话框才会弹出来，同时动作暂停播放，直到设置好对话框参数并确认后，才继续执行插入的命令和动作中后续的一些命令。

提示

也可以在动作录制过程中，使用【插入菜单项目】命令插入不能被记录的命令。

9.2.9 在动作中插入停止命令

在录制动作时，除了一些菜单命令不能记录，还有一些操作（如绘画与填充工具的使用等）同样不能记录。在动作录制完成后，可以使用【插入停止】命令解决这个问题。方法如下。

（1）选择动作中的某个命令。

（2）在动作面板菜单中选择【插入停止】命令，打开【记录停止】对话框，如图 9.8 所示。在【信息】文本框内输入动作停止时的提示信息，单击【确定】按钮。

播放动作时，当执行到插入的停止命令时将弹出【信息】对话框（图 9.9），单击【停止】按钮，可暂停动作的执行，按提示以手动方式执行不能被记录的操作，然后单击动作面板的▶按钮，继续执行动作的后续的命令。如果在上述步骤（2）的【记录停止】对话框中选择了【允许继续】复选框，则【信息】对话框中除【停止】按钮外，还包含【继续】按钮，如图 9.9 所示。单击【继续】按钮，动作将继续执行。也就是说，动作在执行到插入的停止命令时用户可以不插入任何操作。

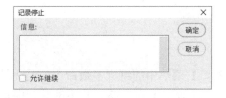

图 9.8 【记录停止】对话框

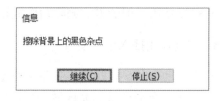

图 9.9 【信息】对话框

提示

也可以在动作录制过程中，使用【插入停止】命令在动作的相应位置插入停止。

9.2.10 设置对话控制

如果在动作中的某条命令上启用了对话控制，则动作播放到该命令时会暂停播放，并打开对话框，供用户重新设置对话框的参数；或者在图像中出现编辑区，供用户以不同的方式重新编辑图像。如果不使用对话控制，那么动作中的每条命令只能以录制时设置的参数值执行。启用对话控制的方法如下。

（1）在动作面板上展开要设置对话控制的动作。

（2）在要设置对话控制的命令前单击切换对话开/关图标▢，出现▢图标，表示已启用了对话控制（在▢图标上再次单击，可取消对话控制），如图 9.10 所示。

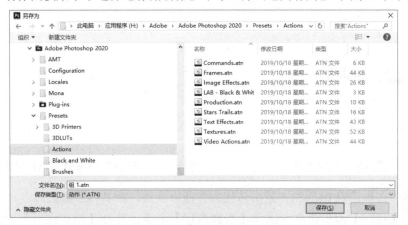

图 9.10 启用对话控制

9.2.11 更改动作名称

在【动作】面板上，双击动作的名称，输入新的名称，按 Enter 键或在【名称】编辑框外单击即可。使用同样的方式可以更改动作组的名称。

9.2.12 保存动作组

Photoshop 允许创建大量的动作，并分类存储到各动作组中。通常这些动作会一直保留在动作面板上。但是，大量动作的存在为查找和运行动作带来了诸多不便，应该将一些不常使用的动作组保存到文件中，然后将其从【动作】面板上删除，需要时再重新载入。保存动作组的方法如下。

（1）在动作面板上选择要保存的动作组。

（2）在动作面板菜单中选择【存储动作】命令，弹出【另存为】对话框，如图 9.11 所示。

图 9.11 【另存为】对话框

（3）在对话框中选择保存路径，输入文件名，单击【保存】按钮，即可将该动作组以 ATN 文件格式保存到指定的位置。

一般可将动作的保存路径设为 "...Adobe\Photoshop CC 2020\Presets\Actions\"。这样，重新启动 Photoshop CC 2020 之后，保存的动作组会显示在动作面板菜单的底部，必要时即可载入。

9.2.13 载入动作

使用【载入动作】命令可以将用户保存的动作以及 Photoshop 的预置动作等载入【动作】面板中，必要时进行播放。载入动作的方法如下。

（1）在【动作】面板菜单中选择【载入动作】命令，弹出【载入】对话框。

（2）在对话框中选择要载入的动作组文件，单击【载入】按钮。

（3）对于位于"...Adobe\Photoshop CC\Presets\Actions（动作）\"下的动作组文件，直接从动作面板菜单的底部选择即可。

9.3　本　章　案　例

案例 9.3.1
操作演示

9.3.1　制作玻璃镜框

　　本案例学习玻璃镜框的制作，涉及了动作的录制、修改、播放与保存等操作。本案例的学习对于掌握动作的基本用法大有帮助。

　　1．录制动作

　　（1）打开素材图像"第 9 章素材\古典建筑 01.jpg"，如图 9.12 所示。

　　（2）在【动作】面板上新建动作组 mySet。

　　（3）在【动作】面板上单击创建新动作按钮田，打开【新建动作】对话框。输入动作名称"制作玻璃镜框"，选择该动作所属的动作组 mySet（图 9.13），单击【记录】按钮，开始录制动作。

图 9.12　素材图像　　　　　　　　　　　图 9.13　【新建动作】对话框

　　（4）将"古典建筑 01"的背景层转化为普通像素层，命名为"画面"。

　　（5）在【图层】面板菜单中选择【新建图层】命令，打开【新建图层】对话框，输入图层名称"背景"，单击【确定】按钮。

　　（6）通过【编辑】|【填充】命令将背景层填充为白色。

　　（7）在【图层】面板上，将背景层拖动到"画面"层的下面，并重新选择"画面"层。

　　（8）在【图层】面板上单击添加图层蒙版按钮，为"画面"层添加显示全部的图层蒙版。

　　（9）使用椭圆选框工具创建选区，并调整好选区位置，如图 9.14 所示。

　　（10）选择【选择】|【反选】命令，使选区反转。

　　（11）确保"画面"层处于蒙版编辑状态，通过【编辑】|【填充】命令在图层蒙版的选区内填充黑色，按组合键 Ctrl+D 取消选区，如图 9.15 所示。

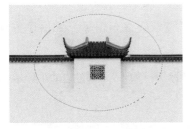

图9.14 创建椭圆选区

图9.15 填充蒙版

（12）确保"画面"层处于蒙版编辑状态，通过滤镜库为蒙版添加【玻璃】滤镜，参数设置如图9.16所示，图像效果如图9.17所示。

图9.16 【玻璃】滤镜参数设置

图9.17 【玻璃】滤镜效果

（13）使用裁剪工具裁剪图像，使椭圆镜框周围白色区域的大小对称，如图9.18所示。

（14）在【动作】面板上单击■按钮，停止动作的录制。在"制作玻璃镜框"动作中录制的所有命令如图9.19所示。

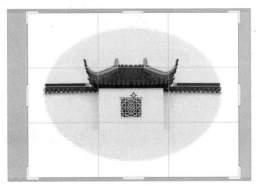

图9.18 裁剪图像

图9.19 录制的所有命令

2．编辑动作

（1）在【动作】面板上，选择 "制作玻璃镜框"动作的第一个命令"设置 背景"。

（2）在【动作】面板菜单中选择【插入菜单项目】命令，打开【插入菜单项目】对话框。

（3）选择【视图】|【按屏幕大小缩放】命令。单击【确定】按钮，关闭【插入菜单项目】对话框。此时，在"设置 背景"命令的后面插入了"选择 按屏幕大小缩放菜单项目"命令，如图9.20所示。

（4）在【动作】面板上，将"选择 按屏幕大小缩放菜单项目"命令拖动到"设置 背景"命令的上面。

提示

在动作开始插入"按屏幕大小缩放"命令的目的是：尽量放大显示图像，且图像窗口不出现滚动条，使后续的图像编辑更方便。

（5）删除动作中有关创建和调整椭圆选区的两条命令"设置 选区"（有的 2020 版本为"添加到 选区"）和"移动 选区"。

（6）选择动作中有关添加图层蒙版的命令"建立"。

（7）在【动作】面板菜单中选择【插入停止】命令，打开【记录停止】对话框。参数设置如图 9.21 所示（提示信息为"创建并调整镜框选区"），单击【确定】按钮。这样就在"建立"命令的下面插入了"停止"命令。

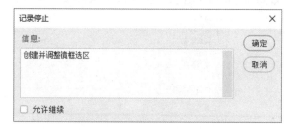

图 9.20　插入菜单项目　　　　　　　　图 9.21　设置【记录停止】对话框

提示

由于不同图像的像素尺寸不同，因此不能采用同样大小和位置的椭圆选区。在动作中删除"设置 选区"和"移动 选区"命令，并插入停止命令，可以在动作回放时暂停动作的执行，根据图像的大小和画面内容创建不同的镜框选区（形状也不一定是椭圆）。

（8）在动作中有关应用玻璃滤镜和裁剪图像的命令"滤镜库"和"裁剪"上启用对话控制。

提示

这里启用的对话控制，目的是在播放动作时能够重新设置玻璃滤镜的参数和裁剪控制框的大小与位置，以满足不同图像的需要。

至此，动作的编辑完成。修改后的"制作玻璃镜框"动作如图 9.22 所示。图中标出了所有改动的地方。

3．播放动作

（1）打开素材图像"第 9 章素材\古典建筑 02.jpg"，如图 9.23 所示。

（2）在【动作】面板上选择已修改过的动作"制作玻璃镜框"，单击播放按钮▶，开始播放动作。

（3）当动作播放到"停止"命令时，弹出【信息】对话框，如图 9.24 所示。

（4）单击【停止】按钮，关闭信息框。在图像中创建椭圆选区，并调整到合适的大小和位置，如图 9.25 所示。

图 9.22　修改后的动作

图 9.23　素材图像

图 9.24　动作停止，等待用户操作

图 9.25　创建镜框选区

（5）在动作面板上单击播放按钮▶，继续播放动作。接着弹出【玻璃】对话框，适当设置滤镜参数（本案例设置扭曲度为 2、平滑度为 2、纹理为"画布"、缩放为 80%、选择【反相】复选框），单击【确定】按钮，关闭对话框。

（6）动作继续执行。紧接着图像窗口中出现裁剪控制框，如图 9.26 所示。

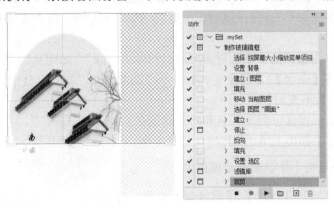

图 9.26　裁剪控制框

（7）将裁剪控制框调整到合适的大小和位置（图 9.27），按 Enter 键确认，同时动作播放完毕。玻璃镜框最终效果如图 9.28 所示。

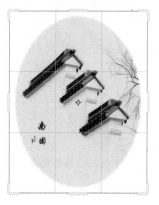

图 9.27　调整裁剪控制框

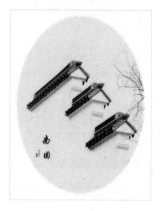

图 9.28　玻璃镜框最终效果

4．保存动作

将动作组 mySet 保存在 "...Adobe\Photoshop CC 2020\Presets\Actions\" 下，文件名为 "mySet.atn"。

9.3.2　操作的自动化

Photoshop CC 2020 提供了一组自动化命令，如【批处理】【创建快捷批处理】【图片包（Photomerge）】等。这些命令可以调用动作批量处理图像，因此能够节省大量的时间。下面以【批处理】命令为例，介绍自动化命令的使用。

【批处理】命令能够在文件夹上播放动作，批量处理文件夹内的所有图像文件。或者导入并处理由数码相机或扫描仪获取的大量图像文件。如果要将批处理后的文件存放到新的位置，最好在操作前创建好对应的文件夹。

1．录制动作

（1）在 C 盘根目录下创建文件夹 myImages。

（2）启动 Photoshop CC 2020，在【动作】面板上单击⊞按钮，在弹出的对话框中输入动作名称"处理图像大小"，选择该动作所属的动作组 mySet。单击【记录】按钮，开始录制动作。

（3）打开素材图像"第 9 章素材\srImages\photo01.jpg"，如图 9.29 所示。

（4）通过选择【图像】|【图像大小】命令将图像的宽度与高度分别设置为 500 像素和 375 像素（其他参数不变）。

（5）将改动后的图像以原文件名和格式存储在 C：\myImages 下，并关闭图像。

（6）在【动作】面板上单击■按钮，停止录制。动作"处理图像大小"如图 9.30 所示。

2．使用【批处理】命令批量处理图像

（1）选择【文件】|【自动】|【批处理】命令，弹出如图 9.31 所示的对话框。

图 9.29　素材图像

图 9.30　动作中的全部命令

图 9.31　【批处理】对话框

对话框中各项参数的作用如下。

- 【组】：选择动作所在的组。本案例选择 mySet。
- 【动作】：选择要使用的动作。本案例选择"处理图像大小"。
- 【源】：选择批处理的来源文件。本案例选择"文件夹"。单击【选择】按钮，选择要处理的源图像文件所在的位置。本案例选择"第 9 章素材\srImages"。
- 【覆盖动作中的打开命令】：若所选动作中有"打开"命令，选择该复选框可确保能够逐个打开源图像文件进行处理，而不是局限于所选动作在录制时打开的单个文件。本案例选择该复选框。
- 【包含所有子文件夹】：如果在所选文件夹中存在子文件夹，选择该复选框可对各级子文件夹中的图像文件进行相同的处理。
- 【禁止显示文件打开选项对话框】：选择该复选框，将隐藏批处理中要打开的文件选项对话框，统一使用对话框的默认设置或上一次的设置。
- 【禁止颜色配置文件警告】：当要处理的图像的色彩与动作录制时所调用的图像文件不同时，选择该复选框将不打开颜色警告对话框。
- 【目标】：选择批处理后的图像文件的存在方式。本案例选择"文件夹"。
  - "无"：若动作中不包含"存储"命令，图像在处理后保持打开状态。
  - "存储并关闭"：用批处理后的图像文件覆盖原有文件，并关闭文件。
  - "文件夹"：将处理后的文件存储到指定文件夹。单击【选择】按钮，选择要存储的目标文件夹。本案例选择"C：\myImages"。

- 【覆盖动作中的"存储为"命令】：若所选动作中包含"存储"命令，选择该复选框，可确保批处理后的文件存储到目标文件夹中（【目标】选"文件夹"时），或覆盖原文件（【目标】选"存储并关闭"时）。本案例选择该复选框。

- 【文件命名】：若【目标】选"文件夹"，可指定文件保存时的命名规则。本案例采用默认设置。

- 【兼容性】：指定文件名是否与 Windows、Mac OS 或 UNIX 操作系统兼容。本案例采用默认设置。

- 【错误】：在批处理过程中若发生错误，选择处理的方式。本案例采用默认设置。

（2）设置好【批处理】对话框的参数（图 9.32），单击【确定】按钮，批处理操作开始进行。如果在批处理过程中弹出【JPEG 选项】对话框，可根据需要选择图像品质，并单击【确定】按钮，关闭对话框，继续执行批处理操作。

提示

要终止执行中的批处理命令，可按 Esc 键。

图 9.32　【批处理】对话框参数设置

案例 9.3.3
操作演示

9.3.3　制作逐帧动画"下雨了"

1. 录制和播放动作

（1）打开素材图像"第 9 章素材\雨荷 9-01.jpg"，如图 9.33 所示。

（2）在【动作】面板上单击⊞按钮，在弹出的对话框中输入动作名称"雨"，选择该动作所属的动作组 mySet。单击【记录】按钮，开始录制动作。

（3）在【图层】面板上单击创建新图层按钮⊞，新建图层 1。

（4）使用【编辑】|【填充】命令在图层 1 上填充黑色。

（5）选择图层 1。选择【滤镜】|【杂色】|【添加杂色】命令，打开【添加杂色】对话框。参数设置如图 9.34 所示，单击【确定】按钮。

（6）选择图层 1。选择【滤镜】|【模糊】|【动感模糊】命令，打开【动感模糊】对话框。参数设置如图 9.35 所示，单击【确定】按钮。

（7）将图层 1 的混合模式设置为"滤色"，如图 9.36 所示。

图 9.33　素材图像

图 9.34　【添加杂色】对话框

图 9.35　【动感模糊】对话框

图 9.36　设置图层混合模式

（8）在【动作】面板上单击■按钮，停止动作的录制。此时的【动作】面板如图 9.37 所示。

（9）在【动作】面板上选择动作"雨"，通过单击▶按钮，连续播放 2 次动作。此时的【图层】面板如图 9.38 所示。

图 9.37　录制完成的动作

图 9.38　动画制作前的【图层】面板

2．制作动画

（1）选择【窗口】|【时间轴】命令，显示【时间轴】面板。从 创建视频时间轴 下拉列表（图 9.39）中选择【创建帧动画】选项，然后单击 创建帧动画 按钮，使面板切换到"帧动画"模式。

（2）在【时间轴】面板上单击复制所选帧按钮 两次，这样可以从第 1 帧依次复制出第 2 帧和第 3 帧，如图 9.40 所示。

（3）在【时间轴】面板上选择第 1 帧，在图层面板上显示背景层与图层 1，隐藏其他层，如图 9.41 所示。

图 9.39 【时间轴】面板 　　　　　　　　　图 9.40 复制帧

（4）在【时间轴】面板上选择第 2 帧，在图层面板上显示背景层与图层 2，隐藏其他层。

（5）在【时间轴】面板上选择第 3 帧，在图层面板上显示背景层与图层 3，隐藏其他层。

图 9.41 设置第 1 帧要显示的图层

（6）在【时间轴】面板上单击第 1 帧的【选择帧延迟时间】下拉列表 0 秒∨，从中选择 "0.1 秒" 选项。同样设置第 2 帧和第 3 帧的延迟时间也是 0.1 秒。

（7）在【时间轴】面板左下角，确保【选择循环选项】下拉列表选择的是 "永远"，使动画能够循环播放。

（8）选择【文件】|【导出】|【存储为 Web 所用格式（旧版）】命令，在打开的对话框中设置参数如图 9.42 所示（选择 GIF 格式，其他选项不变）。

图 9.42 动画输出设置

（9）单击【存储】按钮，弹出【将优化结果存储为】对话框。选择存储位置，输入动画文件名"雨荷（动画）"，设置保存格式为"仅限图像"。

（10）单击【保存】按钮，若弹出警告框，单击【确定】按钮即可。至此 GIF 动画输出完毕。

（11）使用【文件】|【存储为】命令将动画源文件存储为"雨荷（动画）.psd"。

打开"第 9 章案例参考答案\雨荷（动画）.gif"可观看动画效果。

9.4 小 结

本章主要讲述了以下内容。

动作的基本操作。包括动作的录制、播放、保存与载入等操作。

动作的编辑修改。包括在动作中插入菜单项目、插入停止和设置对话控制等操作。

动作的应用案例。针对动作的基本操作和编辑修改，安排了一些典型的案例，以帮助读者更好地掌握本章内容。

本章理论部分未提及的知识点为 Photoshop CC 逐帧动画的制作。在逐帧动画的制作过程中，动画的每个帧画面都由制作者手动完成，这些帧称为关键帧。

9.5 习 题

一、选择题

1．将动作组存储后所得到的文件的扩展名为_____。

　　A．ATN　　　　　B．ATG　　　　　C．CAN　　　　D．ACT

2．Photoshop CC 提供了一组自动化命令，可以帮助用户快速地处理图像，大大提高工作效率。下面列出的_____项不属于自动化命令。

　　A．创建快捷批处理　　　　　B．批处理

　　C．存储为 Web 和设备所用格式　　D．图片包（Photomerge）

3．以下_____项操作一定能被直接记录到动作中。

　　A．选择工具箱中的某个工具　　B．将图像放大到 200%

　　C．设置橡皮擦工具的笔刷大小　　D．使用钢笔工具绘制路径

4．对于已经录制完成的动作，以下叙述不正确的是_____。

　　A．动作中命令的排序可以更改

　　B．动作中不使用对话控制的命令，只能以录制时的参数设置执行

　　C．通过设置，可以使动作在播放时跳过某些命令

　　D．可以通过一个命令，使动作中的所有命令逆序运行

5．利用【文件】|【自动】菜单下的【_____】命令，Photoshop CC 可以自动对多个图像执行相同的动作，实现图像处理的自动化。

    A．批处理   B．PDF 演示文稿   C．图片包   D．联系表Ⅱ

二、填空题

1．在 Photoshop CC 中，可以将图像处理的一系列命令和操作记录下来，组成一个_____。

2．如果在动作的某个命令上启用了_____，则动作播放到该命令时会暂停执行，同时打开对话框，用户可以重新设置对话框参数。

3．对于动作录制时不能被记录的命令（如【视图】【窗口】菜单中的绝大多数命令），可以在动作录制完毕后，在动作的相应位置使用【插入_____】命令解决问题。

4．对于动作录制时不能被记录的操作（如创建路径等），可以在动作录制完毕后，在动作的相应位置插入_____命令。

三、操作题

打开或新建图像，从【动作】面板菜单中载入"纹理（Textures）"动作组，使用其中的预置动作制作如图 9.43 所示的效果。

（a）砖墙（Bricks）

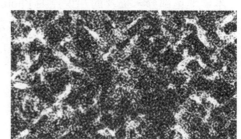

（b）黑色花岗岩（Black Granite）

（c）黑曜石（Obsidian）

（d）生锈金属（Rusted Metal）

图 9.43　Photoshop CC 预置动作效果